The Research of Protection,
Renewal and
Regeneration of Historic District

The Case of Three Blocks and
Seven Alleys Historic District in
Fuzhou

陈仲光 ⊙ 著

历史街区
保护、更新和复兴
——以福州三坊七巷为例

中国建筑工业出版社

图书在版编目（CIP）数据

历史街区保护、更新和复兴：以福州三坊七巷为例＝
The Research of Protection，Renewal and
Regeneration of Historic District —— The Case of
Three Blocks and Seven Alleys Historic District in
Fuzhou / 陈仲光著. —北京：中国建筑工业出版社，
2021.6

ISBN 978-7-112-26068-3

Ⅰ.①历… Ⅱ.①陈… Ⅲ.①城市道路－城市规划－
研究－福州 Ⅳ.①TU984.191

中国版本图书馆CIP数据核字（2021）第067710号

在高度重视历史文化保护的当代语境下，如何用发展的眼光重新认识历史街区保护、更新和复兴，在保护理念上从关注单体建筑保护，关注区域与环境保护，走向关注历史街区的整体复兴，是历史街区保护的重要课题和必然趋势。本书将历史街区看作活的生命体，不局限于传统的封闭式保护，从更新和复兴的视角来理解历史街区与现代城市相融合而产生的可持续发展的生命力。书中以福州三坊七巷为例，借助空间句法的空间结构特征分析，依照整体性保护和小规模渐进综合有机更新相结合的思路，提出历史街区在物质环境、经济和社会三个层面的复兴策略。

本书可供从事城市历史地段和历史街区保护与利用工作的相关专家和学者，以及建筑学和城市规划与设计相关专业师生阅读参考。

责任编辑：唐　旭　吴　绫　贺　伟
文字编辑：李东禧
版式设计：锋尚设计
责任校对：党　蕾

历史街区保护、更新和复兴
——以福州三坊七巷为例

The Research of Protection, Renewal and Regeneration of Historic District
The Case of Three Blocks and Seven Alleys Historic District in Fuzhou

陈仲光　著

＊

中国建筑工业出版社出版、发行（北京海淀三里河路9号）
各地新华书店、建筑书店经销
北京锋尚制版有限公司制版
北京中科印刷有限公司印刷

＊

开本：787毫米×1092毫米　1/16　印张：15　字数：292千字
2021年6月第一版　2021年6月第一次印刷
定价：**68.00**元
ISBN 978-7-112-26068-3
（37207）

版权所有　翻印必究
如有印装质量问题，可寄本社图书出版中心退换
（邮政编码 100037）

「序」

吾与仲光贤弟乃忘年之交也。缘者，始于福州国家历史文化名城三坊七巷历史文化街区保护传承，蓦然回望，已三十载有余。

那时仲光贤弟刚从日本留学回国，就职于福建省建设委员会规划处，参与历史文化名城保护管理工作。当时吾先后在福州市文物管理委员会办公室、福建省文化厅文物处及其后的福建省文物局任职，历史文化名城保护传承乃首抓要务之一。相同的责任所系，相逢的因缘和合，点点滴滴在福州、泉州、漳州和长汀等历史文化名城的保护管理经历中，以至于三十多年后的今天回想起来，仍是满满的难以忘怀之情谊。偶有相遇，还是少不了历史文化名城名镇名村话题，敞开心扉，畅所欲言，互有受益，历久弥新。

福州三坊七巷保护修复之初，步履维艰；如山的难题需要解决，没有先例可循。幸有国家文物局和建设部的反复现场指导，福建省委、省政府和福州市委、市政府等持续不懈地精心组织、努力推进，社会各界齐心协力积极促成，终于为福州这座国家历史文化名城保留了这一核心载体，凝练出靓丽名片。

在这期间，吾主持完成的"中心城市传统街区保护——以福州三坊七巷为例"的国家文物保护科学和技术研究课题，幸得仲光贤弟等加盟，遵循规范中不落俗套、博采深究中理清思路、逻辑先验中脱颖探索的技术路线，形成了课题成果，通过现实践履和推陈出新，襄助和推动了福州三坊七巷历史文化街区保护修复工作的顺利开展。令同仁钦佩的是，在这个课题研究基础上，仲光贤弟笔耕不辍，将工作学习之余的研究成果继续加以系统化梳理和总结，引入空间句法理论，从复兴的视角，对保护更新理念深入探索，提出物质环境、经济和社会复兴的基本框架，汇成阶段性研究成果，从某种程度说，对福州三坊七巷历史文化街区的保护修复具有进一步参考价值，颇有积极意义。

毋庸讳言，仲光贤弟的研究成果，虽至今浏览，许多观念和总结依然具有一定的适用价值，但毕竟已是十年前的事了。限于当时完成时间的紧迫，以及有关知识背景的限制，不足之处在所难免，期待其早日有新作面世。

　　是为序。

福建省文化厅党组成员、省文物局局长　郑国珍教授

2021年3月于福州

「目　录」

第一章

绪　论

一、研究背景

  21世纪的今天，城市竞争力的重要内容主要从城市历史、城市文化、城市特色三个方面来体现。回顾历史名城和遗产保护的历史，现代意义的历史保护从20世纪初刚刚开始。经过100多年的发展演进，文物古迹的保护理论和技术已基本成熟，而对历史地区、历史城市和古村落等历史环境进行整体性保护，严格来讲不足50年（单霁翔，2006）。历史名城、历史街区与文物古迹都是全人类共有的稀缺性文化财富，它们的保护、整治、传承和复兴已成为全人类共同面对的一项具有挑战性的工作。目前，历史名城和历史街区的整治保护已引起全社会的高度关注，并成为涉及公众利益的一般公共政策，也是提升城市文化品位所必须面对的艰巨而又复杂的课题。

  自20世纪70年代至今，城市历史地段和历史街区的保护经历了三个阶段的演变发展。第一阶段，保护重点在对单体建筑、构筑物和其他遗迹单体进行保护。第二阶段，保护重点在对历史建筑群、城市景观和建筑环境进行保护。第三阶段，保护重点则从单体建筑、建筑群和建筑环境的保护发展到了区域性保护，从简单的控制性保护转移到了对历史街区整体功能的复兴。从这三个阶段的演变来看，应当说对于历史街区的保护经历了从单体建筑保护——区域及环境保护——历史街区复兴的过程。这不仅是保护方法、保护策略的简单变化过程，而且是人们对历史街区保护理念和保护认识的升华和飞跃。相之于早期的保护政策更多地关注维护历史街区本身的历史特性，后来的保护与复兴政策则更多地注重历史街区的未来，更加注重历史街区的永续利用和可持续发展。人类越来越意识到，历史街区的保护都必须慎重地考虑其传统文脉和文化生态环境，必须处理好难以阻挡的经济发展的需求和为保护历史街区传统文脉而使这种发展需求受到限制和控制之间的矛盾。如何处理好这对矛盾，协调好历史街区在文物保护和经济发展的关系，在充分保护历史环境的前提下平衡经济发展，是一项极具挑战性和艰巨性的工作。

福州市三坊七巷历史街区占地面积48.7公顷,历史悠久,文化积淀深厚,各级文物保护单位高度集中,被称为"半部中国近代史",是福州市国家历史文化名城的重要组成部分,也是全国最大的历史街区之一,被我国建筑界誉为"明清建筑的博物馆",也是我国历史文化古城中坊巷制的重要代表,具有很高的历史价值和科学价值,也有极高的艺术价值和深厚的传统文化内涵。20世纪80年代以来,随着福州旧城区大规模改造的进行,三坊七巷历史街区由于古民居年久失修,再加上商业、办公大量涌入,部分用地被房地产开发侵入,使传统民居和古街风貌受到一定程度的破坏,历史街区特有的格局、风貌、肌理的完整性以及古民居建筑的特有韵味等到了濒临丧失的边缘。特别是近些年来出租户日益增多,外来人口大量涌入,违章搭盖日益严重,再加上街巷内基础设施不完善,火灾隐患突出,三坊七巷和朱紫坊日渐在破落,保护工作进入严峻的十字路口,进行抢救性保护已迫在眉睫。

近些年来,部分国内专家、学者、人大代表、政协委员和一些社会有识之士强烈呼吁,要求政府切实负起责任,加强对福州市三坊七巷等一批历史街区的保护,随着社会经济的迅速发展和传统文化保护意识的加强,这种保护的呼声越来越强烈。福建省委、省政府,福州市委、市政府以及省市有关部门也高度重视对三坊七巷和朱紫坊历史街区的保护工作,积极开展抢救性保护对策的研究,着手编制保护规划和维修方案,筹划具体的维修事宜。笔者作为福建省历史文化名城和历史街区管理的一位参与者,多年来一直参与三坊七巷历史街区保护修复工作的讨论,深深感到历史街区保护工作的重要性、复杂性和艰巨性,特别是如何开展保护修护、如何把握保护修复的程度、如何促进街区的更新和复兴的问题,通过我们多年的研究和探索,有的问题得到了一定程度的解决,但总有许多问题成为一直困扰我们的难题。基于这样的背景,笔者希望能够在系统梳理国内外历史街区保护理论和成功经验的基础上,对现有三坊七巷历史街区大量研究进行总结和再研究,探讨三坊七巷历史街区保护、更新和复兴的基本策略,构建三坊七巷历史街区保护、更新和复兴方法的一般性系统框架,并就三坊七巷历史街区整体性保护、小规模渐进、有机更新和复兴的机制提出具体的对策措施,为能够更好地保护三坊七巷历史街区并推动其可持续发展尽绵薄之力。

二、相关概念辨析及研究区域的概况

(一)历史街区相关概念辨析

1. 关于历史地段(Historic Area)

根据《历史文化名城保护规划规范》GB 50357-2005的定义,历史地段指的是保留遗存较为丰富，能够比较完整、真实地反映一定历史时期传统风貌或民族、地方特色，存有较多文物古迹、近现代史迹和历史建筑，并有一定规模的区域。从中可以看出，历史地段有其规模性和体量性，它既可以指文物古迹比较集中连片的地段（文物建筑地段），也可以指能较完整体现出历史风貌或地方特色的区域（历史文化街区）。

2. 关于历史街区（Historic District）

1933年国际雅典会议最早提及"历史街区"一词。在这次会议上首次提及保护"具有历史价值的建筑和地区"。历史街区是指在某一地区（主要是指城市）历史文化上占有重要地位，代表这一地区文化脉络和集中反映地区特色的建筑群，其中或许每一幢建筑都不是文物保护建筑，但整体上具有非常完整而浓郁的传统风貌，是这一地区发展历史的见证（吴良镛，1998）。也有学者认为历史街区是指在某一地区（城市或村镇）历史文化上占有重要地位，代表这一地区历史发展脉络和集中反映该地区经济、社会和文化等方面价值的建筑群及其周围的环境（丁承朴、朱宇恒，1999）。

3. 关于历史文化街区（Historic Cultural District）

2002年修改的《中华人民共和国文物保护法》认为"保存文物特别丰富并且具有重大历史价值或者革命纪念意义的城镇、街道、村庄，由省、自治区、直辖市人民政府核定公布为历史文化街区、村镇"。根据《历史文化名城保护规划规范》GB 50357-2005，历史文化街区是经省、自治区、直辖市人民政府核定公布应予以重点保护的历史地段；历史文化街区是以保存有一定数量和比例、并记载着真实的历史信息的历史建筑为基本特征，它们是构成历史文化街区整体风貌的主体要素。文物保护法和《历史文化名城保护规划规范》都强调历史文化街区应该真实地保存着历史信息的物质遗存。

4. 关于传统街区（Traditional District）

传统街区是指具有城市发展历史文化载体的城市区域，由具有历史文化特征的建筑群、传统街道以及广场空间组成，反映了历史文化和城市的特色。历史街区应当具有城市历史风貌的相对完整性，且应是具有真实生活性的街区（余道明，2005）。

5. 四者之间的辩证关系

综上所述，历史地段、历史街区、历史文化街区、传统街区这四者之间的关系可以用图1-1加以概括。可以认为历史地段和历史文化街区具有法定或规范的含义，其概念、内涵都较明确；历史地段外延比较大，包含文物建筑地段和历史文化街区（历史街区）。历史街区是比较通用的概念，其与历史文化街区基本相当；历史文化街区和历史街区可以理解为历史文化地段的法定用语和非法定用语。而传统街区的外延最大，包含文物建筑地段、历史文化街区（历史街区）和一般历史地段（具有一定价值、保留遗存较丰富、整体风貌较完整，待核定的历史文化街区）。

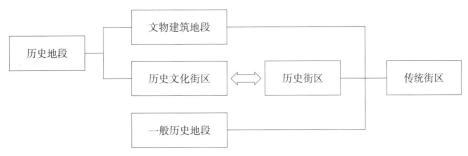

图1-1 历史街区及相关概念的辨析

（二）关于历史街区保护、更新和复兴的基本概念

1. 历史街区保护（Historic District Conservation）的概念

本书所指历史街区保护就是历史街区整体性保护，包含保护和发展两个方面含义。保护指既要保护历史建筑及其周边环境和与之相关的风貌特色，还应保护生活形态、文化形态和场所精神。发展就是贯彻可持续发展观，使历史街区保护和更新适应新的社会发展和现代城市建设要求，即以人为本、适应时代发展的要求。

2. 历史街区更新（Historic District Renew）的概念

本书所指历史街区更新，即采取对历史街区局部进行修复、改建与添建等方式，对破旧部分拆建或局部修复改建，在维持原有社会与空间网络的基础上，改善环境、修缮建筑物、整顿道路交通，配置公共建筑与公共设施，改善基础设施，提高环境质量，同时对功能发挥良好以及有历史文化价值的地区实行保护，在不改变原有街区结构的前提下维护原有社区。本书的历史街区更新包含再开发、整治、维护等三项内容：（1）再开发（Redevelopment）：是指清除和重新开发恶化或陈旧的环境，重新安排不尽人意的投资，重新调整土地的使用目的；（2）整治

（Rehabilitation）：是指改进那些结构还完整但已陈旧或原始功能已改变了的建筑；（3）维护（Conservation）：是指设计一种保护程序，去维持某个区域的功能和品质（范文兵，2004）。

3. 历史街区复兴（Historic District Regeneration）的概念

本书借鉴伦敦规划顾问委员会利谢菲尔德（D.Lichfield）女士在1992年发表的《为了90年代的城市复兴》（Urban Regeneration for 1990s）一文中的"城市复兴"定义，把历史街区复兴定义为：针对历史街区问题的产生，意在改善历史街区物质空间结构，活化历史街区经济，复兴历史街区社会功能，解决社会排斥问题和提升历史街区环境质量，实现历史街区物质环境复兴、经济复兴和社会复兴。

4. 历史街区保护更新与一般城市旧区保护更新的区别

历史街区的保护既要保护街区的历史建筑及其周边环境和与之相关的风貌特色，还应保护生活形态、文化形态和场所精神。同时采取对历史街区局部进行修复、改建与添建等方式进行更新，对破旧部分拆建或局部修复改建，在维持原有社会与空间网络的基础上，改善环境、修缮建筑物、整顿道路交通，配置公共建筑与公共设施，改善基础设施，提高环境质量。而一般城市旧区的改造可以根据旧区的实际情况，对没有历史价值的旧区可以采取简单的办法予以拆除后重建；对于具有一定历史价值的旧区，可以采取类似于历史街区的保护更新方法进行改造；也可以采取拆除和保护的中间形式，即既延续传统风貌格局又适度改造。保护和改造的程度可以依据旧城区历史价值的程度而定。总体上来说，一般城市旧区的保护更新比起历史街区的保护更新来说，历史街区保护更新的方法比一般城市旧区保护更新的方法更加严格，对于文物建筑、重要的历史建筑以及历史街区的格局、风貌、肌理，历史街区周边的环境等都要根据法定的要求，进行保护和更新。

（三）研究区域概况

本书研究的对象区域是福州"三坊七巷"。"三坊七巷"位于福州市鼓楼区中心地段，紧邻该区中心最繁华的商业中心东街口。三坊为"衣锦坊、文儒坊、光禄坊"（《竹间续话》），东口皆达南后街；七巷即"杨桥巷、郎官巷、塔巷、黄巷、安民巷、宫巷、吉庇巷，凡七巷"（《榕城考古略》），西口皆达于南后街。历史上"三坊七巷"西至通湖路，南接安泰河，东抵八一七路，北邻杨桥路，总占地面积约为44.7公顷。"三坊七巷"基本保留着明清时期的格局，各坊巷均为东西走向，并沿南后街，自南向北依次布列，形成鱼骨状的街区格局。其中尤以文儒、光禄"两坊"和郎官巷、塔巷、黄巷、安民巷、宫巷"五巷"[①]保存较为完整。"三坊七巷"形成于晋、唐两代，自古便是贵族和士大夫的聚居地，于晚清民国时期走向辉煌（被誉为"半部中国近代史"），涌现出大量对当时社会乃至以后的中国历史有着重要影响的人物，并遗留下大量的名人故居和优秀建筑，保存较为完好的明、清古建筑共计159座。以宫巷为例，该街区现存有6幢明代建筑，13幢清代建筑，其中面积在1000平方米以上的深宅大院达10幢。另外，从地理区位上看，由于"三坊七巷"位于福州市传统历史文化中轴线上，历来为福州城区的"风水宝地"，并邻近另一个知名的朱紫坊历史文化街区，以及乌山和于山等历史风貌区，因此，它既是福州城市中心，也是福州历史文化名城中古城风貌的核心体现。从交通区位上看，"三坊七巷"历史街区周边交通条件较好。北面和东面分别为杨桥路和八一七路这两条城市生活主要干道，南接古田路，西达白马路，对外机动车交通便捷。同时，由于临近城市商业中心，周边公交线路密集，公共交通便利。

三、历史街区的国内外研究动态

（一）国外历史街区研究动态

1. 国外城市更新发展历程

1958年8月在荷兰Hague市召开的城市更新概念较早、较权威的界定：伴随着城市的发展与变迁，生活于都市的人开始有各种不满，这些不满主要体现在自己所住的建筑物，或通勤、就学、购物、游乐及周围其他的生活环境及设施等方面。因而，希望对自己所住的房屋及周边街道、公园、绿地、不良住宅区进行修理改造和环境改善；尤其希望通过土地利用形态和地域区制的改善，或大规模都市计划事业的实施来形成舒适的生活环境和美丽的市容。美国《不列颠百科全书》定义"城市更新"为："对错综复杂的城市问题进行纠正的全面计划和措施。主要包括改建不合卫生要求、有缺陷或有破损的住房，改进不良的交通条件、环境卫生和其他的服务设施，整顿杂乱的土地使用方式，以及整顿车流的拥挤堵塞等"（《不列颠百科全书》国际中文版，2007）。可见，城市更新最基本的内涵就是对现存不良的环境、空间、建筑等进行的必要调整和改变，以满足城市发展的

---

① "两坊""五巷"分别是指"三坊七巷"历史街区在旧城改造过程中历史格局基本保存完好的文儒坊、光禄坊"两坊"区域和郎官巷、塔巷、黄巷、安民巷、宫巷"五巷"区域，是"三坊七巷"历史文化街区的精髓所在。

要求，是提高环境质量的综合性工作，它可以在城市改造和更新中有选择地保存、保护和更新某些重要区域，是对城市发展的一种适时性引导。

城市发展是一个连续不间断的过程，具有动态性和持续性，城市更新则是城市发展过程中的自我调节和完善（Adams D，2001）。目前，城市更新在全球范围内普遍展开，但由于社会、政治、经济、历史背景不同，各国的城市发展轨迹呈现各自的特点和不同。相对而言，西方发达国家的城市化在进程、特点、动力、趋势上存在相似性，使得各国城市更新运动的发展动向基本一致。研究历史街区的保护和更新就有必要回顾城市更新的发展与演变。由于近现代工业革命和产业革命都在欧美资本主义国家开展，作为工业革命的产物——城市发展当然以欧美主要资本主义国家更具有代表性。概括起来，欧美的城市发展大致经历了战后重建阶段、逆城市化阶段、再城市化阶段、城市复兴阶段等阶段。

1）战后重建阶段。这一阶段的城市建设的主要特点是大规模推倒重建。经历了1930年的经济大萧条和第二次世界大战的双重打击，为解决紧张的住宅困乏和基础设施落后的问题，地方政府与私营开发商加大投资，对城市进行了大拆大建。具体做法是对贫民窟采取消灭的方式（Jacobs，1961），即完全推倒破旧建筑、移走原住居民，在原址新建大量的"现代化""国家式"巨大建筑，以获得高税收，从而促进经济复兴和繁荣。通过这些措施实现了一定时间内的城市环境改善和经济繁荣，但随之而来的城市面貌单调机械，贫民窟清理破坏了邻里社区，由此产生了大量的社会问题（阳建强，1995）。

2）逆城市化阶段。各国进入了经济高速发展时期后，催生了对城市中心区用地的大量需求。这一时期城市更新的重点是提高城市中心区的土地使用效率。大量提供高营业额和税收的产业如金融保险业、大型商业设施等，占据了城市中心区空间，由此使得中心区地价提升明显高于郊区。这导致了一方面使低收入群体从内城迁出，在城市边缘形成新的贫民窟；另一方面中心区由于居住人口的缺乏使得城市缺乏后续活力，同时带来了严重的治安、交通等问题。

3）再城市化阶段。这一阶段城市更新是伴随着中产阶级迁往中心区，使得衰退的中心区恢复了秩序展开的，由此带来了居住环境和社会秩序的长足改善。逐渐由中产阶级主导了社区的资源和发展方向，同时这也是城市新兴阶层对中心区土地和生活空间的占据（张鸿雁，2001）。至此，以英国的"内城更新"和荷兰的"反城市化运动"为代表的城市运动由此展开，"公众参与""邻里社区"等成为主题。

4）城市复兴阶段。20世纪80年代以后，城市更新的主导思想是全球化和可持续发展理念。更新的主要目的是对已经失去社会功能的区域的振兴，注重人居环境和社区二者的可持续发展。政府在旧城更新改造方面的投入逐渐超过新城开发。城市的人文环境因素被提升到了战略高度，社区规划、居民自发参与的模式逐渐普及。

从以上西方城市更新的发展历程可以看出，西方发达国家目前的城市更新重点已经由单纯的物质层面转向了物质、经济、社会三者之间有机结合、多方面多层次关注的层面，其目的就在于复兴城市的经济和社会活力。也就是说，西方城市已经由"城市更新"走向"城市复兴"（Uaban Renaissance）。现今的西方城市方向已经进入审慎的、分阶段的和渐进式的改善的新高度，城市更新的主导者逐步由房地产开发商转向广大的环境使用者，形成了"自下而上"的"社区规划"为主的更新方式。在城市更新过程中，更加强调环境的连续性和环境文化的延续性，强调历史文化的延续，注重居民对其空间环境的归属感和认同感的形成和塑造。

2. 相关国际机构倡导保护历史街区的纲领性文件

城市更新中一个重要的课题就是历史街区的保护和更新，这是由历史街区的不可再生性和稀缺性决定的。可以说，城市更新运动离不开对历史街区的关注，历史街区也成为城市更新的一个重要对象和客体。早在1933年8月，国际现代建筑学会在《雅典宪章》中首次提到"历史街区"的概念，即"对有历史价值的建筑和街区，均应妥为保存"。从此以后，各国、各地区政府及联合国教科文组织一直致力于历史文化遗产保护，并把它落实在城市更新过程中。

1960年以后，传统街区的保护工作在世界范围内受到广泛的关注和重视。富有个性特色的历史建筑和历史地区成为体现一个城市质量的基本因素。历史保护不再是城市规划中的一个边缘因素，发展成为有理论、有实践的重要学科分支。它与城市交通、居住规划一样成为城市规划的主要组成部分。国际性的历史保护潮流也从对单座文物建筑的保护提高到对历史建筑群的保护，并进一步扩大到对传统街区、历史地段及历史性城市的保护（阮仪三，2000）。

1964年，联合国教科文组织倡导成立了"国际文化财产保护与修复中心"，通过了《威尼斯宪章》（即《国际古迹保护与修复宪章》），其中，明确提出了历史环境保护的重要性，指出：文物古迹"不仅包括单个建筑物，还包括能从中找出一种独特的文明、一种有意义的发展或一个历史事件见证的城市或乡村环境。"同时宪章最初明确提出了历史地段的概念："能够见证某种文明、某种有意义的发展或某种历史事件的城市或乡村环境"；它进一步扩大了历史文物建筑的概念："保护一座文物建筑，意味着要适当地保护一个环境"；"一座文物建筑不可以从它所见证的历史和它所产生的环境中分离出来"。《威尼斯宪章》中也提到了要保护"历史地段"，它指的是"文物建筑周围的地区"，保护修复的原则与文物建筑是一样的（阮仪三，2000）。

1972年以来，联合国教科文组织大会先后通过了《关于保护历史区域及其在现时代的作用的建议》《关于保护历史区域及其在现时代的作用的建议》和《关于保护被公共或个人工程建设项目破坏的文化遗产的建议》，这些文件确定了对人类历史遗存进行建设性保护的原则。

1976年，联合国教科文组织在肯尼亚首都内罗毕通过的《关于保护历史的或传统的建筑群及它们在现代生活中的地位的建议》（《内罗毕建议》），进一步扩展了保护的内涵，它包括鉴定、防护、保存、修缮和再生，明确指出保护历史街区的作用和价值："历史街区是各地人类日常环境的组成部分，它们代表着形成其过去的生动见证，提供了与社会多样化相对应所需的生活背景的多样化，并且基于以上各点，它们获得了自身的价值，又得到了人性的一面"；"历史地区为文化、宗教及社会活动的多样化和财富提供了最确切的见证"。可以说，《威尼斯宪章》和《内罗毕建议》为历史文化遗产的再利用奠定了基础。

1987年10月，"国际古迹遗址理事会"（ICOMOS）通过的《华盛顿宪章》（全称为《保护城镇历史地区的国际宪章》），对《威尼斯宪章》中保护"历史地段"的概念有了重要的修正和补充。该文件对"历史地段"的定义是："城镇中具有历史意义的大小地区，包括城镇的古老中心区或其他保存着历史风貌的地区"；"它们不仅可以作为历史的见证，而且体现了城镇传统文化的价值"。文件列举了"历史地段"中需要保护的五项内容：地段和街道的格局和空间形式；建筑物和绿化、旷地的空间关系；历史性建筑的内外面貌，如体量、形式、建筑风格、材料、色彩、建筑装饰等；地段与周围环境的关系，如与自然和人工环境的关系；地段的历史功能和作用（王景慧，1998）。

关于保护历史地段的原则和方法，文件也强调了六个方面：1）保护工作必须纳入城镇经济社会发展政策和各层次计划；2）鼓励居民积极参与；3）制定专门的保护规划，确定保护对象，并以用法律、行政、经济等多种手段作为规划实施保障；4）精心建设和改善地段内基础设施，改善住房条件，适应现代化生活需要；5）控制汽车交通，城市规划中所拓宽的汽车干道，不得穿越历史地段。建设停车场时注意不得破坏历史建筑和它的环境；6）在历史地段安排新的功能要符合传统的特色，不否定建造现代建筑，但新建筑需考虑其与地段中的空间布局、体量、尺度和与传统特色的协调（王景慧，1998）。国际上保护历史地段的概念及其保护做法至今仍为各国所认可和接受，成为保护历史环境和历史街区的国际性准则，为世界各国所普遍遵循。

从19世纪开始，世界各国对历史文化遗产的保护普遍经历了一个由"保护可供人们欣赏的艺术品，保护各种作为社会文化发展见证的历史建筑与环境"，到"保护人们当前生活休戚相关的各历史地区"的认识和实践过程。尤其是欧洲、美国、日本为代表的发达国家在对文物古迹、历史建筑、历史街区等历史文化遗产的保护方面都取得了显著的成效，它们的政策制度和保护措施都比较成熟。与国际上历史街区保护相关的宪章文件相适应，这些国家在加强法制建设与管理、建立健全高效的管理机构、强化公民的历史文化遗产保护意识和公众参与、建立多主体参与与多渠道经费筹措等方面较为完善，具有很大的借鉴作用。

3. 国外历史街区保护政策与实践

1）法国 法国在欧洲最早对历史文化遗产的保护制定法律法规。1913年颁布了《历史性纪念物保护法》，1931年颁布《景观规划法》，其中提及古建筑及其周围环境的保护。1962年法国又率先制定了更为详细具体的历史街区保护的《马尔罗法令》（即《历史街区保护法令》），该法令把对"历史保护区"的保护和使用规划纳入城市规划的严格管理中，保护区内建筑物不得随意拆除，对其维修和改建要经过"国家建筑师"的指导，对历史街区正当的修建和维护可以得到国家的资助，并享受一定免税优惠。法国这一规定影响了欧洲其他国家对历史文化遗产保护，许多国家纷纷效法，它们也纷纷划定保护区，制定各自的历史地段保护法律法规。

现今法国拥有92处国家级保护区，数百处地方各级保护区。由于保护对象是一片有生命的、在用街区，故其保护政策和保护文物有很大区别。如，里昂的保护区，1964年被定为国家级的"历史保护区"，区内有250栋文物建筑，还有诸多16世纪至19世纪不同时期的古老街巷。里昂政府主要是整修住房和改善交通，对20世纪初建造的工人住宅，要求原样整修保存其外表。但各建筑物内部可加建厨房、卫生间，改善环境条件使居民可以继续居住；另外，在老城区的外围则修建环路，截流外来交通，改善公共交通、改善交通管理等措施。这也许是对现有文物的再生利用，与国内纯文物保护有极大不同，值得国内借鉴。

在管理机构建设上，法国建立了中央、地方和民间三方共管的文化遗产管理体制。在中央层面，在文化部下设文化遗产局，主要是鼓励具有历史、美学、文化价值的历史街区在保护基础上进行建筑创新，分类、研究、保护和保存并广泛宣传历史街区的考古、建筑、城市、民族、摄影和艺术方面等的遗产状况。在地方层面，则负责监督和调查文物古迹的现状和维护情况（任云兰，2007）。

法国公众对文化遗产保护的参与意识颇为强烈。1984年开始，法国政府把每年9月的第三个星期六和星期日定为"遗产日"，向公众免费开放历史建筑、文化古迹，以及国家行政机构建筑如总统府、总理府、国民议会、外交部、国宾馆、巴黎市政厅等，以使公众了解法兰西民族的历史文化，增强保护民族文化遗产的意识。法国首创的"遗产日"这一活动后来发展成为全欧洲的文化活动，1991年有了"欧洲文化遗产日"，40多个欧洲国家都在此日举办"遗产日"活动。在这种文化遗产保护氛围的影响下，广大民众都自觉地参与到文化遗产的保护活动中去，大家都乐于成为文化遗产保护的监督者，还有些人以私人身份参与对文化遗产的管理，如法国有半数的重点文物管理权属于私人。当然，法国政府也非常注重历史建筑的保护和维修，如，文化预算的15%是用于保护文化遗产。

2）英国　英国1967年颁布《城市文明法》，规定保护"有特殊建筑艺术和历史特征"的地区。最先考虑地区的"群体价值"，包括建筑群体、户外空间、街道形式以至古树等。保护区的规模大小和种类不一，既有古城中心区、广场，也有传统居住区、街道及村庄等。此法令要求城市规划部门制定保护规划时对保护区作出保护规定。保护区内建筑的新建改建需事先报送详细方案，不能任意拆除，其设计方案要符合该地区风貌特点。法令还规定限制在这类保护区内搞各种形式的再开发（任云兰，2007）。由于有这些特殊的保护要求，所以对于其他法规规定的日照、防火、建筑密度等要求，在保护区内可以适当灵活掌握。英国历史遗产保护网络共分中央和地方两级，中央有环境保护部和国家遗产部、英格兰遗产委员会，地方有8个区的专门官员负责保护法规的落实，并处理日常工作。公众参与则是在保护区咨询委员会上进行的，该咨询会由当地居民及商业、历史、市政和康乐社团的代表组成，共同商讨本地区的大政和具体提案。

3）意大利　20世纪50年代意大利形成了比较系统的古城区及历史遗迹保护法规，1939年就成立了中央文物修复研究所，1990年颁布了古城区保护新管理法。现今的文化遗产部是最主要的，由古城与古建筑文物登记、古建筑管理、现代（中世纪以后）城区保护等7个专门履行其保护职责。古城内所有的新建建筑或修复建筑均需经7个保护办公室集体批准，违者将予以拆除和罚款。意大利民众也对古城和古建筑有着极为强烈的保护意识。为了营造"人人了解遗产、人人爱护遗产"的环境和氛围，从1997年开始，意大利在每年5月份的最后一周举行"文化与遗产周"活动，免费开放所有国家级文化和自然遗产地，如国家博物馆、考古博物馆、文物古迹、艺术画廊以及著名别墅和建筑。在文化与遗产周期间，文化遗产部还举办诸如音乐会、研讨会等众多形式多样的数百项与历史、文化有关的活动，以提高公民遗产保护意识，从而使历史文化遗产最大限度地发挥其社会效益。除此之外，意大利每年还举办以"春天""夏日""秋实"或"冬眠"等为主题的遗产知识普及活动，形成了全民参与文化遗产保护的氛围，许多民间团体因此成为历史遗产保护的重要力量，如民间团体"我们的意大利"，它的成员来自各个阶层，均无偿地对意大利的历史遗产进行保护宣传，同时，搜集民众意见，并为政府决策部门提供建设性建议，发挥着政府智囊团的作用（任云兰，2007）。另外，意大利古城及古建筑的保护和维修经费来源，除了政府每年从城市建设费中划拨一部分，还包括这些古城及古建筑的旅游收入。

4）美国 自20世纪60年代城市复兴运动以后，美国就非常注重对历史性地段及其建筑形态的保护和更新。第二次世界大战以后到1973年，能源危机和经济危机使西方普遍出现了中心区衰落的困境。当时建筑活动由新建转向了对现有建筑的更新改造。美国历史性地段的保护和更新实践措施大致可分5类：（1）保护和修复，并进行必要的设备更新，这主要是针对少量保存尚好且具有特殊历史意义的历史性建筑；（2）因地制宜地进行改建扩建，以适应现代生活的需要，这主要是对一般的历史性建筑，其前提是需保护其传统风貌；（3）整体保护、严格控制。这主要是针对一些历史性建筑较为集中地段，需严格限制新建筑的形式和体量；（4）成组地进行综合治理，使之物有新用，这主要是针对那些因城市功能分区等的改变而弃置不用的历史性建筑群；（5）新旧衔接、协调，这主要是针对历史性建筑的毗邻环境内设计的新建筑，充分考虑周围环境特点，重视新旧建筑对话（顾晓伟，1998）。

从中可以看出，美国对历史地段保护重在对历史建筑形态的保存保护和必要更新。在历史街区、历史建筑保护中，美国非常强调公众及其他社会团体的作用。换言之，美国古城和历史建筑保护不但有着政府及有关部门的极力支持，而且还有民间团体的广泛参与。这些团体成员大多来自社会知名人士及志愿者，主要任务是征求当地公众的意愿，游说市政当局和议员，争取他们的支持。有些重要的民间团体还一定程度上介入政府有关古建筑维护、改建、拆除等方面的立法工作。美国古城和历史建筑保护的资金来源渠道有社会和私人捐款、举办各种展览、出租古建筑等，改造古建筑的资金则主要由房地产商向社会和私人集资来解决。

5）日本 日本1966年颁布了《古都保存法》，目的在于保护古都文物周围环境以及文物连片地区的整体环境。1975年修订的《文物保存法》新增"保护传统建筑群"的条款。这项制度的建立是由市民自下而上推动的。在20世纪五六十年代的建设高潮中，普遍的做法是"拆旧建新"，当时的《文物保存法》只能保护单个的文物，成片的传统街区却无法得到保护。后来，人们意识到保护生态环境是为了人的身体，保护历史环境则涉及人的心灵，这就促成了《文物保存法》的修改。这里的"传统建筑群"大致相当于欧洲的传统街区，包括传统住宅区、传统商业街、手工业作坊区、近代外国风格的"洋馆"区。法律规定"传统建筑集中，与周围环境一体形成了历史风貌的地区"应定为"传统建筑群保护地区"予以保护，其程序为：先通过地方城市规划部门制定城市规划以确定保护范围，然后制定地方的保存条例；国家对其中价值较高者定为"重要的传统建筑群保存地区"。现日本全国共有47处国家级的"重要的传统建筑群"，另有800

处正在实施调查。日本修改后的《文物保存法》规定，"传统建筑群保存地区"中一切新建和扩建、改建及改变地形地貌和砍树等活动都要经过批准，要由城市规划部门制定保护规划，其内容包括：确定保护对象；列出保护详细清单，清单中包含构成整体历史风貌的各种要素；制定保护整修计划，对"传统建筑"要原样修整，对非"传统建筑"要改建或整饰，对严重影响风貌的建筑要改造或拆除重建；此外，还要进行改善基础设施、治理环境及有关旅游展示、交通停车、消防安全等的规划。法令还规定了资金补助的办法等。

日本由文化部门（中央为文化部文化厅、地方则为地方教育委员会）和城市规划部门（中央为建设省都市局、地方为城市规划局）分管历史文化遗产，它们是两个相对独立、平行的行政体系。其中，文化部门负责文物和传统建筑群保存区的保护管理，城市规划部门负责与城市规划相关的古都保护及景观保全等。

日本的公众参与同欧美一样，也极重视历史文化遗产保护。20世纪60年代末，日本大规模拆毁历史街区时，广大市民就广泛参与历史街区的保护活动。有关文化遗产的各地方的保护条例和《文化财保存法》的修改，也是由市民和学者进行推动的。

除以上这些国家外，其他国家也制定了不同的法律法规予以对历史建筑和遗产的保护。如，德国的城市开发和再开发的详细规划，如果涉及了历史建筑保护，必须得到文物管理部门的认可才能生效。同时，德国的规划法和建筑法完全分离的做法就有助于历史文化的保护。其建筑法的立法权归地方各州，规划法则归中央，各州都有自己的文物保护法和被保护建筑名录。这些做法都有助于历史文化遗产的保护和传承。

综上所述，欧美各国及日本的历史文化遗产保护、历史街区保护虽然措施各异，但都非常重视。它们在对历史文化遗产的重视、政策与法规管理制度的制定、管理机构与体系的建立、公众与社会团体参与、资金筹措与保障等方面都取得了显著的成效。由此对我国历史街区保护的借鉴主要体现在：加强立法执法，制定严格的管理和实施制度；强化民众和民间团体在历史街区改造和更新中的作用；争取多方多层面的资金筹集渠道，确保历史街区保护的经济来源；注重历史街区功能上更新利用，以真正做到可持续发展。

（二）国内历史街区保护研究动态

中国历史悠久、文化璀璨，各地城市大多有着悠久的历史文化，有着独特的历史文化风貌和个性特色。很多老街坊、历史街区都是经过长期的文化积淀和生活累积形成的，代表了不同的地域文化，是城市中最为直观的记忆和象征。这些历史街区是传统都市文化的空间载体，承载着城市的历史印记与信息代码，也是当前"千城一面"环境下，城市地域气质最为直接的反映和表征，蕴含着极强的地域文化情怀。保护历史街区是当今城市历史文化遗产保护体系中极为重要的一环。历史街区作为一种动态的城市遗产，其要永续发展就是要在街区保护过程中，实现街区繁荣、环境舒适与社区和谐（林林，2006）。然而，现实情况是现代城市化的冲击使得历史街区的保护面临着困境，很多历史街区已经遭到人为的破坏，保护和发展似乎成为矛盾的对立体。为此，政府和学术界对于传统街区的保护、传承与更新进行了诸多积极的探索。

1. 我国城市更新发展历程与实践研究

中国的城市更新，相对于西方国家，走过了一段极为漫长而曲折的道路。从新中国成立起到现在，中国经济有了极为显著的增长。但由于长期的政治体制因素，计划经济为核心的指导思想主宰了城市建设方向，形成了政府全面干预下的形体主义和"狭隘""朴素"的功能主义。而类似于西方工业革命的经济体制改革直到20世纪80年代才开始。因此中国的城市更新具有明显的历史特殊性。笔者将其总结为四个阶段，即计划经济时代围绕工业建设的城市物质环境建设时期、"文化大革命"期间伴随政治斗争的曲折发展时期、改革开放后地产开发与经营主导的城市改造期、快速城市化与多元化时代的城市有机更新时期。

1）计划经济时期，围绕工业建设进行城市物质环境的规划与建设。这段时期主要是从新中国成立到"文化大革命"前，治理城市环境与改善居住条件成为当时城市建设最迫切的任务。这一时期的城市建设的显著特点就是满足工业生产的需要。根据国家"一五"计划的指导，建设重点在于发展工业，进行完整的大型工业布局（吴燕，2001）。由于当时国力有限，加上历史遗留问题的复杂性，以"充分利用，逐步改造"为主，对旧城只做局部小规模的危房改造及增添基础设施，以满足居民基本的生活所需。这一时期由于受"大跃进"运动的影响，很多城市出现了规划和建设的"浮夸风"现象，之后又草率宣布"三年不搞规划"。综合来看，这一时期的城市计划经济痕迹明显，主要是围绕着工业建设进行城市物质环境的规划与建设。

2）"文化大革命"时期伴随着政治斗争的曲折发展时期。"文化大革命"期间，无政府主义大肆泛滥，城市建设遭受严重破坏。城市改造处于无人管理的状态，乱占乱建的局面异常普遍。"文化大革命"时期的"破四旧运动"：破旧思想、旧文化、旧风俗、旧习惯，使得许多园林、纪念性建筑与历史遗产被标榜为四旧，遭到了前所未有的破坏（汪德华，1990）。"文化大革命"彻底动摇了原有城市建设框架，以至于"文化大革命"后期，中国城市建设形成了"细胞式的城市建设特点"，即：成千上万的小城镇独立进行发展建设，之间没有任何有益的协作或联系（Donnithorne，1972）。

3）改革开放以后地产开发与经营主导的城市改造期。改革开放掀开了中国历史上最为深刻的经济体制改革，城市建设规模空前。人们开始认识到城市对国家经济建设的重要性，也加强了城市规划对于城市建设的指导作用。旧城改造中，一些污染严重的工厂迁出，很多地区新建了许多居住小区。旧城区的改造也主要表现为全面规划、分批改造，加强立法、综合开发的特点，多渠道集资对旧住房进行整治和修葺。随着市场经济不断深化，房地产开发逐渐成为城市建设的主要内容，经济效益的最大限度发挥、决策主体的多元化、城市更新的法制化与体制化特征明显。但在城市发展中没有重视城市产业结构调整、用地结构转换和人口结构的变迁等带来的问题，形体主义和狭隘的功能主义不但没提高土地资源的使用效率，反而造成了极为明显的建设性破坏，对于本已积累了大量问题的旧城冲击尤其明显。在"拆一建多"、以经济建设效率为中心的方针指导下，城市的肌理和社区文化心理不被重视，原有的社会结构和秩序在短时间内被打乱，造成了全国上下传统历史社区大都受到极大的破坏，城市文脉传承、历史文化遗产保护等基本处于无视状态。基于这些问题，20世纪90年代以后的城市更新建设更趋于理性，理论和实践方面都有所突破，在大规模硬件更新的同时也开始关注城市的软件建设，但由于社会发展的惯性，先进的更新理念主要在历史文化城市的小规模保护性更新，而真正系统性、有机城市更新尚未付诸实践（张豫，2008）。

4）快速城市化与多元化时代的城市有机更新时期。进入21世纪以来，快速城市化与多元化的社会背景使得城市更新显得更为复杂。如何把计划经济下的城市空间全面改造成符合可持续发展的世界现代化城市，如何推行综合化的城市建设理念，如何将科学发展观实践于城市更新建设中都是值得探索的问题。对此，吴良镛教授提出"有机更新"理论，进行了有益探索。该理论最显著的特征就是系统性，其认为不仅要从空间、时间角度关注城市更新，更要从社会、经济、人文等深层面整体更新（张平宇，2004）。当然，必须看到，我国目前的城市更新仍然倾向于城市物质环境方面，"城市改造"的经济利益追求目的明显，这些问题都有待于解决。近年来，上海、北京、南京等城市在城市更新法规建设及城市管理等方面进行了大量尝试，通过优化社会、经济、人文环境提升城市综合竞争力。社会结构和人文环境的变迁和重构，产业结构的调整，城市更新中的社会和人文因素也愈加重要，城市更新需要从可持续发展的高度进行管理和引导，推进物质和精神文明建设。

从我国城市更新的进程与特点（表1-1）综合来看，我国的城市更新历程表现为政府及其政治意识形态在城市改造与更新中起主导作用，地产开发商成为更新的积极参与者，地方社区居民与组织在城市更新中发挥的作用较弱，规划师等专业人员在不同时期的作用程度不一。可以看出，我国的城市更新有着自身的复杂性，经历了阵痛，也有着千城一面的惨重教训。我国在理论探讨和实践方面，在法制建设和城市管理机制方面，相对于西方发达国家都比较落后。我国应借鉴西方城市改造的经验教训，加强城市更新的管制，创新发展机制，有计划地进行保护和发展。

中国城市更新的历史时期及特点 表 1-1

阶段	城市更新模式	城市更新重点
1949~1965年	计划经济时期，围绕工业建设进行城市物质环境的规划与建设	工业建设为主导，城市是生产空间，城市建设主要是局部小规模的危房改造及增添基础设施
1966~1976年	"文化大革命"期间伴随政治斗争的曲折发展	城市建设支离破碎，文物古迹破坏严重
1978~2000年	计划经济向市场经济转型期间，地产开发与经营的城市改造	城市改造运动速度快，规模大，房地产开发成为城市更新的主要内容
2000年至今	快速城市化与多元化时代城市有机更新时期	城市更新的物质环境倾向仍然明显，经济利益的追求依然盛行，但综合化和整合性的"有机更新"逐渐得到尝试

（来源：张平宇，2004）

城市更新是一个综合的过程，其中涉及社会、政治、经济、文化、生态等方面，且涉及的领域与范围也十分广阔。为此我国学术界也进行了许多有益的探索。李德华（2001）认为城市建成区的再建设活动按照活动的强弱程度分为城市更新、城市整治和城市保护三部分。其中三者关系又不能简单割裂，具有相辅相成的关系。城市更新是将城市中已经不适应现代化城市社会生活的地区，进行必要的有计划改建的行为活动。汪洋等（2007）提出新旧街区互动式整体开发、层次性综合性再开发、旧城社区整体复制更新开发三种旧城更新的模式。徐蓉、张凌（2006）在城市滨水区更新中提出了建立完善的土地储备制度、选择合理的用地功能布局以及制定土地开发控制与引导法则三方面策略。张其邦、马武定等（2006）探讨了城市更新中的空间、时间、度相对应等基本问题。王雪松等（2006）分析了SOHO（苏荷）现象和旧工业建筑的更新利用状况，提出了旧工业建筑的更新利用中要有自下而上的方式、政府行为的支持、思想观念的转变、功能转型的适宜。许业和（2005）从空间认知的角度，从物质层面上将历史街区的人、地、房划分为建筑、院落、地块（街坊）、街巷四个层次，探讨了地理信息系统在历史街区具体保护设计中的作用，建立了基于GIS的历史街区调查、保护、管理的范式模型。姜华、张京祥（2005）探讨了城市更新中的文化内涵及其空间表现和延续的策略。还有边宝莲（2005）、赵润田（2005）、魏枢（2006）等对城市更新的策略和方法的探讨和研究。

2. 我国历史街区保护政策与实践

正如前面所述，我国的历史街区保护是城市更新的重要保护对象。我国对历史文化遗产的保护经历了文物建筑的保护、历史文化名城的保护、历史街区的保护三个阶段，形成了将重心转向历史文化保护区的多层次历史遗产的保护体系（阮仪三，2001）。

1982年，国务院公布了第一批24个国家历史文化名城，要求对集中反映历史文化的老城区采取有效措施，严加保护，并规定要在这些历史遗迹周围划出一定的保护地带，对这个范围内的新建、扩建、改建工程应采取必要的限制措施（1982年2月国务院《批转国家基本建设委员会等部门关于保护我国历史文化名城的请示的通知》）。我国在这一时期还没有形成传统街区的概念，但已注意到文物建筑以外地域的保护问题。

1986年国务院公布了第二批历史文化名城，同时，针对历史文化名城保护工作中的不足和面对旧城建新高潮的问题，正式提出要保护历史街区。针对历史文化名城的概念"保护文物特别丰富，具有重大历史价值和革命意义的城市"（《中华人民共和国文物保护法》第八条）存在模糊不清，且保护的对象重个体而轻整体的弊端提出"历史街区"的概念。同时，由于对历史文化名城的保护范围没有明确的界定，从而导致保护规划的实施、管理、资金保障等诸多问题。面对我国城市的快速发展，保护与发展之间的矛盾如何解决显得极为重要，而大规模的旧城改造冲击着历史文化名城的保护工作。这样一来，历史文化名城的保护变成了一个空招牌，历史街区的建设性破坏、历史风貌的人为性破坏等问题依然存在。对此，国务院采纳了建设部城市规划司设立"历史性传统街区"的建议，提出"对文物古迹比较集中，或能较完整地体现出某一历史时期传统风貌和民族地方特色的街区、建筑群、小镇、村落等也应予以保护，可根据它们的历史、科学、艺术价值，核定公布为地方各级历史文化保护区。"（1986年4月建设部、文化部《关于请公布第二批国家历史文化名城名单的报告》），这标志着历史街区保护政策得到政府的确定。人们对历史街区保护的认识也逐步深化，历史街区的保护工作在不断探索和前进。

1996年6月，建设部城市规划司、中国城市规划学会、中国建筑学会联合召开的历史街区保护（国际）研讨会——黄山会议指出，保护历史街已经成为保护历史文化遗产的重要一环，属于保护"单体文物—历史街区—历史文化名城"这一完整体系中不可缺少的层次，要把保护历史街区的工作放在突出地位。会议还提出了历史街区保护的基本原则，并广泛探讨了我国历史街区的设立及保护规划的编制、实施、与规划相配合的管理法规的制定、资金筹措等问题。

1997年8月，建设部转发了《黄山市屯溪老街的保护管理办法》，在行政法规层面对传统街区保护的原则方法给予确认，又一次明确了历史街区的特征，以及历史街区保护的地位、原则和基本方法，为各地制定传统街区管理办法提供了参考性的范例。但是这一时期仍然单纯强调对建筑和实物的保护（叶如棠，2002）。

此外，对于历史街区保护的资金援助也提上日程。1996年，在钱伟长等专家的建议下，国家设立了历史文化名城保护专项资金，用于重点历史街区的保护规划、维修、整治。1997年，丽江、平遥等16个传统街区共得到了三千万元的资助，用于街区的保护整治，以及改善基础设施、环境条件等。从此以后，每年有10个左右的传统街区得到了此项资助。历史街区保护制度的确定使我国历史文化遗产的保护走上了一个新台阶、新层面，标志着我国对历史文化遗产的保护朝着逐步完善与成熟的阶段迈进（阮仪三，2001）。此后，加强对城市社会文化环境、历史街区的保护，建设传统特色与时代气息想融洽的历史文化名城，已成为我国许多城市更新的目标。

综上，近30年的城市建设高潮中，诸多历史名城的历史街区保护没有引起人们足够的重视。短期经济利益的驱动、保护主体的不明确、历史街区本身建筑的老化、快速城市化引起的环境恶化都是造成历史街区破坏严重的原因。

3. 国内历史街区相关研究

我国对历史街区的研究成果十分丰富，主要集中在历史街区的基本理论与价值探讨、历史街区保护的原则、历史街区保护与更新的模式与方法、历史街区产业发展选择、历史街区规划编制与设计方法、历史街区保护的政策措施、历史街区建筑与环境整治与设计。

1）历史街区保护的基本理论和原则。历史街区的基本理论涉及对历史街区的理解和解读，以及历史街区的基本特征、综合评价、保护原则等几个方面。

历史街区是历史文化名城保护中的重要概念，相似提法有历史地段、历史文化保护区等，它们基本内涵都是指保存有历史文化风貌特征的地区（王景慧、阮仪三，1999）。文物保护法中对"历史街区"定义为："文物古迹比较集中，或者能够较完整地体现出某一历史时期传统风貌和民族地方特色的街区、建筑群。"顾晓伟（1998）认为，历史街区是指能显示一定历史阶段的传统风貌，以及社会、经济、文化、生活方式和地方特色的街区。杨新海（2005）认为，历史街区是融合了一定的城市功能和生活内容的城市地段，保存有一定数量和规模的历史遗存，具有比较典型的和相对完整的历史风貌。可以看出，历史街区既保存了某个历史阶段的生活生产区域格局，又保存着城市发展的历史信息，在古今融合中展现城市的特色和风貌。

杨新海（2005）认为，历史街区的基本特征主要体现在风貌的完整性和典型性、遗存的真实性、空间的功能性三个方面。由于历史街区在空间上由具有地方特色的建筑群组成，反映出一地的历史真实性和地方特色性，其自身就是保护的对象和目标。历史街区的历史真实性则是指物质构成（建筑物、构筑物、街巷、外部空间甚至河流走向等）应是真实的历史遗存，保存着真实的历史信息，这是历史街区保护的出发点。正如周干峙先生（2002）所言："历史文化是城市发展之源。"因此保存历史街区，正是对城市历史文化的传续。同时，历史街区是传统城市功能和空间系统的有机组成部分，融合于历史街区内外空间的居民生活及其特色是构成历史街区内涵的重要内容。刘敏（2003）从历史文化景观在空间上具有完整性和统一性、具有城市形态的结构特点和城市的社会文化布局特点等角度，认为历史街的基本特征主要体现在物质空间价值、历史文化价值和社会生活价值三个方面。梁乔（2005）认为历史街区的资源主要包括：自然环境资源、科学技术资源、历史文化资源、人文资源、社区资源等。这些资源复合体便构成了历史街区的禀赋特征。因此，评价历史资源则主要通过对其形态特征、地域特征、关联特征进行分析。

杨新海（2005）、黄海兵等（2006）认为历史街区保护最为基本的原则主要有：（1）全面保护原则，体现在保护对象、保护内容、保护理念、保护策略四个方面的全面性，具体微观上，要运用全面的策略和手段对历史街区内各级文物建筑或优先的传统建筑，以及空间格局和典型风貌等原有物质环境的完整保护；宏观层面上，则涉及原有社会网络和历史文脉的有机延续、文化传统和地方艺术的全面继承。（2）真实性保护原则，涉及三个方面：第一，承载着丰富历史信息的历史建筑、历史环境等物质构成和风貌特色需严格地真实保留；第二，社会生活的真实性保留；第三，历时性发展的共时性展现。（3）完善功能保护原则，即要强化发展观念，辩证处理好保护前提下发展的关系，实现在历史街区保护过程中的双赢的目标——提高生活质量、延续历史文化。（4）渐进更新保护原则，改变过去街坊集中更新的做法，逐步推行业主自行更新、小规模展开、历史推进的新机制，确保历史街区永远处于有机的生长过程中。李晖等（2003）提出历史街区保护要遵循协调性、延续性、公平性、以人为本的可持续发展原则。左辅强（2004）则认为历史街区要"柔性发展"与"适时更新"。

作为城市历史文化传统的载体，历史街区反映着城市历史文化传统的承续、发展，人们对历史街区保护研究呈现出多元化的趋势。如，耿慧志（1998）认为，政府的决策和城市财力是历史街区保护的关键。董卫（2000）从城市的发展建设出发，认为要加强历史街区与其他街区的联系，创造有生命力的城市空间，保持历史街区风貌的整体性，恢复历史街区的城市活力。周晟（2003）主张建立"点""线""面"相结合的历史街区保护结构体系。张忠国（2004）以实证分析与研究，认为城市的强制性要素是影响城市历史文化名城与发展的重要因素。曲蕾（2004）则注重社会整合和文化与物质环境有机结合等方面。于立凡、郑晓华（2004）则主张从历史街区的整体风貌环境、特色文化、传统生活习俗、现有社会生活结构等方面逐步改善，从现实利用角度来保护历史街区。王耀兴（2006）、蔡燕歆（2007）先后注意到历史街区保护在市场经济条件下的资源利用原则研究，冯雨（2007）则关注历史街区的物质空间与非物质空间的关系与整合，梁乔（2007）从交往实践中的"主体—客体"的双重结构关系，主张建立起人和历史街区、历史街区居民和城市居民以及城市和历史街区等三方面的意义结构。汪芳（2007）认为要以活态博物馆的理念和形式，进行历史街区保护，探讨了文化遗产的保留与历史街区保护与发展的矛盾之间的关系。总体而言，这些研究不仅发展和完善了历史街区保护理论，也注重其在实践中的指导意义，有利于历史街区保护。

2）历史街区保护与更新的模式与方法。历史街区的保护在完整意义上是旧城更新的一个缩影（波索欣 MB，1995）。单纯意义上的保护已经不能适应社会经济的发展，历史街区必须对于外界条件的变化作出相应的反应。历史街区的保护与更新是两个相辅相成的概念，在保护历史街区传统风貌和结构肌理的基础上进行"有机更新"，恢复历史街区的活力。其中涉及的因素较多，包括土地出让方式、参与改造更新的主体、参与者之间的关系、采取的技术与材料、保护整治与开发方式等。因此形成了不同的保护更新模式。

阮仪三（2004）在对我国五种历史街区实证分析的基础上总结出5种模式，如表1-2。他认为，以乌镇为代表的江南六镇保护更新模式和北京的南池子保护更新模式是相对科学的，符合我国城镇历史文化保护与更新的发展方向。这两种模式的共同优点在于：政府主导，渐进式，原真性，有社区居民参与，土地的非商业性开发。因此，值得其他历史街区在保护和更新中所借鉴。此外笔者从社区参与的机制和土地管理制度创新方面从理论上对我国历史街区保护实践工作予以研究。

相对而言，历史街区保护有利于妥善地处理旧城更新中保护和发展的关系，因为它具有以下优点：范围有限，城市财政的压力相对较小，容易被公众所理解，

历史街区（历史文化保护区）保护更新模式的分析

表 1-2

模式	三坊七巷模式	桐芳巷模式	新天地模式	乌镇模式	南池子模式
土地出让程度	除文物建筑用地外其余全部出让	全部出让	全部出让	小部分出让（非商业型）	小部分出让（非商业性）
改造前后风貌协调程度	不协调	基本协调	基本协调	基本协调	基本协调
商业性开发程度	强	强	强	弱	弱
参与改造的主体	房地产开发商、政府部门及其官员	房地产开发商、政府部门及其官员	房地产开发商及其官员	社区居民、政府部门及合适组织	社区居民、政府部门及合适组织
参与者之间的关系	房地产开发商与政府部门及规划设计部门之间进行协商后要求居民服从	房地产开发商与政府部门及规划设计部门之间进行协商后要求居民服从	房地产开发商与政府部门及规划设计部门之间进行协商后要求居民服从	政府部门主导，社区组织及居民内部协商，设计人员提供技术支持	政府部门主导，社区组织及居民内部协商，设计人员提供技术支持
搬迁问题	搬迁所有原居民	搬迁所有原居民	搬迁所有原居民	搬迁所有原居民	搬迁所有原居民
技术与材料	工业化生产、流行性材料，倾向消除与新建	工业化生产、流行性材料，倾向消除与新建	传统的新的地方性材料、适当技术，整治与改造相结合	传统的新的地方性材料、适当技术、保护、整治与改造相结合	传统的新的地方性材料、适当技术、保护、整治与改造相结合
保护整治或开发方式	除保留部分保护建筑外全部拆掉重建高层建筑	除保留一栋保护建筑外全部拆掉重建具有传统风貌的新建筑	保存文物建筑，保留并保缮老建筑的外表，室内现代装修	对大部分建筑采用保存、保护、整治、修缮的方式	保留并修缮大量质量及风貌较好的四合院，对危旧房拆掉重建

（来源：阮仪三，2004）

与城市现代化建设的矛盾容易协调（耿慧志，1998）。因此，历史街区的更新成为旧城改造的主要内容，人们对其认识也不断发展深化。宋晓龙、黄艳（2000）认为历史街区的保护与更新应该"微型化"，让新旧建筑物更替的过程"微型化"，才能更有利于在城市更新中对街区整体风貌的持续保护。阮宇翔等（2002）认为历史街区应"有机更新"，即加强历史街区中的建筑形态、城市环境、建筑文化三者的有机联系和协调统一，以利于历史街区的保护和城市建设可持续发展。杨戍标（2004）认为历史街区保护与复兴中要把握好全局与重点、保护原貌与推陈出新、集聚人气与创建特色、规划控制与更新发展、商业开发和历史韵味等问题。

学者也纷纷对历史街区的更新模式与方法进行探讨和研究。王艳（2006）认为，如果将历史街区的物质空间更新看作秩序，其蕴含的经济社会价值看作意义，那么历史街区的保护与更新可以分为秩序重构、意义重构、双重重构三种模式。张杰等（1999）提出通过小规模逐步整治改造，实现历史街区的环境保护与社区文脉的承续发展。李军等（2004）强调空间环境的整治，提出要以保护、保留、改造、更新、整治5种系统保护更新方法来实现历史街区传统风貌的保护。郑利军、杨昌鸣（2004）主张塑造历史街区动态保护的模糊美，这可以通过协调、对比和模糊三种方法来进行。梁乔（2005）提出了历史街区保护的双系统模式——整个城市保留地方性历史文化系统和为历史街区营造现代生活系统，主张建立人和物、局部和整体、传统和现代同时兼顾的一种历史街区保护模式。刘宾等（2005）从历史街区保护规划手段着手，对"士绅化"和中产阶级化（Gentrification）、立面表皮式保护（Facadelism）、居民自建、整体保护方式、传统方式五种保护更新方法进行解析。刘丛红等（2006）结合空间句法、图底关系等理论提出历史街区有机更新的策略，并以天津市原法租界内大清邮政津局街区做了实证研究。另外，学者还提出了"微循环式"（宋晓龙，2001）、渐进式（张琨，2008）、"经营模式"（张明欣，2005）、多元化保护方法（严铮，2003）、功能置换的方式（董雷、孙宝芸，2007），以及丁承朴（1999）、阮仪三（2000）、边兰春（2005）、何新开（2006）、姚迪（2006）等的研究。这对历史街区的更新发展和保护承续都有极强的启示意义。

此外，李颖、刘亚云（2002）探索了城市经济和环境快速发展地区的历史街区保护的方法和途径，强调了整体风貌保护、综合效益发挥、管理创新等问题。武联（2007）从保护理论与方法的选择、人文社会网络的保护与活力复兴目标的确定、更新改造的实施机制与模式等三方面研究历史街区的保护和发展的路径和模式。周俭、陈亚斌（2007）以类型学方法来注重历史街区保护与更新，高耸、姚亦峰（2007）研究历史文物古迹的保护与城市更新之间的关系，孙翔

（2004）以新加坡历史街区为例探讨特征规划引导下的历史街区保护策略等都具有借鉴意义。可以看出，历史街区保护与更新的模式必须从地方实际出发做到因时因地制宜，但传统环境保护、保护范围确定、长期整治、小规模"有机更新"、保护与利用相结合等基本原则已成共识。

3）历史街区保护规划编制方法。历史街区保护规划是历史街区保护与更新策略的直接依据，也是实践历史街区保护的基础。遵循历史街区保护的基本原则前提下，以时间和空间二维度来分析历史街区的发展脉络，做好历史街区深入调查工作，采用多种分析方法是制定科学合理的保护规划的基础。为此，我国诸多学者进行了深入的研究。

阮仪三（1999~2002）从宏观上研究历史街区保护规划的战略思想。李志刚（2001）以实证探讨历史街区保护规划的思路与方法。祝莹（2002）、李志刚（2003）以类型学方法来进行历史街区保护规划的实证研究。王涛（2004）探讨历史文化名城与历史街区详细规划的编制方法和深度、审批管理进度，探讨了在历史街区详细规划编制中质量控制的途径。林林、阮仪三（2006）也探讨历史街区保护在编制和实施中的思路和方法。黄健文、徐莹（2007）认为从城市形态的角度对特色要素进行分析，既是基于研究领域的针对性，也是直观认识历史街区问题的有效途径之一，强调了时间维度和空间维度的分析作为历史街区保护规划研究的重要内容。吴强（2007）强调历史文化传承在历史街区城市设计中的指导作用，认为历史空间保护与城市设计在本质上都是致力于文化传承与发展。魏晓云（2008）探讨了历史街区高度结构控制中动态模拟修正方法的利用。

也有学者对历史街区保护规划编制中新技术、数理统计方法和空间分析方法的利用进行研究和探讨。成砚（2002）尝试历史街区空间分析与改造规划中媒介技术与方法的应用。胡明星、董卫（2004）探讨了在历史街区现状调查、保护规划编制、日常保护和管理控制等方面的GIS技术的应用。赵建波等（2005）尝试以定量分析方法引入历史街区保护，运用数理统计比较和图底关系分析等方法找出历史街区的空间特质，对比原有地块与破坏地块的空间差异，提出相关参数实现对院落空间和界面的控制。赖世鹏、徐建刚（2007）则将历史街区控制性详细规划中运用GIS空间分析技术。

4）历史街区环境整治与建筑改造研究。面临城市化和现代化的新形势，许多历史街区存在着人口拥挤、交通拥堵、绿化率低、污染严重等环境问题，高品质的生活难以为继，由此产生了大规模、高强度的旧城改造运动，一时上演了轰轰烈烈的改造热。因此环境整治成为历史街区更新的必然选择，其中的建筑改造又是核心所在。这种改造既满足了居民现代化生活需求，又保护和延续了古城环境与风貌，两者也是辩证统一的关系，既包含着改造策略的问题，也涉及建筑技术方法的革新。

朱谋隆等（1997）从历史文化延续角度探讨了环山河地区建筑设计方法。曾倩（2002）认为历史街区保护要关注居民的人居环境，而非单纯的文物保护。李和平（2003）探讨了历史街区建筑的保护与整治模式、整体性原则及街区建筑利用方式。杜文光（2002）从发展的角度出发对历史环境的保护、新旧建筑的处理方式等问题进行了探讨。赵秀敏等（2005）探讨了中国传统风格建筑保护与修缮的技术与方法，认为要从历史建筑外观的保护、结构体系的加固以及内部构建的修缮三个方面来进行。张建华、刘建军（2006）认为，应当从有效缓解新老建筑外部空间结构的矛盾冲突来实现城市传统历史空间的有机延续，提出以空间介质的协调来实现城市环境的协调和空间的延续。石坚韧、赵秀敏（2007）提出功能及平面布局的调整、建筑外观的保护修缮、内部构件及结构体系的加固、配套设施的现代化等历史建筑再生技术与方法。此外，王建文等（2007）关注历史街区中植物景观保护与延续。梁乔、胡绍学（2007）关注历史街区保护中的社会群体的满意程度，认为该满意度是历史街区建成环境评价的关键，强调建成环境评价的差异性，及时地调整和完善历史街区保护机制，促进和提高历史街区保护的成效。

此外，学者较多关注的是历史街区建筑保护与更新设计的方法（王骏，1997；王晓雄，2001；张宇，2002；张永龙，2003；项秉仁，2006；吴欣，2007）。历史街区的环境特色是由自然环境和物质环境、人文环境三者构成的，具有传统历史文化的继承性和延续性、多元性特征。注重自然环境和人文环境的地域特色、关注历史街区建筑风貌的完整性和特色性便成为共识。由此指导下的技术层面——建筑更新设计方法则包括了保存、保护、更新、修缮等技术方法。

5）历史街区产业发展与旅游开发研究。产业结构的调整和升级，是经济结构战略性调整的重点，也是全国各个城市都存在的问题。历史街区作为城市从产生到发展的核心地域，"包含了保护和城市生活密切相关的文物建筑和历史地区以外更广泛的文物的内容（李其荣，2003）"。历史上历史街区往往是生产生活的主要场所，如何实现保护和发展的有机统一，产业结构调整是关键。马洪先生指出：要发展知识、技术密集，环境污染较小，附加价值高的产业，特别是要发展与旅游系统有关的产业，以发展或比较发达的经济来助力历史文化名城现代化建设。

可以看出，旅游业与商业服务业往往成为历史街区产业发展的首选。然而，历史街区的保护要求往往与旅游业过度开发、商业利益促使下的过量开发和人为破坏之间存在着冲突和矛盾。协调历史街区的有机保护和产业发展，避免过度开发和破坏性开发，也成为政府和学术界关心的议题。杨红烈（1998）探讨了将历史街区的保护性开发项目分为指令性项目、指导性项目和选择性项目三种，分别探讨了不同情况下的开发策略。赵晓峰等（2001）探讨了企业集团在历史街区保护中的角色定位，并认为企业集团在历史街区保护和利用中要遵循柔性发展策略，采用动态适时规划。马晓龙、吴必虎（2005）提出了遗产旅游、步行街、中央游憩区、博物馆旅游、传统手工艺店、家庭旅游等历史街区更新与旅游业协同发展的模式。刘建平、张群（2003）从县域的宏观角度重点对历史街区的特色开发进行研究。邓国安等（2007）从历史保护与旅游发展的角度出发，强调了历史街区保护中的用地结构调整、产业结构配置、保护传统文脉、繁荣地区经济等措施。韦汉成（2007）对历史街区游憩商务化（RBD）的利弊进行了分析。梅青等（2007）探讨了历史街区的旅游开发策略。

历史街区的旅游开发源头概括起来可以通过对历史建筑和文物的挖掘、非物质文化的挖掘、社会生活与习俗的挖掘实现。

通过对历史建筑和留存文物的挖掘衍生出的参观与观光旅游目前仍然是许多历史街区的选择。张翰卿（2002）就城市中心区中历史街区的游憩功能开发做了阐述。周跃武（2003）从历史文化的保护和延续方面阐述了传统历史街区保护中的基本对策。郑景文（2006）阐述了风景旅游城市中历史街区的保护与发展旅游业和改善居民生活之间的关系。彭震伟等（2007）探讨了红色旅游中历史街区的定位、空间整合、肌理保护和更新、旅游开发策略等问题。此外还有张乐益、董卫（2006）对历史街区振兴的策略与思考。

非物质文化是历史街区在长期的文化传承和积累中形成的，对其内涵的延伸成为旅游开发的重要策略。杨红烈、徐铭（2007）对历史街区民间文化尤其是非物质文化如何通过创意产业及其空间构建，以广州恩宁路为例做了实证性探讨。杨希文（2007）提出挖掘非物质文化遗产，传承城市历史文脉，通过打造文化艺术产业空间实现历史街区的复兴。

作为"生产与消费合一"现象的描述，"体验经济"引起了"把消费者作为价值创造的主体"这样的深层次思考。体验式旅游成为许多历史街区产业开发的选择，通过地域文化特色、社会生活与旅游开发相结合的方式，既满足了城市经济发展的需求，又延续了历史文脉。张艳华、卫明（2002）认为"体验经济"的前提是历史街区保护与再利用中有意识避免历史原真性和雷同性的问题，历史街区建筑的再利用要与"体验经济"相结合。彭建东、陈怡（2003）把体验经济与历史街区相结合，探讨了历史街区旅游开发模式。郭湘闽（2006）主张通过城市体验实现历史街区的复兴。

6）历史街区保护与更新的政策措施。历史街区保护与更新涉及的因素较多，与社会经济发展、城市定位、政策措施、法律法规均有较大的关系。随着我国计划经济向市场经济的转型，历史街区保护与更新工作中参与的主体、涉及的利益攸关方逐渐复杂。政府主导的历史街区保护已经远远不能适应当前的发展，公众与开发商、社会团体的作用逐渐加强，甚至起到关键作用。如何协调各方利益，从资金筹措、产权交易、政策制定等方面进行有效引导对于确保历史街区的可持续发展意义重大。

袁昕（1999）从保存与控制、居民公众参与引导、法规政策制定与完善三个方面阐述了历史街区保护的操作过程。袁奇峰、李萍萍（2001）就历史街区保护的工作指针、分级保护、资金来源、环境改善、功能置换等方面进行了实证研究。董贺轩等（2005）认为城市历史街区的可持续发展要以经济利用价值的实现为保障，以历史文化价值的体现为基础，采取"提供再周转资金—资本价值提高—效益—再提供再周转资金"的最佳模式。李世庆（2007）从产权的角度探索了当前市场经济背景下的历史街区保护策略，主张以多样化产权实现历史街区多方面利益的共赢，为历史街区保护提供一种"新思路"。王景慧（2001）从历史街区发展历程的视角，邵龙飞（2003）从保护与整治的角度对历史街区的政策制定作了探讨。

公众参与城市历史街区保护工作的重点问题，随着社会纵深化的推进扮演着愈来愈重要的角色。郑利军、杨昌鸣（2005）认为历史街区动态保护中公众参与，分为通告、民众调查、分享决策权利、分享鉴定权四阶段，并认为我国历史街区保护公众参与的发展方向，就是促进公众主动参与规划的实施政策的制定、调动公众参与的主观能动性、完善公众参与组织及团体。另有李向北（2007）等学者对历史街区更新中公众参与途径的探讨。

7）其他。历史街区的保护和更新是一个复杂、系统的过程，很难一蹴而就地对其进行概括和总结，不同的研究视角之间是相互关联和辩证统一的，因此上述的分类也具有相对性。国内对于历史街区的研究也呈不断增强的趋势，从另一个侧面反映了历史街区的重要性和保护的迫切性。许多学者从其他角度，如从历史街区的信息管理、调查方法、交通组织等方面对历史街区进行研究。如，胡明星、董卫（2002）基于GIS技术探讨了历史街区保护管理信息系统建立的技术方法。李新建（2003）等基于历史街区内消防通道和消防车适应性设计的可能性，提出了要以消防栓系统为主形成完整系统的历史街区的适应性消防。夏健、蓝刚（2003）针对数字时代的新形势，提出历史街区作为新的城市公共空间，应突破多样性保护的瓶颈，运用可逆应对原真方法，将文化载体数字化，通过技术手段实现历史街区保护走向自然等新思路。徐丹（2004）探讨了社会趣味对历史街区功能重置中商业形式和服务对象选择的影响。吴国强、张乐益（2006）以街巷为脉络，提出要以院落为单位，人、地、房相结合的历史街区的调查方法。李朝阳、杨涛（2006）针对旧城保护与交通发展的矛盾问题进行剖析，提出相应对策，强调公共交通优先发展的原则。

四、本书的基本理论和研究方法

（一）基本理论

历史街区的保护、更新和复兴是一个庞大的社会系统工程，从宏观层面上涵盖社会、经济、文化、政策层面的复兴问题，从微观层面和技术层面上则包括建筑、街区保护与更新的纯粹技术问题。基于这样的认识，本书的理论框架建立包括如下五个部分。

1. 可持续发展理论

"可持续发展"（Sustainable Development）战略思想涉及人类社会经济发展的原则问题，它是1992年联合国在巴西召开的"环境与发展"会议上通过的《全球21世纪议程》中首次提出的，其基本含义是"既满足当代人的需要，又不对后代人满足其需要的能力构成危害的发展"。这一倡议得到全球的赞同。在"可持续发展"的号召下，各国纷纷制定出适合自身国情的可持续发展战略。我国政府1994年制定了《中国21世纪议程》，明确指出：可持续发展是中国制定国民经济和社会发展中长期计划的指导性原则。政府和社会的普遍接受，推动了各个部门、学科在本领域内探求可持续发展的对策。当今我国提出的"科学发展观"也正是强调和延续了可持续发展的基本思想。

我国的历史街区是经过长期的历史积淀和文化积累形成的，是传统社会经济发展中长期形成的，往往蕴含了我国传统天人合一、与自然和谐相处的可持续发展观念，当然，它的地理位置往往也大多位于城市中心。面对快速城市化和旧城改造的双重压力，历史街区的保护涉及的因素越来越多，已经成为包括经济、社会、文化、环境在内的巨型工程。历史街区的可持续发展作为整个社会和国家持续发展的重要组成部分，也涉及历史文化的延续，以及经济发展、社会发展、生态环境等的可持续四个方面。纵观我国历史街区保护和更新中存在的难以解决的问题，根本原因就在于没有处理好这几个方面之间的关系。最为普遍的两种现象就是为了追求经济利益而忽视了历史文化的保护和社会的公平正义，由此产生了诸多的社会矛盾；另一个现象就是死板的保护模式，由此造成经济的难以为继，环境恶化等问题，也不利于历史文化的有机延续。王骏等（1997）从"最大限度地利用自然"与"不破坏后代进一步发展的能力"这两个持续发展的基本点角度出发，分析街区保护的实例，并认为要尽可能地使用原材料、保留原有建筑的结构框架，为后代人进一步的整治街区，为保留其历史原貌留有余地与可能性，不致因彻底地拆除更换而导致历史街区的根本消失。

从可持续发展的角度出发，要求将历史街区的更新置于城市发展的大格局之中，在保护城市结构肌理、传统风貌、文物古建的基础上，保持传统生活方式和地域特色，发挥历史街区的空间价值和经济价值，通过以旅游为主的相关产业发展为基础，注重社会资源的公共性和公平正义，鼓励公众参与，制定科学的规划，以此推动历史街区的整治和改造，实现历史街区的复兴，焕发城市传统魅力。当然其中涉及的具体措施应因地制宜，仔细推敲，制定有效的保护、更新和复兴策略。

2. 城市更新理论

城市更新（Urban Renewal）是一门新兴的社会工程学，它于20世纪50年代在欧美兴起，是工程技术和社会政治经济学有机结合的产物，可以说是一门技术工程的政治经济学。第二次世界大战以后，为了快速恢复城市的生机，提升城市的活力，进而恢复经济，欧美各国先后开展了大规模的"城市更新"运动。东、西德合并以后，德国政府为了解决在东德大部分城市产生的衰败问题，也兴起新的一轮城市复兴和城市更新运动。《大英百科全书》认为，城市更新是一种重新调整城市各种复杂问题的全面的综合性计划。它主要涉及不完善的卫生和公用设施、已破旧的住宅，以及有着各种缺陷的运输、卫生和其他公用服务设施，有时也涉及土地的使用和交通拥堵等问题。

本书所指的城市更新是指在城市发展建设中，区别于对需要改造的地区实行全部拆除、重新建设的改造方式，对历史街区局部采取进行修复、改建与添建等方式，改善整体环境、修缮建筑、整顿道路交通，完善公共建筑与公共设施，进一步而言，就是在维持原有社会与空间网络的基础上，涉及拆建破旧部分建筑或修复改建局部建筑，从而提高环境质量，同时对功能发挥良好以及有历史文化价值的地区实行保护规划，在不改变旧区结构肌理的前提下，提供投资改善基础设施，维护原有社区。本书对城市更新主要侧重于三个方面的问题：（1）物质问题：改善生活环境，增加方便生产生活的配套服务设施；（2）功能问题：避免形成单一功能的城市地区以及社会集团在空间上的集中；（3）文化问题：保护历史性建筑、街道和城市空间结构，重视传统文化、生活方式、邻里感、场所感和城市风貌的保存。

3. 整体性保护理论

整体性保护是从技术层面对中心城市历史街区保护和更新的问题进行探讨。从世界潮流来看，整体性保护的概念一直在深化和发展。从《雅典宪章》（1933）、《威尼斯宪章》（1964）、《内罗毕建议》（1976），到《华盛顿宪章》（1987）对保护内容的阐述中，可以清晰地看到整体保护概念的变化：从对有价值的单体建筑的静态完整保护，到更为动态的、广泛的保护历史建筑和周边环境，以及与之相关的风貌等有形层面，进而涉及对生活形态、文化形态、场所精神等的保护的无形层面。从中可以看出，整体性保护主要包含保护和发展两个方面。保护不仅指对历史建筑及其周边环境和与之相关的风貌特色的保护，还包括对传统生活形态、文化形态和场所精神的保护（后者过去往往为国内许多历史街区所忽略）；发展就是贯彻可持续发展观，使历史街区保护和更新适应新的社会发展和现代城市建设要求，即以人为本、适应时代发展的要求。

三坊七巷历史街区是福州城市的地标，是对福州城市历史文化的浓缩。对福州城市传统风貌特色以及福州人城市意识形成具有至关重要的作用。从整体性保护的原则来研究福州三坊七巷历史街区的保护、更新与复兴，就是要强烈关注三坊七巷所蕴含的不可复制和不可再生的历史文化资源以及独特的城市风貌、生活形态，保护和整合三坊七巷历史街区的原始建筑形态、街坊风貌、生活场景以及历史文化资源，进而达到传承福州城市历史文脉和城市环境平稳进化的目的，目的是要避免具有吸引力和传承功能的历史街区整体风貌和历史建筑遭受破坏，防止城市变迁对福州城市文脉的破坏和切断；同时，又要在继承和发展的基础上，从现存保留的事物中用复兴的办法找到福州城市未来可能的发展方向，发挥历史文化资源在传续福州城市文脉作用的同时促进街区的经济复兴和可持续发展。

4. 城市复兴理论

伦敦规划顾问委员会的利谢菲尔德（D.Lichfield）女士在《为了90年代的城市复兴》（1992）一文中认为，"城市复兴"：以全面、融汇的观点与行动为导向来解决城市问题，以寻求一地区在经济、物质环境、社会及自然环境条件上的持续改善。虽不是法定和唯一的定义，但该定义基本涵盖了城市复兴的含义。从生物学角度来看，"再生"或"复生"指的是失落或损伤的组织重新生长，或是系统恢复原状。城市复兴亦然，它涉及已失去经济活力的再生或振兴，已经部分失效的社会功能的恢复，以及已经失去的环境质量或改善生态平衡的恢复等。城市复兴概念的形成和发展与过去半个世纪城市的发展变化及政策的调整密切相关（吴晨，2002）。

我国许多城市的历史街区大都处于城市中心区，在旧城更新改造运动中首当其冲。过去，历史文化保护意识的淡薄造成的"建设性"破坏，导致了中国许多城市历史风貌和特色的丧失。经济快速发展时期，许多地方政府片面地认为历史街区的存在阻碍了发展的脚步，迫切希望改变物质环境促进经济快速发展，忽视了历史文化遗产和城市特色的保护，加之城市建设法律的不健全使得这些问题的矛盾更加尖锐。借鉴城市复兴理论的发展模式和实践程式，对于恢复历史街区的活力、增强我国城市更新过程的可持续性具有重要的意义。

5. 空间句法理论

20世纪70年代末，由Hillier及其领导的小组首次提出并使用"空间句法"，1984年Hiller和Hanson在《空间的社会逻辑》一书中，首先提出了建筑与居民点空间组织的句法理论。空间句法（Space Syntax）是一套基于图论与GIS的城市与建筑空间形态分析的理论与工具，概言之，它是一种研究空间组织与人类社会之间关系的理论和方法，其方法主要是对包括建筑、聚落、城市甚至景观在内的人居空间结构的量化描述（Bafna，2003）。空间句法是对空间构形进行量化解析的方法，其基础是拓扑计算方法和主要基于可见性的空间知觉分析的结合，其重点在于分析空间中的各种形态变量，以及在此基础上形成的表面分割和端点分割、测角修正、轴线、所有线、视区、凸状、交叠凸状、可见图解分析等实用的空间分析技术及其原理来进行的。

历史街区是城市空间尤其是形成历史文化名城的核心组成部分。历史街区保护最基本的原则就是对城市空间肌理的保护和延续，对城市景观风貌特色的维系，城市社会环境的保留等。将空间句法的分析方法引入历史街区保护中，有助于对城市历史脉络和空间肌理的深入理解，历史建筑的视域分析又是景观风貌保护的重要手段。同时关注人的行为、人的感知在历史街区保护中的重要性，而空间句法理论正是通过定量的方法将这种感性认识予以空间化。在此基础上从不同的空间尺度探析历史街区集聚性的发挥，安排产业空间的布局，综合创意产业发展的空间需求，消费空间的构建，为历史街区策划形成思路与方法。

（二）主要研究内容

1. 研究的目标

目标1：本书通过基础调查、社会调查，结合历史资料，从三坊七巷历史街区形成与福州城市形成的关系维度，揭示街区形成的自组织规律。从经济发展语境下的改造利用造成的后果透析，揭示自组织规律引导的不合理性而造成的保护困惑。明晰街区面临的种种问题。

目标2：本书利用空间句法理论和分析方法，对三坊七巷历史街区空间构形进行定量化分析，解析三坊七巷历史街区和院落空间组构的基本特征和规律，明晰街区保护更新和复兴的基础条件和可能的空间利用方向。

目标3：本书在宏观和微观两个层面上研究历史街区保护、更新与复兴的具体对策及措施。在宏观层面上，针对国家各种社会和经济政策、城市规划和实施政策制订的特点，在大量实际调查和多学科基础理论（主要是在社会、政治、经济、居民、历史文化保护等多方面）的基础上，对政府介入的形式和过程、公共政策的制定、历史街区保护与更新的经济运作和更新实施、社区和居民参与的重要性、居民问题的解决等多方面给出综合建议，辅助政府相关政策的制订和完善。在微观层面上，分析如何通过物质形态、非物质形态的保护、功能更新、各类产业特别是创意产业的发展，找到综合解决历史街区现实问题的途径。

目标4：通过三坊七巷保护、更新和复兴可操作性措施的探讨，求解三坊七巷保护、更新和复兴的思路和范式，寻求现阶段适合我国特点的历史街区保护、更新和复兴的模式，搭建起具有一般意义的历史街区保护、更新和复兴的基本理论框架。

2. 研究的出发点

在社会转型时期研究历史街区的保护、更新和复兴问题，要从树立科学发展观、构建和谐社会、维护社会公平、提高公共效率的角度，以社会的、政治的、经济的、环境的、文化的等多视角作为探讨研究的出发点，以期客观、综合、全面地提出历史街区保护、更新和复兴的理论框架和具体运作模式。

首先，要坚持文化保护和文物工作的方针和原则，即"保护为主、抢救第一、合理利用、加强管理"的方针和"不改变文物原状"的文物保护原则。历史街区是城市历史发展的重要缩影，是不可再生的稀缺资源，加强文化保护至关重要。综观历史街区面临的挑战和威胁，主要就是忽视了历史街区的重要价值的保护，同时历史街区的许多文物建筑没有上升到文物保护的高度加以重视。

其次，关注可持续发展。可持续发展狭义上是环境、文化层面的问题，广义上是社会的、经济的、政治的问题。在总结众多历史街区保护和更新实践的得失经验的基础上，我们认为，历史街区保护、更新和复兴需要具有发展的眼光，摒弃短视行为。福州三坊七巷的保护和更新，历经20多年的讨论，其间几次规划方案的失败，很大程度上是因为只从短期的、表面的效益出发，忽略了对福州历史文化的敬畏和尊重，几乎割断了福州城市的历史文脉。本书将更加关注福州三坊七巷历史街区作为福州历史文化名城一个有机整体持续发展的连续性过程。

第三，关注历史街区的经济复兴。历史街区保护、更新和复兴是一项长期性的工作，需要几代人坚持不懈的努力，同时保护需要的资金投入很大。需要把历史街区这一稀缺性资源从作为一种文化商品的维度，思考历史街区经济复兴的相关问题。

第四，关注实施的可操作性。三坊七巷、朱紫坊历史街区保护与更新工作历经20多年的探索而迟迟难以有结果，主要原因是由于长期以来始终处于较为零散、片面和不系统的工作状态，缺乏一个系统的框架、具体的目标和可操作性的实施方案。许多历史街区的理论和法规规范等与实际操作层面难以契合，政府部门、社会团体和普通居民之间的合作协调度差。本书将更加重视这方面的工作，通过理论层面探讨和国内外成功和失败经验的剖析，旨在提出一个带有普遍意义的实施框架建议。

3. 研究方法

本书采用多理论融合、多学科贯通的综合研究方法。针对影响历史街区保护、更新与复兴的公共政策制定、经济利益平衡、居民的心态走向、传统风貌和街区保护等多个方面，结合可持续发展理论、城市更新理论、整体性保护理论、城市复兴理论和空间句法理论，以城市社会学、城市规划学、城市经济学等多学科的视角，力求在综合分析、多学科融会贯通中找到对历史街区保护、更新和复兴有帮助的方法。

本书采用理论与实际相结合的方法。以实地调查、问卷调查、多形式访谈、实证调查、个案分析、街区和建筑资料采集等多种形式，通过大量的社会调查，并从相关政府部门、社会团体和报刊、杂志上收集各种数据。在调查分析的基础上，结合相关基础理论的研究成果，从多学科的角度对获得的实际资料进行分析评价，并以此作为保护的政策措施建议以及保护、更新和复兴模式研究的基础。

4. 研究的主要内容

本书共分八章。

第一章，提出历史街区概念，分析国内外历史街区研究动态，明确本书的基本理论框架、研究方法和研究的主要内容。

第二章，在对福州城市形成和三坊七巷、朱紫坊等历史街区形成分析的基础上，揭示城市与历史街区之间的相互关系。

第三章，在分析历史街区的物质形态、非物质形态构成因素的基础上，概括历史街区的整体价值、文化价值和艺术价值。通过社会调查资料的分析整理，从历史街区人口现状、土地和建筑的利用现状及社会意识构造等方面，揭示目前历史街区保护中存在的问题。

第四章，利用空间句法理论和分析技术，分析三坊七巷历史街区以及院落空间的构形特征，并提出空间使用的可能性。

第五章，利用国内外历史街区整体性保护理论，通过对具体案例的研究，总结了我国历史街区整体性保护的经验和教训，提出了我国历史街区整体性保护的概念及原则，进而对三坊七巷的整体性保护提出具体的推进方法。

第六章，通过国内外历史街区小规模渐进式保护整治理论和实践以及具体案例的研究，总结我国历史街区小规模渐进式保护整治的经验和教训，提出了历史街区小规模渐进综合更新的模式和具体推进方法，并对三坊七巷进行实证研究。

第七章，通过国内外历史街区复兴理论以及具体案例的研究，提出历史街区复兴的概念及原则，并对如何促进三坊七巷的复兴提出具体的推进方法。

第八章，结论与展望。归纳了上述七章的研究成果，得出研究的具体结论，提出要在重视历史街区保护、更新和复兴的同时，注重历史街区的可持续发展和永续利用。

5．研究的工作路线（图1-2）

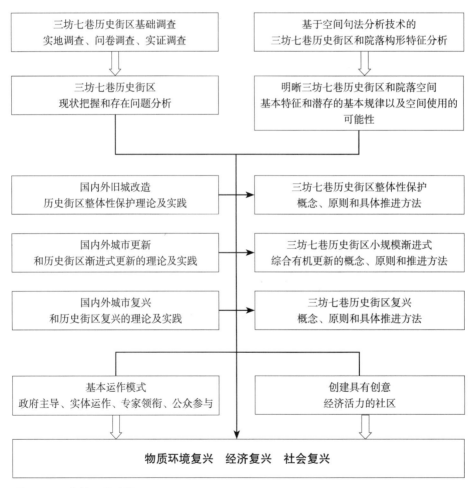

图1-2　研究的工作路线

第二章

福州城市演变与
三坊七巷形成

福州地处闽江下游河口，江在其西、南，海在其东，负山抵水，兼有舟楫之利。大江与大海相接之处河口盆地的优越形势，加上福州先民千百年来的辛勤劳作，成就了福州"州治其中"的"中州气象"（南宋·梁克家）。福州"中州气象"的形成，人口的繁衍与土地的开发是其中的两个关键性因素，与之相适应的，则是历代政治与经济、文化力的向心聚合，使得福州城市规模逐步发展壮大，历经2200多年，素为福建的政治、经济、文化中心，享有"东南形胜""有福都会"的美誉（图2-1）。

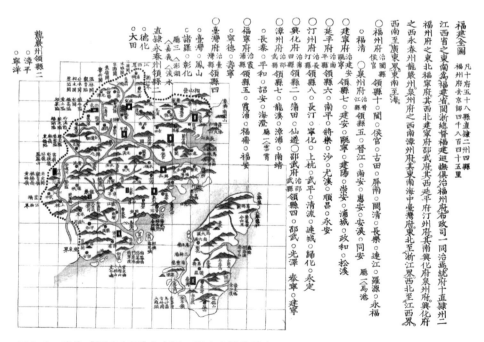

图2-1　清代《福建全图》（来源：福建省博物馆）

一、福州城市演变分析

福州城市具有优良的城市环境、山水景观和物质文化生活价值，优美的城中山水体系、特色的古城格局和空间形态，其中最具地理特色的，就是"城在山中、山在城中""城在水中、水在城中""环流有致、潮汐相通"的河口盆地城市格局。

（一）福州城市演变的几个阶段

中国古代城市的发展，通常可以分成夏朝开国之前的雏形期、夏朝至春秋初的成型期、春秋时的"营国制度"期、春秋战国之际至西汉的"秦制"期、两汉之际至北宋的"营国制度"与"秦制"相结合时期、北宋晚期至民国的新型坊巷制等六个时期（贺业钜）。春秋之后，城市建设虽然遵照封建社会的城制规划的传统，表现为规模宏伟，秩序严谨，注重防御，但其总的发展趋势，体现了由"卫君"思想向"守民"思想的转变、军事据点式城市向经济都会型城市的转化等。这一发展进程，也可以从福州城市的形成与发展的几个阶段中清晰地体现出来。

1. 闽越冶城——福州城市的形成

城邑与村落的区别早期并不明显。福州城最早的雏形，可上溯到新石器时代昙石山文化时期的原始村落遗迹。在昙石山文化新石器时代地层中，一条距今4000~5000年间的宽4.25~6.25米、深1.55~2.35米的壕沟，将整个遗址一分为二，而墓葬、陶窑等遗存都集中分布于壕沟的西南侧；另一条距今3000~3500年间的宽3米左右、残存深度1.5米，总长达30.5米以上的青铜时代壕沟，则把该时期文化遗址一分为二，墓葬和祭祀坑等遗存主要集中分布于壕沟的西北侧。遗址中壕沟的出现，表明了随着物质的丰富和私有制的出现，当时人们分区聚居的习俗与防患意识增强，对城池的需求及其早期形式开始出现。

先秦时期，福州为闽越族的势力范围。战国末期，统治闽越的是越王勾践的后裔无诸。秦末，无诸、摇率闽越族跟随鄱阳令吴芮，从诸侯灭秦功勋卓著，但楚霸王项羽却百般弗许称王，故不附楚。楚汉之争叠起，无诸、摇率闽越族人佐汉灭楚，功高盖世。汉高祖五年（公元前202年），刘邦封无诸为闽越王，"王闽中故地，都冶（今福州）"（《汉书·高帝纪》），筑冶城，形成历史上最早的福州城。

西汉初年的冶城（图2-2），据南宋·梁克家《三山志》载："闽越故城在今府治北二百五步。"又，明·王应山《闽都记》载："将军山一名冶山，在贡院西南，闽越古城。"从以上记载看，冶城的位置当在鼓岭以南，城隍庙以北的地区，即现在的华林路至冶山路一带。近年来，在这一带揭露出了汉代建筑基址多处，出土了大量板瓦、筒瓦和少量瓦当、铺地砖等建筑材料，瓦当文字有"万岁""万岁未央"等，板瓦和筒瓦上有的还有戳印或拍印，可比照识读的有"倪"等早已失传的闽越文字，佐证了史书的记载，为进一步探索闽越文化内涵及"冶"的位置提供了珍贵的资料。

据郭柏苍《葭柎草堂集》云："相传汉时海舶桄于还珠门外（即今福州城区鼓楼前贤南路口）。"明代的王恭也有诗云："无诸建国古蛮州，城下长江水漫流。"由此可见，汉时"冶城"之南，确是江河潮水所及之区。"千载登临遥极目，海天空阔雁行低。"正是古人俯瞰福州市区一片水乡泽国景象而发出的感叹。

2. 西晋子城——福州城池的第一次修拓

闽越国政权更迭，国脉延续未及百年。汉武帝元封六年（公元前105年），汉兵攻入东越，武帝以"闽越险阻，数反复，乃诏诸将悉徙其众于江淮间，东越地遂虚"（《史记·东越列传》《汉书·两越传》）。"后有逃遁者颇出，立为冶县，属会稽郡"（《宋书·州郡志》）。冶县中心即今之福州。

魏晋时，郡县制进一步发展。西晋武帝太康三年（公元282年），析建安郡，分设晋安郡（《晋书·地理志》）。首任太守严高嫌故城太小，地势不平，故请舆地专家设计制图，在越王山（今福州屏山）南麓建立新城，名为"子城"。子城城垣外围开辟城壕并疏导成为东、西、南三面河道，整治东、西两湖，形成完整的水系。从此，福州城市建设即以此为根源，不断向南拓展（图2-3）。

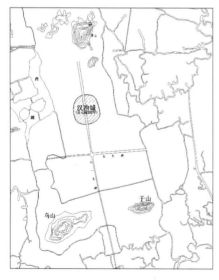 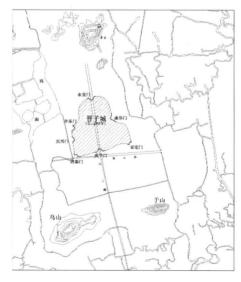

图2-2 西汉冶城（来源：福建省博物馆） 图2-3 西晋子城（来源：福建省博物馆）

3. 唐代子城——福州城池的第二次修拓

西晋末年，中原动乱，衣冠南渡，大量士族入闽。入闽士族经由建溪、富屯溪，顺闽江而下，最后大都汇集于福州，有的再次向南面的晋江、九龙江流域扩展定居。史书载当时"始入闽者八族，林、黄、陈、郑、詹、邱、何、胡也"（《九国志》）。因而此时也成为福州历史上人口增长最快的时期之一。

唐中和年间（公元881~884年），福建观察使郑镒因福州经济繁荣、人口大增，特修子城。在《三山志》中，记有当时的六个城门遗址，分别为：正南虎节门、东南定安门、东康泰门、西丰乐门、西北宜兴门、西南清泰门（《三山志》）。

对当时的子城，唐朝陈翊有《登郡城楼》诗云："井邑白云门，岩城远带山，沙墟阴欲暮，郊色淡方闲。孤径迴榕岸，层峦破积关，寥寥分远望，暂得一开颜。"据诗中所说，子城南面是大片"沙墟"之地，江岸之上，榕树极为茂盛。

4. 唐末至闽国罗城与夹城——福州"三山二塔"城市格局的形成

唐末五代王审知据有闽地。王礼遇下士，延揽中原文学之士，"中土诗人，时有流离入闽者，诗教益昌"（陈衍《补订闽诗录叙》）；又开设了四门学，使当时教育越出门阀子弟的范围，推广到了民间。五代梁时封王审知为闽王，升福建为大都督府（《新五代史·闽世家·王审知传》）。

唐天复元年（公元901年），王审知为"守地养民"，向东、南二面扩建福州罗城，三坊七巷居住区首次围在城内。五代梁开平二年（公元908年），又以罗城为基础向其南北两端稍加扩大，把罗城夹在里面，形成所谓的"夹城"。又将三坊七巷隔河相望的朱紫坊居住区围在了城内。方圆广20多公里，颇具规模（图2-4）。

至此时，夹城已将阜立于城东、南隅的乌山、于山及建于两山之麓的崇妙保圣坚牢塔（俗称乌塔）、报恩定光塔（俗称白塔）围入城中，北倚越王山（又称屏山）为屏障，从而形成了福州古城"三山两塔"的城市基本空间格局（图2-5）。

5. 两宋至元——福州城池的巩固与兴废

闽国政权在王审知之后，内讧纷争不断，福州不久之后即归属吴越。宋开宝七年（公元974年），吴越国福州刺史钱昱增筑东南夹城，称为"外城"。宋太平兴国三年（公元978年），福州归宋。同年，下诏"堕城"，惟各城门的谯楼仍予保存。

宋熙宁年间（1069年），为了适应区域政治、经济、文化的发展，由郡守程师孟就福州城旧址加以修复，除在城池西南隅有所拓展外，还在城上新建楼阁9

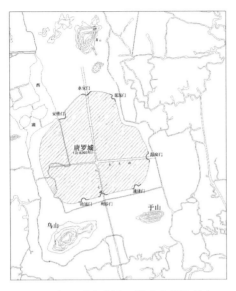

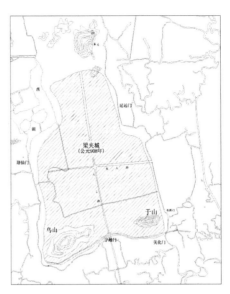

图2-4 唐罗城（来源：福建省博物馆）   图2-5 梁夹城（来源：福建省博物馆）

座。此时的福州城，阙门重叠，从中轴线上由北往南，共建有合沙门、宁越门、利涉门、还珠门、虎节门、威武军门（后改为鼓楼）、都督府门等七重高大城楼，客观上再现了福州城池从汉晋开始，几次向南拓建的发展脉络。程师孟因而有诗记曰："七重楼向青霄动"，后代又传王尚书诗云："七楼遥直钓龙台"。

当时，福州海上交通发达，商贾云集，有"百货随潮船入市，万家沽酒户垂帘"之美誉。城市建设有了长足的发展，城市范围已超出城垣所限，路系、水系日趋完善。道路多为五轨，最宽的达到"九轨"，按周制折合，宽达16.6米。城内寺、庙、祠、观林立，宋庆历三年（1043年）福州府佛寺最多时有1625座，塔7座，"城内三山千簇寺，夜间七塔万枝灯"，是当时福州城内繁华景象的真实写照。

南宋恭宗德佑二年（1276年）五月，益王登极于福州，称端宗，福州成为宋王朝临时的首都。元朝统一中国后，于（后）至元三年（1337年）再次下诏，废堕福州城墙（图2-6）。

明洪武四年（1371年），朝廷委派驸马都尉王恭，大规模重建福州城垣。王恭就旧址垒石为城，北面跨越王山（又称屏山），在山巅建"样楼"，又名镇海楼，成为远程海舶远眺福州港的航标；东、西、南三面沿宋代外城遗址修复，南向城垣绕于山、乌石山麓，周围19里多。城墙高二丈一尺有奇，厚一丈七尺。城上建有62座敌楼，98座警铺，2684座堞楼，环城俱加屋盖，十分壮观。至此，福州城有城门7座，即东门、南门、西门、北门、水部门、汤门、井楼门等，在重要之地还筑有半圆形的瓮城。另外，辟水关四个，以沟通城内外之河道，适应经济贸易和水运发展的需要（图2-7）。

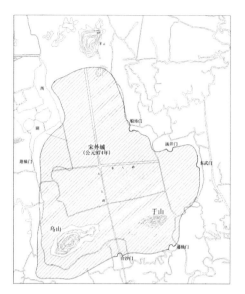
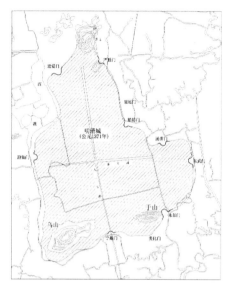

图2-6 宋外城（来源：福建省博物馆）　　图2-7 明清城（来源：福建省博物馆）

清顺治二年即明福王宏光元年（1645年），明亡，唐王聿键于福州称帝，纪元隆庆，改福州为天兴府，号"福京"。次年九月，福州被攻克，明福京亡。

清代延用明代的福州城，虽有多次针对城墙、城楼等的维修与增筑，但城的范围没有发生变化。

进入民国，从1919年起，开始拆除福州城墙，筑成环城马路。1928年以后，市区内的主要马路开始陆续兴建，福州城的内外格局，自此才逐渐改变。

（二）福州城市发展的因素分析

城市的形成，始于人类历史上的第二次劳动大分工，手工业、商业从农业中分离出来，当时的居民点也就随之分化成了两种，即：以农业为主的乡村和以商业、手工业为主的城市。

人们因集居而形成社会，城市形态固然反映着建造者即当时统治阶层的需要，但其形制必然要与其人口构成、产业构成相匹配，与当时的社会经济与城市居民生活相适应。

福州城市在长达两千多年的发展过程中，经历过多次的劫难兴衰，但城市格局历经变迁，却能逐渐走向完善与合理。由此而知，现有的福州城市格局，本身既是历经发展的结果，同时也是在融合与调整城市周边自然环境基础上，不断地适应人口变化、经济发展、意识进步的结局。影响福州城市形成与发展的要素，可以大致归纳为土地等自然条件的改良、人口的增加、商品经济的繁荣与政治文化中心的需求等。

1. 自然地理因素

福州位于我国东南沿海地区，是较为典型的河口盆地。优越的地理环境是福州城市建立和顺利发展扩大的主要因素之一。曾任福州知府的"唐宋八大家之一"的曾巩，其所著《道山亭记》这样描绘福州："福州治侯官，于闽为土中，所谓闽中也。其地于闽为最平以广，四出之山皆远，而长江在其南，大海在其东，其城之内外皆涂，旁有沟，沟通潮汐，舟载者昼夜属于门庭。"形象地概括出福州山水形势对中心城市形成的关键作用。

福州盆地的四面被海拔600～1000米的山岭所环抱。闽江由西北向东南流入盆地，在南台岛的西北端分为南北两支，北支为白龙江（又称台江），南支为乌龙江，两江流至马尾汇合后向东北出盆地，流入台湾海峡。盆地东西长约36公里，宽约40公里，面积约1500平方公里（图2-8）。

福州盆地在历史上的最后一个海侵时期仍然是一个海湾，现在盆地内有不少以"屿"命名的村落，如前屿、后屿、横屿、竹屿、国屿、鼎屿、南屿、北屿、大屿、榕屿、董屿、福屿等，在海侵时期都是海湾里的海岛。在盆地整个剥蚀、侵蚀、冲积过程中，海水与闽江水的交替拉动作用是营造福州平原的主要动力。

因为濒江、海，地势较低，历史上的海侵、海退，以及闽江的南北摆动，都

图2-8 福州周边地理形势（来源：福建省测绘局）

极大地影响了福州城的形成与发展。福州北高南低，自古以来，城区陆地之形成，皆由北向南发展。福州城在形成之初，只能选择地势相对较高的盆地北部，依北峰之南坡而建。随着海水外退，闽江南移，小屿相通，加上历代先民的传承劳作，城外昔日的港湾沙洲渐成鱼池良田，从而为后来增加的福州人口和政治经济文化发展提供了越来越多丰沃而且可靠的劳动生息场所，并促使福州城不断地向南、向东扩展（图2-9）。

临江近海、地势低洼的另一个影响，就是使福州城区的河流形成内外纵横、江潮互通的水网格局。蔓延伸展的福州城区水系，是福州城不断拓展的结果与见证。福州城池的历代建造者，充分利用了自然天成的江河、湖泊，并加以部分人工的开凿，使城池内外的河渠、壕沟与城外的大江、大海相与贯通，内外环流，不仅使城池坚固牢靠，更为居民的生活提供了无限的便利（图2-10）。

福州城区现存的河道，多是晋唐以来历代拓建的旧城壕遗迹。随着子城、罗城、夹城、外城由北向南的逐步拓展，每个时代都将前期的护城河与跨桥辟为内河和连接河道两岸的通衢。城内河道回流有法，左右两翼都和江水相连，既方便水上运输，又可利用江水冲刷污秽，设计堪称周密。

宋朝以后，人们又在福州城内人口密集区的三坊七巷、朱紫坊一带河道遍植榕树，河岸盘根错节，须长叶茂，绿荫如盖。在《榕郡名胜辑要》一书中，描写当年情景是"人烟绣错，舟楫云连，两岸酒市歌楼，笙歌从柳荫榕叶中出。"宋

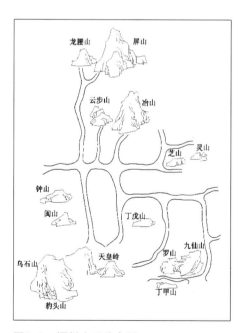

图2-9　福州山系分布图
（来源：福建省博物馆）

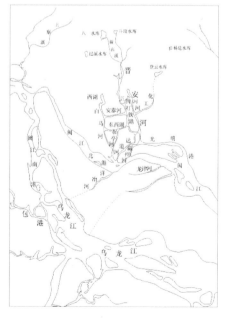

图2-10　福州水系分布图
（来源：福建省博物馆）

朝文学家曾巩，也有诗赞道："红纱笼竹过斜桥，复观辇飞插斗杓，人在画楼犹未睡，满堤明月五更潮"。形成了福州城内独特的"秦淮河"景致。无怪乎20世纪50年代苏联专家对福州进行城市规划时，会发出"东方威尼斯"的惊叹了！

福州城的水系，是历代福州人民结合城市防御、生活用水、农田水利以及贸易通航等诸方面的需求，经合理规划、科学设计并长期的不懈努力，才得以逐步形成并完善起来的。福州城市水系是福州数千年历史的见证，是福州城市历史格局的重要组成部分，也是福州城市之所以充满活力、绵延千年不衰的重要因素。

2. 人口因素

人口是城市扩张与衰败的最主要因素之一。福州城历经2200多年，城区人口由少而多、而聚，其间经历数次增减，并促使了福州城池的不断扩张与发展。

历史上，由汉以来，福州的人口经历过两次的锐减与两度的激增。

第一次锐减：在汉武帝元封年间（公元前110～前105年），"闽越变乱，汉讨平之，徙其民于江淮间，尽虚其地。"当时的绝大部分人口都被迁徙，之后人口慢慢恢复，《宋书·地理志》载："后逃遁者颇出，立为冶县。"《晋书》载，三国孙吴时的建安郡仅有三千零四十二户，人口一万七千六百八十六人。

第二次锐减：唐乾符六年（公元879年），黄巢窜闽，之后是南朝的陈宝应称兵，以及五代王氏子孙在闽地互相攻击，人民群众不堪繁重赋税而大量逃亡等，严重阻碍了当时的人口增长。

第一次激增：东晋永嘉（公元308～311年）之乱，"八姓入闽"，使福州人口大量的增加。魏晋时代的晋安郡（领县八）人口，《晋书》记："有户四千三百，人口一万八千人"。隋开皇十二年（公元592年），据《隋书·地理志》，泉州郡（今福州）户数一万二千四百二十户，激增了近三倍；如果每户以五人计算，大约六万二千多人。唐开元八年（公元720年），按当时县的等级区分，有望（特级）、紧（次特级）、上、中、下五种，上县户数六千户以上，中县户数三千户以上，中下县户数二千户及以下；时福州的闽县和侯官二县，分别为望、紧二级，人口应有约七万五千人。唐天宝元年（公元742年），长乐郡（今福州）领县九，有三万四千零八十四户，又增加了近三倍；人口七万五千八百多人。

第二次激增：唐末五代王审知据有闽地，中原人士相继来附，有"十八姓从王"之说。加之其采取保境安民的政策，使福州人口大量增加。此后福州的社会经济文化在唐末五代的基础上得到长足发展。南宋建炎年间（1127～1136年），福州时领县十三，人口达二十二万二千二百户（《三山志》引《建炎图志》），以每户五人计算，人口当在一百一十万左右。推想当时福州城区人口当在三十万左右。

福州人口的增加，使得历史上一再地推动和促进福州城的拓展。而现今由于中心城市人口猛增，导致老城区不堪重负，大量的历史街区、民宅被挤占、滥用，过度增加的人口在没有得到有效控制下，已经构成对历史街区有序传承的极大威胁。

3. 经济因素

城市的形成与发展的重要动力是经济因素，它是促进或制约城市形成的规模、速度和质量的根本因素。

城市最初产生于剩余产品交换的商市，促进城市发展的主要因素是商品经济的发展。福州地处福建全境流域面积近三分之二的闽江之河口盆地，是闽江上游广大内陆腹地的货物集散与交易场所，很早就成为福建的经济中心。《汉书·严助传》称闽人"习于水斗，便于用舟"（图2-11）。三国时，孙吴在福州设置"典船校尉"，利用"谪徒"造船（《福州府志》）。福州从此成为历代国内主要的造船中心之一。

福州历经魏晋、唐五代的积聚发展，到北宋后期，已经成为全国最主要的中心城市之一。宋仁宗天圣十年（1030年），下诏全国二十一州"与三司判官转运使、付使一等差遣"，福州名列其内，与大名（今北京）、江宁（今南京）、苏州、杭州等并列（《宋会要稿》）。

明初，福州为对外贸易的重要港口。成化五年（1469年），福建市舶司从泉州移至福州（一说成化十八年移至），对外交通更加发达。弘治十一年（1498年）督太监为便利琉球贡船之往来，在河口尾开凿了一条人工运河直达台江，称"直渎新港"，并将上王地方（今仓山临江境内）许与番人凿港，以便番船往来。一时"舟航上下云集"，对外贸易的鼎盛，推动了福州港口城市的繁荣，特别是促使城市商业区、居住区越出福州城垣，面江向海不断向南延伸发展，城外闽江两岸舟泊连营，"十里而遥，居民不断"。

清康熙二十三年（1685年），福州设立海关，管理对外贸易等事宜。康熙五十九年（1721年），又准许外贸商人成立"公行"，福州城内商业会馆相继成立。雍正七年（1729年），大开洋禁，"西南洋诸口，咸来互市"，福州成为中外交往的重要商埠（图2-12）。

清道光二十二年（1842年），清政府与英国签订"南京条约"，福州被辟为"五口通商"口岸之一；愈二年福州正式开埠。

4. 政治与人文因素

社会制度下的社会阶级分化与对立，在城市建设方面有着明显的反映。一方

图2-11 汉代各商业城市分布图
（来源：福建省博物馆供稿）

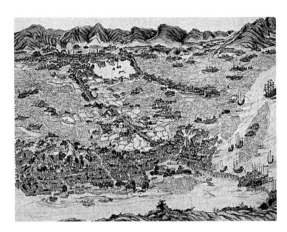

图2-12 清康熙年间福州城图
（来源：福建省博物馆供稿）

面，在中国古代城市中，统治阶级专用的宫殿府衙等往往居于城市的中心位置并占据很大的范围。另一方面，城市建设受儒家社会等级和社会秩序的影响，有着严谨、中心轴线对称等规划布局；同时受"天人合一"等主流哲学思想的左右，体现出人与自然和谐共存的观念，于城市建设中充分考虑了当地的地质、地理、地貌特点，城墙并不一定是方的，轴线也不一定是直的，在自由的外在形式下，涵含着富于哲理的内在联系。

福州之城池，至迟始于汉高祖五年（公元前202年），闽越王无诸筑冶城为国都，迄今已有2200多年的历史。福州在晋为郡治，南朝为州治，唐朝设都督府，五代时则为闽国国都，南宋末为端宗行都，明末为隆武帝行都，至民国22年（1933年）蔡廷锴等爱国将领于福州举行"闽变"时成立的"中华共和国人民革命政府"，曾先后5次成为不同朝代的国都与行都。福州的城池建设，也随着时代的发展和朝代的更迭，一步步地走向拓展与完善，最后则伴随着20世纪20年代现代建筑运动的兴起走向终结，被拆碎为环城路，留下的只是残缺的遗存。

福州城历史上5次为都，固然有其地方政权的割据因素，也是与福州及福建相对封闭、阻隔的自然地理环境与相对孤立的政治环境相关联的。长期作为一方郡治及多次成为国都与行都的历史，对福州城的形成与格局影响深远。由闽越王无诸选择冶城作为国都开始，确立了福州作为福建全境政治、经济、文化中心的地位，其中心城市的作用一直延续至今；唐末五代闽国政权的成立，使福州跃然而有国都之威仪与规划，严谨的中轴线上城门叠阙，坚固的城墙、有序的空间、合理的格局，使福州城的影响与地位大幅抬升。其后，福州城始终坚守吏民居于内、集市兴于外的守礼与安民原则，高墙重门的城池之内，安置着所有重要的礼仪学府、大小衙门及主要宫庙等建筑，官宦富绅、士族百姓于整齐、幽深的坊巷间诗书吟诵、安居乐业，固有的传统也就随着这些整齐的坊巷与街区一年一年地流传了下来，直到今天。

二、福州历史街区形成分析

福州城内的平面布局，可以用"三山两塔一条街"概而言之，在"三山两塔"之间，星罗棋布着众多整齐的坊巷。这些坊巷历经千年，沧桑仍旧，成为福州历史文化名城的最可彰扬之处。而福州城区坊巷格局的形成与演变，又是与中国古代的市坊体系息息相关的。

（一）中国古代的市坊区分体制

与中国古代城市营建制度的发展与演变相适应，古代城市内部格局的演进，集中表现为"城制"与"市制"的相互消长变化。"城制"即筑城之制，是对城市的集中管理与卫护；"市制"即城市内外的商品交换制度，是各阶层生活需求在一定程度上的外在表现。中国古代各个阶段的城市呈现多姿多彩的形态，但究其根本，仍具有一脉相承的踪迹，其中最主要的求变因素，即为历史上各时期商品经济的发展，不断地推进着城市形制的革旧迎新，也深刻改变着城市内外原有的空间风貌、格局形态。里坊制度与坊巷制度，则是我国古代封建社会前期、后期最为主要的两个城市制度。

1. 古代城市的里坊制度

中国城市在开始阶段，即沿用由农村间里制移植而来的里邑制度。周代推行井口制，每一农夫授岁可耕种之田一百亩，故百亩之田称之为一"夫"，是井田制的基本计量单位。《周礼》之中，有两种井田制，一为十进位井田制，即十夫为一井，行之于乡遂地区；一为"九夫之井"，行之于都鄙地区。居民编制与田制、军制相结合。城内用地，也以井田之"夫"为基本单位，一"里"的规模一般为一"井"（方一里），或为"井"的倍数（贺业钜《中国古代城市规划史》）（图2-13）。

这种"里"（坊）制自周代兴起之后便一直延续，直到盛唐。"里"为封闭式的规整形制，四周构筑里垣，四面临大道开设里门，里门有专职人员管理，"里"内住户出入均须经由里门，并不得对大道开门（汉制中只有权贵的"甲第"、唐制中仅三品以上高官等方可临大道开门）。里内辟巷道，可与干道联通，里内住宅均沿巷道排列。里（坊）为城市行政管理的基层单位，市与里严格区分，商肆均集中在市内，里中不设商肆。

随着商品经济的发展，旧有城市规制尤其是集中市制的矛盾日益明显，迫使市场往"近场处"扩展；到了晚唐，市坊相区分的体制约束被突破，市肆入坊，并进而发展出夜市（图2-14）。

2. 里坊制的瓦解及坊巷制度的建立

到了五代，汴京旧市制土崩瓦解，临街建店，已成了合法行为；旧里坊制虽然仍旧勉强维持，但坊内亦设邸店。北宋统一后，曾在汴京一度恢复旧市坊制度，以求维系传统的城市管理秩序；北宋真宗时期，旧里制再度崩溃，里坊制彻底瓦解。到了北宋末期，工商业的繁荣彻底打破了旧里坊区分规划体制及旧的市场规划制度，开始以"行业街市"为主干，结合遍布城内各街巷的各行业基层铺店，组成了庞大的城市商业网络体系。

旧里坊制瓦解之后，产生了新型的坊巷制（图2-15）。"坊巷"之名，始见于北宋晚年的东京，是旧里坊制瓦解后，所产生的新型聚居规划制度。所谓"坊巷"制，是以坊为名，按街巷分地段而规划的聚居制度。刻于南宋理宗二年的平江（苏州）城图碑，对此制有形象的说明：每坊跨街建有"坊表"，上书写坊名，替代以往悬挂于坊门楼的"坊榜"，表上的坊名，即指两表所截取的那段街巷的名称，其长度基本上相当于原坊界地段的长度。城市聚居按开敞型的"坊巷"地段来组织，由此可见，此时的"坊"的本义已经丧失，而"巷"才是现实存在的。坊巷之内开设各种日常用品铺店及酒肆、茶坊，以供居民生活之需，从而使城市聚居形态实现了真正的"城市化"。

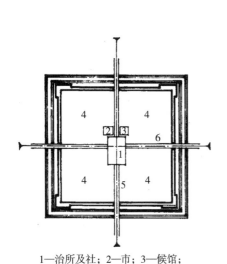

1—治所及社；2—市；3—候馆；
4—里；5—经涂；6—纬涂

图2-13 周代里邑布局设想图
（来源：《中国城市建设史》）

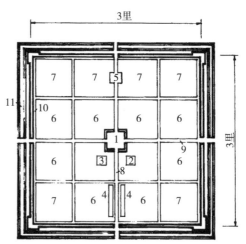

1—宫；2—宗庙；3—社稷；4—官署；5—市；6—里；
7—廛；8—经涂；9—纬涂；10—环涂；11—城濠

图2-14 周代都城规划示意图
（来源：《中国城市建设史》）

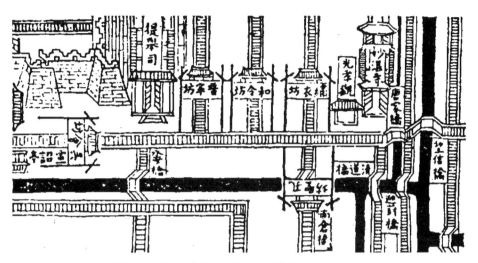

图2-15　宋平江城坊巷图（来源：《中国城市建设史》）

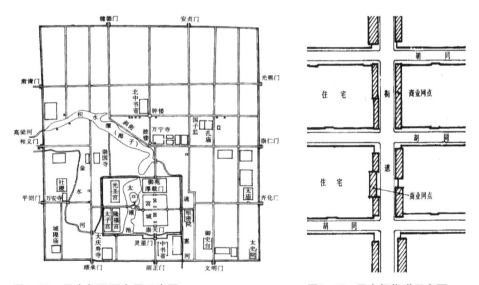

图2-16　元大都平面布局示意图
（来源：中国城市建设史）

图2-17　元大都街道示意图
（来源：《中国城市建设史》）

坊巷制城市以元大都为例（图2-16、图2-17），全城划为五十坊，不建坊墙，仅以干道为坊界，干道上立坊门，悬挂坊额，以表示一坊所辖的地段。这种坊门实际上就是"坊表"，与旧制坊门截然不同。按经纬涂制，在一坊的地段内，沿着南北走向干道，开辟若干东西走向的平行巷道，用来作为营建住宅的坊巷，以致街与坊巷的配置，犹如篦状。在坊界街道的两边，广泛建置各行各业的铺店，用来供应街内坊巷住户日常生活所需；在巷道里面，不再设置商店，从而保持宁静，并且有利安全。这样的改进，既有改革之后新的坊巷制的特色，又汲取了营国制度传统里制不被市廛干扰和形制规划的优点，这就使新型的坊巷制居住区的规划水平又提高了一大步。新型坊巷制因为较好地解决了城市中工商业发展与居民生活的需求，所以在中国后期的封建社会中一直延续，城市的总体规划秩序，也由中期封建社会的礼制与经济并重，演变为以经济为主、礼制为辅的新型规划秩序。

（二）古代福州坊巷制度的演变及布局

福州建城之初的冶城，因为史料的匮乏，不足以复原当时的城池格局。晋太康三年（公元282年），严高"治故城（即西汉冶城），招抚昔民子孙。高顾视险隘，不足以聚众，将移白田渡，嫌非南向，乃图以咨郭璞……于是迁焉。"由上述这段记载，说明汉初无诸之建冶城，主要是遵从依山、南向、据险而守的军事防御原则，所以形势"险隘"，面积狭小。王城之内，以宫廷区为主，仅足以供王室等主要统治阶层使用；百姓则散居在城外一片片的洲地之间，得不到城垣的保护。

两晋以降，福州城历经唐、五代、两宋之发展，坊巷之制逐渐走向成熟，并经由明清、民国，难能可贵地一直延续到了现在。这一坊巷制历史街区的演进过程，大致可以归纳成"始于西晋、形成于晚唐五代、兴盛于南宋、中兴于明清、延续于近现代"等几个阶段。

1. 西晋至中唐——里坊制度的存续与坊巷制度的出现

入晋之后，福州经济趋于发达，人口增加，严高为了适应社会发展的需要，另筑子城。筑城秉承当时流行的城廓分工的传统，以城为政治活动区，以廓为经济活动区；当时所筑之子城即为廓城，位于旧城之西南方。廓城之内，以衙署为主，亦有一定数量的民居。

根据宋代淳熙年间梁克家编撰的《三山志·罗城坊巷》载："新美坊（旧黄巷）。晋永嘉南渡，黄氏之居此……"黄巷位于子城之西南方向，说明早在西晋时，城廓之外也已经有成规模的居民点了。

中唐以后，在中国社会沿用了一千多年的市坊区分体制受到了商品经济的严重冲击，居住区内的商业点开始兴起，但居民区的平面仍然保持了大致的"里"坊格局。唐代中和年间（公元881～884年），福建观察使郑镒对西晋子城进行了修建和拓展，但唐代的子城主要功能仍然是衙署用地或供官吏等办公居住，有些寺庙也放在城里。在唐朝陈翊的《登郡城楼》诗中，有"井邑白云门，岩城远带山"之语，其中所提之"井邑"，即是对当时城内那些各自筑墙封闭、整齐划一的里坊的真实描述;"岩城"一词,则反映出城池内外的连绵山势。

修拓后的唐代子城,其城市南厢的聚居人口及经济已趋于发达。据考证,当时的集市,主要设在南面虎节门与西南面清泰门间外侧沿河一线,即今贤南路一带。而当时唐崇文阁校书朗黄璞大学士,则住在福州城池外西南隅的黄巷之中。

2. 晚唐五代——坊巷制城市空间格局的形成

晚唐五代,福建成为当时动乱中的偏安之地。王审知采取保境安民的政策,中原知识分子及大量流民涌入福建,使福州这一当时福建政治、经济、文化中心的人口大量增加。这些新来的官员和百姓,都相对集中地居住在当时子城的周围,其中以南面的人口增加最多。为适应这一社会发展的需要,王审知在不到八年(公元901~908年)的时间里,连续加筑了罗城和夹城,将这批新增的城厢繁华区圈入城中,从而大大地促进了城市的扩展与繁荣。

城市按其形成,可以分成二类,一类是先作规划再建新城,如我国历史上的隋唐长安城、元大都城等,在规划之中,先已划出各个里坊的范围,再往里添加住户、街巷,各里坊间规制严整;更多的一类,是先有人口、贸易、管理等城市内涵之后才开始起建或扩建城池,后建与扩建之城,往往是在已有住家、街巷的基础上再围坊墙,成为便于管理的里坊,这些里坊的形状则不甚统一。

晚唐五代时在福州城市周边自发形成的聚居点,不可能在一开始就按里坊的规模来预置,这些聚居点沿着当时的路径、河道、山沿、集市与寺庙甚至只是取水点的周边自行发展扩张,直到被纳入新建的罗城、夹城之中,才可能有正式的街巷之名;最后,随着住户的增加与管理的需要,街巷被分段围以高墙,才上升纳入里坊制度的严格管理之中。当然,按照我国里坊制的发展进程,也许晚唐五代时期福州罗城、夹城内的里坊,因为当时商品经济的发展及城市分治空间的被打破,在形成之初就未曾筑过坊墙而只是跨街建有"坊表",即已经接近于后期的坊巷形态。

3. 南宋——福州坊巷体制的全面兴盛

南宋的福州城,依当时成书的《三山志》所载,子城之内,仅有东依仁坊、西遵义坊二个坊。又云:"由依仁抵定安,循城出虎节之东,曰东衙。旧官廨所在也,其南有东总门,今皆为民居,小巷经纬二……"而在福州新扩建的罗城、夹城中,则记录了东、西、南、北共80个坊名。由此可以推知,福州自罗城建立以后,在罗城及其后修筑的夹城里,形成了大量的街坊和里巷;原有的子城之内,则多为官署及官吏的住居所占据,其间虽然也有少量的民居,但也是从原先的官衙废墟中发展出来的。这一情形,与中国当时的城市坊巷演变进程是吻合的

（图2-18）。

从《三山志》中，我们可以看到当时福州城内的许多坊名，但这些坊并不都是到了宋代才形成的。它们的形成时间，大部分都可以追溯到晚唐五代。其中如"凤池坊，地名十字街头，旧号左通衢；大隐坊，旧号都市；嘉荣坊，地名南营；骁骑坊，驻泊营名；兴文坊，地名塔巷，旧曰修文；新美坊，旧黄巷；元台育德坊，旧安民巷；棣锦坊，旧通潮巷；文儒坊，旧山阴巷；中光禄坊，旧曰闽山"，等等，由此说明，宋代的坊，是在前朝道路、集市、

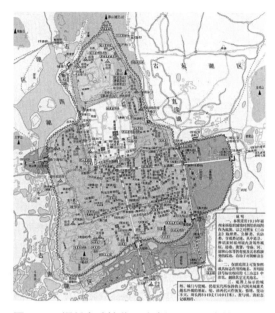

图2-18　福州古城坊巷图（来源：福建省博物馆）

军营、聚居地等的基础上发展起来的。按照一般的理解，街巷是在里坊制崩溃之后才出现的，而宋代的很多坊，在前代有的却旧称为巷。这一现象，反映了古代城市坊巷的不同形成方式及其多样性。

宋室南渡之后，全国政治中心南移。由于南宋朝廷大力发展海外贸易以弥补中央财政的不足，久享舟楫之利的福建经济呈现出快速发展的态势。位于晋江出海口的泉州、闽江出海口的福州等港口，海舶云集，盛况空前。当时张宁在《谢除知福州府到任表》（《昆陵集》）中，这样写道："忆昔瓯粤险远之地，为今东南全盛之邦。"名儒朱熹在其《跋吕仁甫诸公帖》中也称："靖康之乱，中原涂炭，衣冠人物，萃于东南。"

南宋时，由于福州城池面积不断扩大，位于罗城内的三坊七巷、朱紫坊已经逐步居于城市的中心区。经济的繁盛与人文的荟萃，也直接地反映在当时三坊七巷、朱紫坊中。史书记载，当时有众多的名人陆续居住在三坊七巷、朱紫坊内，如陆蕴、陆藻、郑穆、郑性之、陈革华等，说明那时的三坊七巷、朱紫坊已经成为贵族、士大夫的主要聚居地。

4. 明清——福州坊巷制的中兴

明永乐、宣德年间，郑和庞大的远洋船队七下西洋，主要泊于福州城外的太

平港，候风、备物起航；尤其是在第七次下西洋时，在太平港停泊长达九个月的时间。明成化十年以后，因为外国贡船大都向福州停泊，当时福建管理对外贸易的市舶司正式由泉州移至福州。当时福州城内还设置了负责商品装卸、检验、储藏、加工等业务的柔远驿，以及贮放外贸物质的进贡厂等。当时福州的新港、水部一带，"华夷杂处，商贾云集"，是福州城外最热闹的地区。

清乾隆八年（1743年），严格实行广州一口通商的政策，但在福州仍允许琉球贡舶往来，所以清代以后，民间也把位于福州水部门外的柔远驿称为"琉球馆"，并且在其附近形成了专门从事转口商品买卖的商人行会性组织"琉球商会馆"（图2-19）。

明清时期福州港的繁盛，是福州城市商品经济发达的基础之一，也是后来福州不断出现"开眼看天下"之人的重要原因。

此时，福州城内的坊巷历经元、明、清三代，街坊虽有增扩，但其基本形制相之于南宋，无大的变异。清代福州城区，以南大街为界，东半城属"闽县"、西半城属"侯官县"。东区街坊主要有宣政街、南街、东街、朱紫坊、鳌峰坊、旗汛口、三牧坊、尚书里巷、经院巷、灵山巷、化成坊等，约有八街、二十九巷、十六坊里；西区街坊主要有三坊七巷、南后街、北后街、西门街、北门街等，总计约有四街、三十四巷、三十五坊里。

此时的三坊七巷、朱紫坊历史街区周边，分布有侯官衙、圣庙、学府、抚院衙署等官方建筑和场所，传统风水格局、地理区位优势，以及一贯以来为贵族和士大夫聚居地的传统，使得更多的贵族和士大夫都希望在此居住。在这样一个

图2-19　清代福州闽江口全图（来源：福建省博物馆）

氛围的影响下，众多的历史名人也不断从三坊七巷中涌现出来，如林则徐、沈葆桢、严复、陈宝琛、方伯谦、林觉民、萨镇冰等，这些人物对中国的近现代史产生了重要的影响。

明清时期三坊七巷的另一个主要变化，就是南后街沿街商铺的繁荣。同时，在坊巷内部的街面，也形成了许多"前店后坊"的住家形式，代表着福州城内坊巷制已经开始了与街巷制这一更适应商品经济形式的城市格局的融合与转变。

5. 民国——福州坊巷制的延续

民国初期福州的街道，还是以石板小路为主。当时最大的南街，宽不过一二丈。1915年开始建设第一条马路，从水部门开始，历经耿王庄（即城南公园）然后折而至台江福新街，止于现在的天华戏院门口（图2-20）。

1919年起，开始拆除福州城墙，筑成了环城马路。又把西湖公园附近旧时的皇帝殿（实已成为屠宰场）全部拆掉，新辟一条通湖路。市区主要马路的兴建，是在1928年以后才逐渐实现的。

民国以后，由于交通方式的改变和需求，三坊七巷内的杨桥路、吉庇路、南后街以及光禄坊等得以拓宽，并新修了通湖路，从而改变了三坊七巷的格局。通过这些拓宽，南街、南后街逐渐成了福州城中比较重要的商业街，杨桥路也成了一条城市的主干道。但即使如

图2-20 民国34年地图（来源：福建省博物馆）

此，保留下来的坊巷之中，旧有的格局却大体未变，成为我国封建社会后期坊巷式城市布局的典型代表。

三、城市形成与历史街区形成的相互关系

城市与历史街区，是整体与个体的关系。历史街区是一个城市的有机组成部分，但城市并不仅仅是各个街区的简单堆砌。城市与历史街区都是有着丰富社会肌理与历史传承的统一体，二者间虽然有着形成早晚、范围大小、社会影响程度等方面的区别，但究其根本，二者在形成原因、发展因素及社会组成等方面都有着很大的相同性，都是从历史走来，涵含着丰富的文化积淀。由此，对城市及历史街区的保护，也应该有着统一的、互促互进的研究与认识。

在我国古代城市形成初期，曾以城池之内外来区分居民，即所谓的"君子居国，小人狎于野"。成书于春秋战国之时的《周礼·考工记》记载了当时周代王城建设的空间布局："匠人营国，方九里，旁三门。国中九经九纬，经涂九轨。左祖右社，面朝后市。市朝一夫"。《周礼·考工记》所记载的周代城市建设的空间布局制度对后来中国古代的城市建设产生了深远的影响，该书也形成了中国古代城市建设最早思想。战国时代，城市布局的模式更加丰富，形成了大小套城的城市布局模式，即城市居民居住在称之为"廓"的大城里，统治者居住在称为"王城"的小城里，反映了当时"筑城以卫君，造廓以守民"的社会要求。

对汉代国都长安的遗址发掘表明，当时长安城市布局并不规则，无贯穿于全城的对称轴线，宫殿与居民区相互交错，说明周礼制布局到了汉朝已经出现了划时代的演进。三国时期，曹魏邺城采用了城市功能分区的布局方法，改变了汉长安布局松散、宫城与坊里相混杂的状况。邺城的布局对后来的隋唐长安城，以及之后的中国古代城市营造思想产生了极为重要的影响。隋唐长安城营建汲取了邺城的经验，除了严谨的城市空间规划之外，还规范了城市建设的时序：先建城墙，后设干道，再造坊里，最后设东西两市。整个城市的布局严整，分区明确，明确贯彻了以宫城为中心、"官民不相参"和便于管制的指导思想。里坊制得以进一步的发展。宋以后，延绵了千年的里坊制度被逐渐废除，如，在北宋中叶的开封城中就出现了开放的街巷制。这种街巷制成为区别中国古代后期城市布局与前期城市布局的基本特征。

深入地分析并理解城市历史上的分区体制，是我们确立城市与历史街区固有联系的首要前提。福州的三坊七巷——朱紫坊历史街区，在历史上主要是以城厢居住区的形式被收纳进入城市的整体格局，但由于地处城市主中轴线两侧及城区水系交通网的核心位置，构成了三坊七巷——朱紫坊历史街区居住与商贸紧密关联的这一独特的人文内涵。因此，一旦将历史街区与所在城市的历史功能分区相割裂，也就很难正确理解街区的历史形成，也就谈不上对历史街区的整体形态保护了（图2-21）。

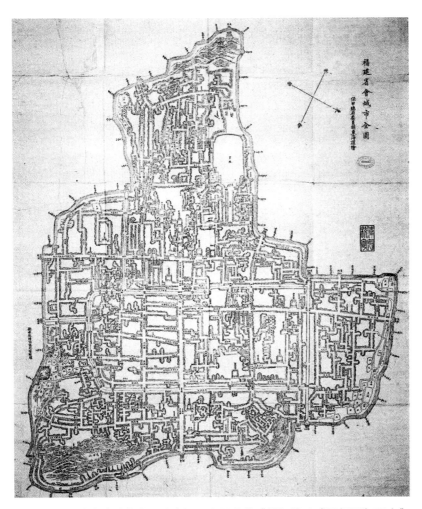

图2-21　福建省会城市全图（来源：夫马进编《增订使琉球录解题与研究》，
榕树书林）

第三章

三坊七巷基本构成
分析研究

一、基本情况

三坊七巷位于福州城区主要中轴线南街东侧,由北往南折而向东横贯福州城区的主要水系安泰河的北岸。街区的西南及东南方分别与福州城市主格局"三山两塔"中的"乌石山、乌塔"及"于山、白塔"相毗邻,共同构成福州城市的核心历史风貌区。

(一)人口状况

三坊七巷由"三坊"和"七巷"两个社区组成。根据南街派出所2005年户籍统计结果,规划范围共3434户(以产权和公房租赁凭证为据),户籍人口1.53万人(不含挂户人口)。产权人口中,直管公房为1981户,占总量的57.7%。私产和单位产分别为1306户和147户。从各类产权所拥有的建筑面积来看,直管公房为12.99万平方米,比单位产的15.35万平方米和私产18.69万平方米均少,说明公房住户居住建筑面积比较紧张(表3-1)。

人口及产权情况表 表3-1

产权类别	户数		总建筑面积		住宅建筑面积		非住宅建筑面积
	(户)	比例(%)	(万平方米)	比例(%)	(万平方米)	比例(%)	(万平方米)
直管公房	1981	57.7	12.99	27.7	12.21	27.5	0.78
私产(非住宅)	0	0.00	0.67	1.4		0	0.67
单位产	147	4.3	15.35	32.7	14.17	31.9	1.18
私产(住宅)	1306	38.0	18.02	38.3	18.01	40.6	0
合计	3434	100	47.03	100	44.39	100	2.64

(来源:三坊七巷历史街区保护规划)

在历史文化保护区内，保护对象是以院落为单位的，院落占地面积大小一般均在百平方米为单位的尺度上浮动，为了较准确地反映以院落为单位的居民居住状况，分析中采用以100平方米为基本用地面积单位，通过比较每100平方米用地面积上所居住的人口数，来体现院落的居住密度，从而划分出院落居住疏密程度等级。现状分析中，参照福州"十一五"规划建议中对人均居住面积相关指标、五普人均居住面积分类以及福州廉租房标准等相关规定并适当考虑历史街区特殊情况，同时参考国内其他地区对历史街区中人均居住用地的分级标准，将每100平方米居住用地上现状人口密度分为五级（表3-2）：

I级：0~2（含）人/100平方米（超舒适型）；

II级：2~4（含）人/100平方米（舒适型，符合"十一五"规划人均指标）；

III级：4~8（含）人/100平方米（经济型，为五普平均指标）；

IV级：8~12（含）人/100平方米（拥挤型，为廉租房标准）；

V级：>12人/100平方米（超拥挤型，为廉租房起租标准）。

人口密度分级及用地状况表　　　　　　　　　　表3-2

等级	范围	占地面积（平方米）	比例（%）
I	0~2	54244	19.12
II	2~4	75255	26.53
III	4~8	89734	31.63
IV	8~12	45423	16.01
V	>12	19000	6.70

（来源：三坊七巷历史街区保护规划）

目前，"三坊七巷"内每平方公里平均居住了37545人，处于超负荷运转的状态，并且出租户日益增多，外来人口大量入住，这对保护区内的古民居造成极大的损害，其境况令人担忧。现状调查显示：街区人均居住的建筑面积为15.4平方米，其中，普通居民人均居住建筑面积大多小于12平方米。然而五普调查中，福州市人均居住建筑面积为25.7平方米。由此可见街区内的居住条件相当拥挤，改善居住环境势在必行。

（二）土地利用现状

三坊七巷历史文化街区主要为商业用地、居住用地、工业用地等三大类用地（表3-3）。其中，居住用地面积为22.17公顷，占总用地57.8%，反映了本地区现状以居住为主导的功能属性；商业用地面积为3.8公顷，占总用地面积的9.9%，主要分布在南后街、吉庇路，以及八一七北路沿街，一方面受其区位影响，商业比较发达，另一方面从现状来看，商业设施用地多以临街的纵深线形布局为主，没有形成片状的成规模商业用地，购物人流和交通人流存在较大矛盾；工业用地为1.7公顷，占总用地面积的4.4%，主要分布在文儒坊和南后街，与"三坊七巷"的环境和功能要求有一定的差距，仅剩一些小手工作坊的存在。

现状用地汇总表　　　　　　　　　　表 3-3

土地使用性质	面积（公顷）	比例（%）	土地使用性质	面积（公顷）	比例（%）
居住用地	22.17	55.69	工业仓储用地	1.70	4.27
商业用地	3.80	9.55	文化用地	0.30	0.75
综合用地	1.72	4.32	教育用地	1.00	2.51
社区服务用地	0.53	1.33	公共绿地	0.06	0.15
行政办公用地	1.99	4.97	道路	3.85	9.67
市政公用设施用地	0.42	1.06	河道	0.82	2.06
特殊用地	1.46	3.67	总计	39.81	100.00

（来源：三坊七巷历史街区保护规划）

（三）重要的历史建筑遗存

1. 文保建筑

"三坊七巷"现有文物保护单位20处28个建（构）筑物，其中：全国重点文物保护单位1处9个点，省级文物保护单位8处，市级文物保护单位2处，区级文物保护单位1处，市级挂牌文保单位8处（表3-4）。

各级文保单位清单　　　　　　　　　　表 3-4

文保单位级别	文保单位点
全国重点文保单位	三坊七巷建筑群，共计1处9个点： 林觉民故居、严复故居、二梅书屋、沈葆桢故居、宫巷林氏故居、水榭戏台、文儒坊陈氏名居、衣锦坊欧氏名居、黄璞故居（小黄楼）

续表

文保单位级别	文保单位点			
省级文保单位	文儒坊尤氏故居	安民巷鄢家花厅	谢家祠	宫巷刘氏名居
	黄巷郭氏名居	光禄坊刘氏名居	南后街叶氏名居	新四军福州办事处
市级文保单位	光禄吟台	琼河七桥		
区级文保单位	安民巷52号程家小院			
市级挂牌文保单位	陈衍故居	刘齐衔故居	张经故居	黄任故居
	何梅生住宅	陈元凯住宅	翁良毓故居	王麒故居

（来源：三坊七巷历史街区保护规划）

2. 保护建筑

按照建造年代、文化价值综述、庭院艺术、室内装修及细部造型、结构形式、建筑风格、建筑部件及维护使用情况、改搭建情况等多方面的比较总述，有34个具备重要保护价值的历史建筑，分别是：汪氏宗祠、蒙学堂（卢氏祠堂）、梁鸣谦故居、塔巷81号、刘氏宅院、郑孝胥故居、洪家小院、叶观国故居、许偁业故居、孙翼谋故居、听雨斋、甘国宝祠堂、蔡氏民居、陈季良故居、许厝里、天后宫（含绥安会馆）、上杭兰氏祠堂、电灯公司旧址、长汀试馆、王有龄故居、陈懋丰故居、李馥故居、葛家大院、萨氏祖居、南街街道办事处、回春堂生活区、"观我颐"糕饼行、谢记"万丰"糕饼行、张氏试馆、宫苑里、杨庆琛故居（吴石）、蓝建枢故居、吉庇巷80号、董执谊故居。

3. 历史建筑

在以上两类保护建筑之外，"三坊七巷"还有大量清代、民国以来的历史建筑，它们没有以上两类建筑悠久的文化内涵、较好的建筑质量、丰富的古建筑价值，但对于整个历史文化街区，他们是有机的"血肉"，也集中体现出整个街区的历史风貌，且数量较大，是整个历史文化街区的基础。经过逐个院落、逐栋建筑的详细调查和内业资料分析，确定了文保单位、保护建筑之外的历史建筑，共有97处。

（四）建筑现状分析与评价

1. 建筑质量现状评价

在资料和现场调查的基础上，从房屋目前破损程度和维修难度的角度对本区建筑物的建筑质量作出了四个级别的评价。拟定的质量评价标准如下：

1）质量完好。近几年建造的建筑，结构完好，大多为钢筋混凝土结构，外墙面新，大多为瓷砖贴面，主要为联排式和独立式住宅及各类公共建筑；以及经过彻底修缮，且有经常性维修与管理的古代建筑。这些建筑占总建筑面积的5.68％。

2）质量大部分完好。新中国成立后及20世纪80年代以来的建筑特点为：结构较好，内部结构完整，外墙面较新。部分日常维护得较好的传统木结构建筑（大多数建于民国年间），原有建筑风貌基本保留，但门窗有所破损，墙体也有所老化。这些建筑占总建筑面积的7.25％。

3）质量尚可。明清至20世纪70年代建造的建筑，由于缺乏日常的维护，日久失修，虽然原有建筑形式基本保留，但部分结构已经损坏，或部分部件有遗失。墙体和屋顶也有不同程度的破坏。这些建筑占总建筑面积的47.14％。

4）质量较差。墙体严重倾斜，屋顶严重破损，结构大部分损坏，有随时倒塌的危险；有违章搭建的简棚及一些废弃的老房屋。这些建筑占总建筑面积的39.93％。

从统计结果看，质量尚可的建筑是本区的主体。同时区内还有相当数量质量较差的建筑，这些建筑多为明、清历史建筑，建成时间都在百年以上，近年来由于街区发展方向不明确，建筑产权关系不明晰等种种原因，政府和住户往往不愿意在住宅维修方面投入太多的费用，进一步加剧了建筑年久失修，急需进行抢救性保护（表3-5、图3-1）。

建筑质量分类表　表3-5

分类	占地面积（公顷）	比例（％）
质量完好	1.37	5.68
质量大部分完好	1.75	7.25
质量尚可	11.18	47.14
质量较差	9.64	39.93
合计	24.14	100.0

（来源：三坊七巷历史街区保护规划）

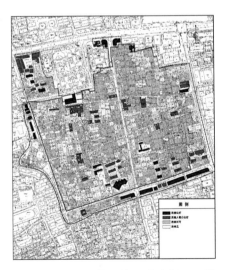

图3-1　建筑质量评价图（来源：三坊七巷历史街区保护规划，2007）

2. 建筑年代分级

从评定的结果上看，目前的"三坊七巷"内还是存在大量的明清建筑，特别是在保护区范围内，明清建筑所占的比例更高。民国建筑在南后街两侧保留得较多，而保护区范围外则大部分为新中国成立后新建的建筑（图3-2、表3-6）。

现存建筑年代分类表　表 3-6

分类	占地面积 （公顷）	比例 （%）
明	3.84	15.91
明末清初	1.54	6.38
清	5.72	23.70
民国	1.42	5.88
新中国成立以后	11.62	48.14
合计	24.41	100.00

（来源：三坊七巷历史街区保护规划）

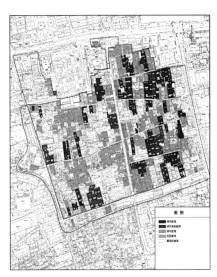

图3-2　建筑年代现状分析图（来源：三坊七巷历史街区保护规划，2007）

3. 建筑高度分析

"三坊七巷"历史文化街区现存建筑主要为明清民居风貌建筑。根据实测数据，明宅高度一般为5.9~6.5米，清宅高度一般为6.6~7.3米，可见，"三坊七巷"历史文化街区内的传统建筑高度均不超过8米。从建筑的层数上讲，"三坊七巷"历史文化街区的传统建筑大多数为单层，极个别为两层建筑，多层及多层以上的建筑数量不多，代表建筑有省最高人民法院大楼、鼓楼区文化大楼等。所以，总体而言，"三坊七巷"历史文化街区基本保持民居平缓、朴实的建筑风貌，整体高度统一协调，建筑尺度多数与街巷尺度相互协调，无突兀之感。而"三坊七巷"历史文化街区周边则基本上为超过12层以上的高楼，特别是位于原衣锦坊位置的衣锦华庭等超高层建筑，在格局、材质、色彩、风格等方面跟传统建筑很不协调，有的已严重影响文物单位与保护建筑的景观，亟待对其进行整治（图3-3、表3-7）。

建筑层数现状分类表　表3-7

分类	规划范围内（公顷）	比例（%）
一层	13.48	55.84
二层	6.48	26.84
三层	1.74	7.21
四～六层	1.79	7.42
七～九层	0.51	2.11
九层以上	0.14	0.58
合计	24.14	100.00

（来源：三坊七巷历史街区保护规划）

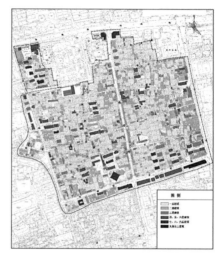

图3-3　建筑高度分析图（来源：三坊七巷历史街区保护规划，2007）

二、物质形态分析

历史街区的物质形态，是人们对街区及街区周边环境风貌所有建设行为的结果在物质层面上的表现，它不仅仅是某一历史时期的静止的物质空间形态，而且还是历史性的积累。物质形态不仅指历史街区的建筑环境、某些特写的历史遗迹，以及大量的物质特征，也包括更为宽广的时空内容。例如，对福州三坊七巷历史街区就可以从其物质形态进行综合分析，这些分析大致可以从坊巷环境的空间风貌、坊巷格局与道路节点、建筑形态与园林布局等方面来进行。

（一）坊巷格局与道路节点分析

福州三坊七巷历史街区以南后街为南北主轴线，西侧主要以衣锦坊、文儒坊、光禄坊"三坊"为基本构架；东侧主要以杨桥巷（路）、郎官巷、塔巷、黄巷、安民巷、宫巷、吉庇巷（路）"七巷"为基本构架；另有诸多交错屈曲的小巷穿插其中，共同组合成以南后街为中心轴线的"非"字形的街区格局。

三坊七巷的街巷骨架较为完整地保留了唐末五代、宋元、明清时期的基本格局，原有的街巷名称也沿用至今。坊巷排列规整，其间巷弄相连，具有强烈的街巷纵横、小径通幽的古韵意象。街巷两侧宅院错落，深幽雅静；高墙环绕，曲线流畅；牌堵舒展，门面秀丽；白墙青瓦，石板路面，形成极富地方特色的南方中心城市坊巷景观。

　　坊巷尺寸以宫巷为例，巷道大致呈东西走向，长约297.2米，宽3.2~6.7米。巷东面门墙尚存，砖砌，为二柱拱形门，背面正中上方嵌有"古仙宫里"石碑一方。巷内典型古民居有沈葆桢故居、林聪彝故居、刘齐衔故居等。宫巷两侧门楼或墙体与巷子最宽、最窄之处的高宽比，分别为0.9：1~1.38：1，比较合乎当时当地的视野走廊与人体的感官舒适度（图3-4）。

　　巷弄尺寸以闽山巷为例。闽山巷处于衣锦坊与文儒坊之间，是坊与坊内贯通南北的主要通道。巷长约186.9米，宽约2.21~4.03米。巷子南侧门墙保存完好，为上砖下石混砌拱形门，拱门上方用小砖块围砌出的匾额内竖书"闽山巷"三字；拱门内侧，留有门枢、门臼遗迹，说明古时巷子两侧是有巷门用以启闭的。北侧巷口原有跨街亭，靠西侧山墙上石砌神龛，内供福财正神。巷内两侧除少数地方开有门楼外，多数地段都是南北向延伸的山墙外侧面。闽山巷最窄之处与最宽之处的高宽比，分别为1.19：1~3.62：1，属于比较狭窄的小巷（图3-5、图3-6）。

图3-4　宫巷（来源：福建省博物馆 楼建龙摄）

图3-5　闽山巷（来源：福建省博物馆 楼建龙摄）

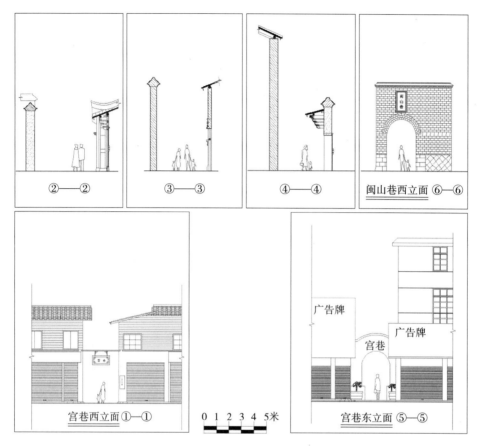

图3-6　闽山巷空间尺寸分析（来源：福建省博物馆）

　　坊巷间的道路节点，主要有坊巷尽头的坊墙、巷门、过街楼，以及转角墙面的神龛、立碑、"石敢当"等。坊巷尽处两端除了用墙门内收外，坊内的弄巷也不是做成笔直的形状，而是有多处的墙角外凸或拐弯，多变的平面衍化出巷内丰富的立面，同时也蕴含有"曲折有致、风水内敛"的意思（图3-7、图3-8）。

（二）坊巷建筑与园林布局分析

　　三坊七巷自晋、唐形成之时起，就成为贵族和士大夫的聚居地，遗留下了大量的名人故居和优秀建筑。唐宋八大家之一的曾巩任职福州时，曾写下了散文名篇《道山亭记》，描述宋代福州建筑："麓多杰木，而匠多良能，人以居室钜丽相矜，虽下贫，必丰其居。而佛老之徒，其宫又特盛"。正是这些达官显贵、市井绅民与能工巧匠、良材杰木的有机结合，创造出了颇具福州地方特色的优秀建筑，凝聚了颇为深厚的文化积淀，形成了至今仍遗留于三坊七巷历史街区中众多

图3-7 安民巷口的观音神龛（来源：福建省博物馆 楼建龙摄）

图3-8 曲折有致的小巷弄（来源：福建省博物馆 楼建龙摄）

的极具精巧的建筑精品。

1. 建筑类型分析

三坊七巷历史街区中，明清时期的古建筑的面积比例约占58%，加上民国时期的建筑，比例高达81%，其中面积在1000平方米以上的深宅大院有30余幢，且不乏名人贤士。如宫巷的沈葆桢故居、文儒坊的尤氏民居、光禄坊的刘氏民居、宫巷的林聪彝故居、衣锦坊的欧阳氏民居等。

福州传统民居的基本形态，大多是以天井为中心的三合院形式。此种形态与福州地处南方地区的炎热、多雨、潮湿，且为河口盆地环境的特点相适应。三坊七巷位于这一城市的核心地区，其与周边历史形成的窄长坊巷格局相对应，古民居的形式大多表现为：以高耸前冲的马头墙作为分隔和围护、高墙深院、重门叠落。

若重点从建筑的平面布局入手，对三坊七巷中的传统合院式民居古建筑进行分类，大致可以分为组合式、多进式、单进式三种，以下举例说明。

1）单进式

虽然单进式三合院是福州传统建筑的基本构成单元，但是在三坊七巷中的单进式三合院却很少见。最主要的原因在于三坊七巷在历史上就一直是官绅富豪的聚居区，强势的社会地位与丰厚资产相结合，使三坊七巷中的建筑往往相与并连，呈现出毗屋连栋的建筑组群。但这些建筑组群的基本构成单元，除了自由布局的园林与书斋、小跨院外，主体建筑的各部分组成依然主要表现为单进的三合院形式。

福州三坊七巷单进式三合院的典型实例，为安民巷的程家小院。程家小院建于清代后期，位于安民巷南面，建筑坐南朝北，前后与左右山墙围合，单层单进，随墙式双扇大门开在北面院墙偏东位置。大门之内有门廊，立插屏门，由插屏门西折再往南，是全院正座中轴线的位置，由前往后，依次为前天井、正堂和后天井。前天井两侧为单面坡顶的厢房，厢房的前廊与门廊和厅堂前廊相连通。正堂面阔三间，进深四间，前后十三檩带前卷棚式轩顶用五柱。明间在后金柱位置设太师壁分隔前后厅；前廊的挑檐檩由梁木前伸硬挑，明间的进深第一间顶部做成轩顶，有精美的木雕装饰；前厅的灯梁及太师壁上方亦有精细之雕刻。正座的西侧，有一溜单开间的小跨院，用作厨房等附属建筑。

程家小院主院的平面尺寸，前后总进深为23.47米，正堂面阔16.07米，进深与面阔之比为1.46∶1，接近于3∶2的比例；正堂进深12.25米，宽6.58米；前天井宽6.23米，深5.17米；后天井宽5.13米，深3.77米；前墙高约4.95米，后墙高约5.9米，两侧封火山墙高约8.3米。宽敞的前天井，相对窄短的后天井，以及前低后高的山檐墙，保证了高墙之内充足的采光与通风，同时使建筑的整体尺度保持着一个和谐的比例关系（图3-9）。

2）多进式

三坊七巷中的建筑平面由于要与城市中的坊巷格局相适应，大门多开在东西走向坊巷街面上，形成立面狭窄而进深极长的多进式格局。多进式建筑往往是由单进式三合院沿纵向轴线重重延展、有机组合而成；也有少量的多进式院落如兰建恒故居等，采用东西向与南北向的合院进行组合。

位于文儒坊34号的蔡宅，坐北朝南，为前带门厅的单层五进式窄长小合院式民居；进与进之间，均用实心土墙相隔，从门厅前沿起算，前后共计六落。蔡宅始建于明代，清至民国间均有修葺。

蔡宅门厅面阔三间，明间为带前廊的六扇门，门框及门板的下半部用藤条装饰；两次间四面均实心墙，为门头房。明间六扇门内，立有插屏，插屏之后，为第一进的石库门。石库门内，也有一座插屏门，前天井三面环廊，正面厅堂面阔三间，进深六间用七柱；正堂中轴线的后部，有一小天井，天井中间为石铺地面，通入第二进的石库门。第二进的前天井两侧，为左右厢房，堂屋前廊轩顶，后天井两侧用矮墙相隔，隔出朝北两个次间的独立内部小天井，以增加住户的私密空间；后天井中部仍为石铺通道，通入第三间的随墙石库门。第三进的建筑形式与第二进相似，但前天井两侧厢房的门窗格扇装修精美，石库门上方隔墙灰皮上的彩绘犹存，其装饰程度要胜过第二进许多；后厅檐柱间装有隔扇，两侧内向开门，通往后天井。第三进的后天井中部砌花台，两侧做廊，开对称的两个边门，通往第四进。第四进进深较小，前后均用实心土墙相隔离，为带廊的井院式

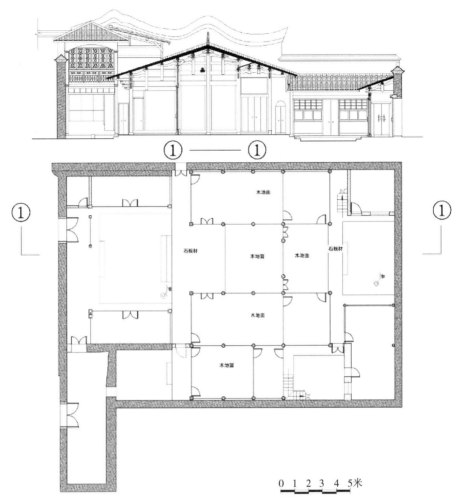

图3-9 程家小院平面图、剖面图（来源：福建省博物馆）

格局，为厨房之类的附属建筑所在地。第五进是书斋，为主人课书阅览之处，前天井两侧辟有厢房，中间为三开间小式单层建筑，后天井面积较小，植有一棵大树，枝叶繁盛，浓阴匝地。在蔡宅第五进书斋的后面，为开门于洗银营巷的另一大宅的东侧小花厅，花厅南天井中原有假山池沼，正可与蔡宅书斋中的书香之气相映衬。

蔡宅平面格局保存基本完整，其面阔三间的单列多进合院式布局，在坊巷格局中有着典型的代表意义，应是当时坊巷小户型民居的主要布局形式之一。蔡宅前后五进六落（不含书斋之后另一大宅的花厅部分），总进深102.26米，而面宽仅12.24米，进深与面宽之比达8.35：1。在建筑的前后六落间，分布着多达九个天井，其中面积较大的前天井宽约6.28米，深约5.13米；面积较小的后天井之宽约5.09米，深仅1.26米。蔡宅的前后落之间，用实心土墙与板门相互隔离、连通，同时，前后六落建筑之功能各不相同，形成集迎宾、待客、聚众、居住、庖厨、读书休闲等完整居家生活体系（图3-10、图3-11）。

3）组合式

组合式建筑表现为合院式建筑往左右及纵深方向同时叠加、延展。三坊七巷中的组合式建筑，主要由主轴线上的多进合院与侧轴线上的跨院、花厅、书斋、园林池沼等组合而成。

位于宫巷西侧的沈葆桢故居，坐北朝南，就是一座典型的纵向组合多进式住宅。该宅建于明万历年间，清朝后期沈葆桢购得后，由沈氏传人居住至今。

沈葆桢故居由中轴对称的主座及西面的二个跨院组成。主座包括门房和内、外二个院落。门房三开间，大门之内设插屏门，绕过插屏门，才是前院的大门。外院系单进三合院，正堂面阔五间，为明三暗五格局，在次间与梢间之间用墙体

0 1 2 3 4 5米

图3-10　蔡宅平面图、剖面图（来源：福建省博物馆）

图3-11　蔡宅实景（来源：福建省博物馆 楼建龙摄）

相隔；进深五间带前廊，减前金柱，空间高大敞亮。前后天井的两侧各筑墙体，形成侧面的四个小天井，分别与前梢间及后次、梢间围合，自成一番天地。内院共三进，一进、二进正堂为单层五间排，明间为厅堂，由屏风隔成前后厅，次梢间作卧室。头落厅堂置横头桌、太师椅，是家庭聚会的场所；二落厅堂置供桌，桌后是祖先的牌位等。第三进是五间排朝南带外廊的二层楼房，俗称观音楼，供奉观世音菩萨，又作藏书楼。一、二进通道上方有覆龟亭，亭侧设美人靠，空间通透，富有生活情趣。

主座西侧为一宽一窄的二个跨院。紧靠主座的较宽跨院，由南至北依次为花厅、书斋、签押房、大厨房等组成，靠主座院墙一侧留有南北向的通道使前后串联。除后部的大厨房用实心墙体围合外，前部建筑通透，天井满植名木，是主人主要的宴客、休息场所。最西面的小跨院，前后也有数重院落，中部为二层的"饮翠楼"，是宅内登高远眺的制高点，原来也是作为沈宅的藏书楼使用。

与沈葆桢故居相类似的组合式建筑，在三坊七巷中占有相当的比例。这些组合式建筑占地广大，装饰精良，布局严谨，动静有致，是构成三坊七巷建筑文化遗产精华的重要组成部分（图3-12、图3-13）。

图3-12 沈葆桢故居平面图、立面图、剖面图（来源：福建省博物馆）

图3-13　沈葆桢故居实景（来源：福建省博物馆　楼建龙摄）

2. 建筑特色分析

三坊七巷内现存的数百座明、清古建筑，不论其外观形态及平面布局、建筑结构与装饰风格，甚至建筑材料、色彩色调等，无不体现了福州古代民居鲜明的时代特点与地方特征；就其大小、规模、形制而言，又体现了历史城区建筑的地理风貌，构成福州历史文化名城中历史街区的独具特色的建筑语言。

1) 以天井为围合中心的三合院式基本构成形态

在我国的木构架建筑体系中，北方民居以四合院为基本构成形态，南方民居则以三合院为主。与安徽、江西、湖南、广东、浙江等其他南方地区相比，福州三坊七巷的坊巷建筑，其天井尤其是前天井的尺度更大，檐墙前低后高，两侧山墙则更为高耸。福州地处大陆之东南，门廊—大天井—正堂—小天井—后檐墙的中轴线格局，使建筑内部可以获得优良的光照与通风。以大天井为主的开阔庭院空间，与高敞的厅堂结构相结合，使身处密集城市建筑之间的三坊七巷建筑，仍然可以保持人与天、地、自然间的和谐沟通。

坊巷建筑两侧山墙高耸，可以有效地防范火灾，但四面围就的垣墙中，唯独在前方采取了低矮的前檐墙形式，有的甚至将前檐墙隐入门厅之中而不见，体现出福州居民在人际间相互沟通、礼貌揖让的开阔襟怀，这也是与历史街区坊巷官宦、士绅间仍好走动的习气有关吧（图3-14、图3-15）。

2) 界面清晰、形式丰富的建筑外观

三坊七巷的建筑立面，依据其建筑等级的高下，主要有门厅式、门廊式、门罩式及随墙小门等四种形式。门厅式如刘家大院、林聪彝故居、萨镇冰故居等，大门本身即为三开间或单开间的二坡顶建筑，在门厅之后或侧面，再开通往院内的石库门等；门廊式是在建筑前方内凹的门斗部位建立门房，前开六扇门，内有插屏门，并在插屏门后方开石库门，屋面多为依附在内侧前檐墙上的单面坡形式,如欧氏民居、陈承裘故居、沈葆桢故居等;门罩式的规格稍低,是在随墙门的上方加披挑檐门罩,如刘齐衔故居等,同时也用在大户人家附属跨院的前门等处。随墙小门则一般用于侧面山墙之上。

坊巷建筑最具特征的是建筑之间高高跃起的封火山墙。封火山墙又称马头墙,三坊七巷的马头墙外观以"几"字形为主,墙顶平直,二翼下滑至底部后再向前、后方抬起,墙体前高后低,如高昂的马首,极富动感。俯瞰福州的坊巷建筑,犹如层层涌动的万顷波涛,气象万千。马头墙前端上部的墙堵,外挑前伸,成为整座建筑最靠前的部位,同时也是建筑门面的重点装饰部分,一般是用灰泥堆塑,勾画出松鹤、夔龙、狮虎、人物等吉庆图案(图3-16)。

3)主从有序、明暗有致的内部空间

三坊七巷建筑内部的空间,一般可以分成入户空间、公共空间、私密空间、休闲空间与附属生活设施空间等几类。其中,厅堂等公共空间居于建筑内部的核心位置,正中的太师壁前方供桌上,供奉祖先的牌位等,体现出对先祖的敬畏与

图3-14 沈葆桢故居实景
(来源:福建省博物馆 楼建龙摄)　　图3-15 沈葆桢故居实景
(来源:福建省博物馆 楼建龙摄)

图3-16 三坊七巷封火山墙(来源:福建省博物馆 楼建龙摄)

尊崇。厅堂两侧的居住用房、前后天井、前后厢房等，均围处厅堂四周，或沿中轴线向内有序布置，严格区分出家庭内部长幼、内外、男女的伦理空间。同时，大户人家在中轴线的旁侧，还建立花厅、书斋、园林等休闲及附属建筑，在城市的喧嚣环境中，独辟静园，或研读、或高论、或抒情、或纵酒、或品茶、或下棋、或弹琴、或书画、或放鹤，置身于事务之外，俯仰于天地之间（图3-17）。

4）丰富而精湛的建筑装饰与建筑工艺

三坊七巷的建筑装饰，大都以木雕、灰塑为主。木雕普遍存在于建筑内的可见部位，建筑构件有厅堂前方的吊柱、轩顶、太师壁上方的柱头，以及攀间斗栱、雀替等，建筑装修主要在户内的门窗、隔扇、门罩、挂落等。灰塑主要体现在建筑立面墙头牌堵、内檐墙堵、山墙翘角、屋脊等部位。同时，也还有较多的石刻、砖雕装饰等。装饰图案造型雅致、内容丰富，或表现忠孝节义的教化故事，或有体现吉祥如意的花鸟图案等，都传达出福州坊巷建筑深刻的文化内涵与品位（图3-18、图3-19）。

5）浓荫静水、闲适僻世的园林建筑

园林建筑为福州三坊七巷建筑中最具有士绅风范的建筑类型。大户人家往往在主体建筑之外，围墙筑室、堆石挖沼，形成了独具风格的园林小品建筑。这些园林建筑，身处闹市，或大或小、或高或低，呈现自在疏朗之貌，极大地满足了士绅们"结庐在人境，而无车马喧"的高士意境。

福州坊巷园林的建筑形式，主要有花厅、楼阁、亭榭以及假山、池塘、盆景、园木等，其中最具特色的，当属穿行于假山池沼之中的"雪洞"，以及下为亭榭上做月台的台榭建筑等。雪洞的设计，使福州人在炎热的夏季有了避暑纳凉、食物保鲜的好去处，台榭建筑又可使人凌空于建筑群之上，而有"把酒问

图3-17 三坊七巷建筑内部空间（来源：福建省博物馆 楼建龙摄）

图3-18　三坊七巷传统建筑细部（来源：福建省博物馆 楼建龙摄）

图3-19　三坊七巷传统建筑装饰（来源：福建省博物馆 楼建龙摄）

青天"的闲适意境。如禄吟台位于三坊七巷之光禄坊，为宋初建的法祥院的组成部分。院内依山凿池，小桥回廊，构筑精致。吟台内巨石上刻有宋熙宁三年（1070年）光禄卿福州郡守程师孟游法祥院时所书的"光禄吟台"等摩崖题刻（图3-20）。东园位于三坊七巷之黄巷，为清道光十二年（1832年）江苏布政使梁章钜辞官还乡复居时所建。园中建有藤花吟馆、榕风楼、百一峰阁、荔香斋、宾月台、小沧浪亭、宝兰堂、潇碧廊、般若台、澹水治、浴佛泉和曼华精舍等十二景，构筑精致考究，园林佳景幽雅动人（图3-21）。

图3-20　光禄吟台（来源：福建省博物馆　楼建龙摄）

图3-21　东园（小黄楼）（来源：福建省博物馆　楼建龙摄）

三、非物质形态分析

　　非物质文化遗产又称为无形遗产，是相对于有形的物质文化遗产而言的。根据联合国教科文组织《保护非物质文化遗产国际公约》，其定义为："来自某一文化社区的全部创作，这些创作以传统为根据，由某一群体或一些个体所表达，并被认为是符合社区希望的作为其文化和社会特性的表达形式，其准则和价值通过模仿或其他方式口头相传。"2005年《国务院关于加强文化遗产通知》对"非物质文化遗产"定义："是指各种以非物质形态存在的与群众生活密切相关世代相承的传统文化表现形式，包括口头传承、传统表演艺术、民俗活动和礼仪与节庆、有关自然界和宇宙的民间传统知识和实践、传统手工艺技能等以及与上述传统文化表现形式相关的文化空间"。

国务院办公厅《关于加强我国非物质文化遗产保护工作的意见》指出，"非物质文化遗产是各族人民世代相承、与群众生活密切相关的各种传统文化表现形式和文化空间。非物质文化遗产既是历史发展的见证，又是珍贵的、具有重要价值的文化资源。我国各族人民在长期生产生活实践中创造的丰富多彩的非物质文化遗产，是中华民族智慧与文明的结晶，是联结民族情感的纽带和维系国家统一的基础。"

（一）类型分析

福州三坊七巷历史街区的形成与发展，经历了漫长的历史时期，产生出了大量丰富多彩的各类非物质文化形态。其中，以文物古迹、名人故居和街巷水系为载体的城市建设思想、街坊布局理念、建筑构筑体系、雕饰文化艺术等，是三坊七巷历史街区非物质文化的重要组成部分，除此之外，更为重要的是承托、联络于这些历史古迹之间的人文形态。这些人文形态大致可以区分为思想、文学、艺术、民俗、手工艺等，构成了福州人文荟萃的缩影。

1. 理学思想与闽学文化

闽学是福建的主体文化，普通意义上指的是程朱理学。闽学萌芽于北宋时期，代表人物有海滨四先生：陈襄、郑穆、陈烈、周希孟，其中前三位均居住在三坊七巷内。北宋末至南宋，是闽学的创始及发展成熟阶段。这一阶段中的重要人物，包括杨时、朱熹、黄幹等人或居住在三坊七巷，或在附近讲学，闽学逐渐成为当时社会的主流文化。元、明、清时期，大批的福建理学家为闽学的丰富和发展作出了巨大的贡献。在清朝，三坊七巷与朱紫坊、鳌峰坊等处先后创立了十余所书院，培养了大批理学人才。当时的南后街是古旧书坊和刻书业聚集的地方，具有浓郁的文化氛围。

三坊七巷从宋至清又是福州文化教育机构的集中地。宋时建有孔庙、"一峰书院"，清代设"提督福建学院署"，管理全省的教育，并设有三个孔庙（分别属福州府、闽县、侯官县），二个县衙，二处县学，一处府学。坊巷之间，还有宋代理学家朱熹门生及女婿黄勉斋的祠堂、京师大学堂总监督及后来的北京大学校长严复的故居、民国"全闽大学堂"监督（校长）陈培锟的宅院和家庙、新中国成立初期"福建学院"院长何公敢的故居等（图3-22）。

2. 宗教文化

宗教是人类精神生活的重要组成部分。闽人好祀，自古有名。在三坊七巷历史街区中，佛教、道教、基督教、天主教、伊斯兰教等五大宗教都曾出现过。著名的有法祥寺、清真寺、三山堂（福州第一座天主教教堂）、闽山庙、萃贤堂（基督教中华圣公会在榕第一堂）等；此外还有众多的地方神灵崇拜，如天后宫、紫极宫、育王塔院等。现存较好的寺庙，主要有郎官巷的天后宫、大光里的三官堂、闽山巷的闽山寺、宫巷的紫极宫与育王塔院，以及位于闽山巷口的"福财正神"

图3-22 严复故居
（来源：福建省博物馆 楼建龙摄）

神龛等。如郎官巷的天后宫是绥安会馆的附属建筑。天后宫这一文化景观最能体现闽台同源，体现属于两岸共祖同源的民间信仰，至今的三坊七巷信众仍保持着许多闽台共有的多神信仰及祭祀方式。郎官巷地处城区内河大、小水流湾附近，为水上运输祈求平安，故设有供奉"妈祖"的天后宫。郎官巷天后宫是福州城区现存最为完整、规模较大的天后宫之一，也是历史街区中现状较为完好的民俗信仰活动场所（图3-23）。

图3-23 郎官巷天后宫（来源：福建省博物馆 楼建龙摄）

3. 宗族文化

中国自古以来就是一个宗族制度盛行的国家，宗族文化是中国古代社会最为根深蒂固的文化传统之一。随着理学思想与宗法制度的不断强化，明中期之后，宗法伦理全面庶民化，宗族祠堂在全国特别是南方诸省迅速盛行。福建是以移民为主的社会，移民及其后代只能凭借相互之间最可依靠的血缘纽带，借助于宗族的力量拓殖发展。宗族的力量在福建广大的农村有极其强大的势力，宗祠、分祠、支祠成为村中最主要的核心建筑和宗族文化的物质载体。这种宗族文化的物质载体在当时中心城市的福州三坊七巷中亦普遍存在。

据调查资料显示，三坊七巷中的祠堂，可以分成宗祠、家祠、个人专祠几类，遍存于坊巷之间，现存可见的还尚有12座之多。其中祠堂有郎官巷内的上杭兰氏祠堂、陈氏祠堂，衣锦坊内的汪氏祠堂，文儒坊内的陈氏祠堂、卢氏祠堂（后为福州蒙学堂），衣锦坊内的林氏祠堂（从台湾迁回的板桥林祠堂），塔巷内的吴氏祠堂等；个人专祠则有光禄坊内专祀宋代理学家杨龟山（杨时）的道南祠；家祠则有吉庇巷内的谢家祠堂、文儒坊内的甘国宝祠堂等。

郎官巷内的兰氏祠堂，又称福省祠，是福州城区迄今所知唯一的一座畲族祠堂。据上杭县庐丰畲族乡族谱记载，清道光十九年（1839年），乡里60名兰姓族人在福州建造了这座福省祠，清同治十二年（1873年）重修，占地面积383平方米，由大门、天井、祠厅、后楼组成。后楼是两层木构建筑，称为"种玉堂"，供奉兰氏历代祖先灵位。祠堂之内尚存一块练功石，上镌"汀洲上杭兰，五魁堂"。福省祠兼具会馆和祭祀先祖的作用，又称"汀杭同登堂"，为到省城参加科举考试的庐丰乡兰姓学子提供免费住宿（图3-24）。

图3-24 福省祠（来源：福建省博物馆 楼建龙摄）

4．会馆文化

会馆是明清时同籍人在客地的、具有地缘性与行业性内容的一种社会组织。同乡之人借会馆之地以居住、集会，"敦亲睦之谊，叙桑梓之乐"。会馆在成立初期大体有三类：一是为官绅乔寓的馆所，二是既为官绅又为科举士子住居的馆所；三是专门为赴科士子住读的馆所。以接待举子考试为主的会馆，有的就叫作"试馆"。随着经商活动的日趋活跃，后来又有了工商会馆之设。

三坊七巷主要为官宦士绅的聚居地，坊巷之间仍然有各种不同形式的地方文化遗留，明清时期蔚成风气的会馆、试馆在当时的三坊七巷也十分普遍地存在，成为当时地方社会在省会城市中最主要的公共性建筑，体现出福州这一中心城市与各地区文化间的交融与互补。如位于郎官巷内的绥安会馆、衣锦坊内的上杭会馆等。绥安会馆即建宁会馆（绥安县始置于三国时期，至唐初废置，包含今福建西北部的泰宁、建宁二县及宁化、清流、明溪等地）（图3-25）。试馆主要有位于宫巷内的连城张氏试馆、永泰檀氏书丁，以及位于塔巷东头的长汀试馆等，主要是供族人或同乡应试子弟来福州参加省试或赴京应试住读之用，"恤寒畯而启后进也"（清《闽中会馆志·陈宗藩序》）（图3-26）。

5. 民俗文化

自然环境不同而形成的习尚谓之"风"，人文环境不同而形成的习尚叫作"俗"。风俗之形成是自然与人文环境同时交互陶冶于人类的结果。风俗作为民族的物质文化和精神文化，是一种不自觉的信仰意识，一种社会心理和传统意识。

作为福州城区重要的文化社区，三坊七巷有着特别浓郁的人文氛围，民俗活动丰富多彩而热烈，社情民风也凸显出深厚的文化底蕴。南后街的灯市和鳌山是福州元宵节的最大亮点，民间买灯、观灯必到三坊七巷。八月中秋节，福州还有全国独有的摆塔习俗，坊巷间的官宦士绅人家中纷纷在厅堂摆上三层桌子，将家藏文物古玩、盆景花卉分层摆设；最高一层必摆陶塔或金属塔及泥人，底层则摆二盆稻秧，有颂祝一年五谷丰登之意。

三坊七巷中的闽山庙，位于连接着衣锦坊和文儒坊的闽山巷，每到节庆都有热闹异常的民间社火活动。此外，在衣锦坊郑氏民居中的水榭戏台，有评话、伬唱、十番等曲艺表演活动。在三坊七巷内的福州评话和伬唱的书场，主要为塔巷

图3-25　绥安会馆（来源：福建省博物馆　楼建龙摄）

图3-26　张氏试馆（来源：福建省博物馆　楼建龙摄）

的文兴境书场、郎官巷书场等，这些文化表现形式使三坊七巷中的民俗文化代代传承，不断丰富发展着，是福州宝贵的文化遗产。坊巷间的文化活动，主要还有折枝诗社等。三坊七巷中后期的娱乐文化场所，还有南华剧场、听雨斋等。现在福州市曲艺团，也仍然位于黄巷内。

文儒坊入口处，立有清代的"公约碑"，为地方所立并加以公示的乡规民约，反映了民国公众对坊巷管理的理念和公共准则。

6. 工艺传承与商贸文化

三坊七巷的著名手工艺，主要包括脱胎漆器艺术、裱褙、纸花和玻璃制彩等，有着浓郁的地方手工艺特征。坊巷间曾涌现出如沈绍安、蒋仁文之类的能工巧匠，以及尤氏、欧氏、刘氏等富商和实业家。其中，刘氏家族是福州电气公司和电话公司的创始人。坊巷内的老字号，主要有南后街头澳门路口的蒋源成石雕铺、杨桥巷的万福来皮箱店、郎官巷口的永嘉玻璃生漆店、吉庇路12号的"老还童"眼镜店等。三坊七巷中还有福州最早的照相馆，即镜中天照相馆，并由此而有了照相弄的地名。

（二）人文形态与社区空间的关系分析

人文形态由不同形式的载体展现，其中的思想、文化、民俗、工艺等，既可具体表现为不同历史时期的人物、著述，也表现为承载这些人文内涵的街区构成诸要素。因此，要对历史街区中的人文形态与社区关系做出合理分析，才能从本质上把握街区的利用现状与发展缘由，更好地贯彻整体性保护的原则。

三坊七巷是福州城内以士大夫阶层、文化人为主要居住民的历史街区，自古以来就是福州最有文化气息的地方。只有对其深厚文化底蕴的充分发掘，才会真正展现出三坊七巷的传统魅力。三坊七巷的历史价值，也正是与从这些坊巷间走出的大批先贤、名士分割不开的。他们"学而优则仕"，立德、立功、立言，为国家民族作出了杰出的贡献。代表人物主要有唐代的著名学者黄璞，宋代的理学家陈襄和黄幹、诗人陈烈、国子监祭酒郑穆，明代有抗倭名将张经，清代则有台湾挂印总兵甘国宝、洋务运动的先驱两江总督沈葆桢、近代启蒙思想家严复、戊戌变法"六君子"之一林旭、黄花岗著名烈士林觉民、海军大臣萨镇冰以及民国海军总长刘冠雄、海军总司令蓝建枢、海军将领叶祖珪、方伯谦、陈季良、陈兆锵，近代文化名人则有陈衍、何振岱、郁达夫、冰心、庐隐、革命烈士翁良毓等人。并由此而有了众多的名人故居，成为点缀在三坊七巷这块宝地上的颗颗明珠。

此外，三坊七巷名人故居之间的空间分布，也是有着千丝万缕关系的。如宫巷内的沈葆桢故居、林聪彝故居、刘齐衔故居，因为房屋的主人们世代之间互为姻亲，所以选择相近的地段毗邻而居，甚而于隔墙间开门以相互走动、互通声息，既方便交往，又有利于家族子弟间的熟络与关照。在南后街东南部，文儒坊之南与光禄坊之北，分别是"尤半街"与"电光刘"，尤家与刘家都是福州商业界的巨子，资财万贯，产业充盈，购置的房屋沿着街面连楹累栋，达半条街的长度，使三坊七巷东南半壁，几成福州商业世家的后花园。与此同时，在光禄坊内专祀宋代理学家杨龟山（杨时）的道南祠周围，聚居了黄任、陈衍、何振岱、陈元凯、郑孝胥、郁达夫等多位以文见长的名人，他们的住居近在咫尺，相互间情趣相和，文思碰撞，由此就有了经常的聚会和聚会的场所——"听雨斋"，巷弄之间，自然也就有了诗采焕然的意境了。

与名人、士绅间热衷于毗邻而居的择屋取向不同的是，坊巷间的宫庙、祠堂、会馆、戏场等公众场所则疏散于各个坊巷之中。戏场、宫庙、神龛等多立于巷弄路口，既方便于八方受众前来顶礼膜拜，也可以扩大对普通百姓的影响力。祠堂、会馆、试馆则多数与民居相与杂处，因为它们服务对象是族人与同乡，多数时间内也只是用于住宿，所以无须"特立独行"，形式与民居相似，在街巷间也就"泯然众人矣"了！

商铺、集市等的空间分布取决于其内在的需求与形成、发展的各种客观因素，往往交通便利、形式显目，并呈连续的沿街、沿巷布局。在南后街上，有"米家船"裱褙店等传统手艺店，也集聚着众多的饮食店、杂货店等，整个街面呈现出熙熙攘攘的繁华商业景象。当然，在坊巷之间，沿巷也还有零落的特色小店，成为坊巷百姓生活中不可或缺的重要场景组成。

对历史街区，不仅要保护文化与载体本身，也要保护它的实质本源；不仅要重视其产生的背景和环境，又要整合和协调现状各方面的关系及其利益诉求，还要尊重现状共享者的价值认同和文化认同等。上述各种人文形态在历史街区都是客观存在的，而人文形态在社区中的空间分布，同时也是和谐统一的有机组成。我们之所以要深入地分析人文形态与社区平面的空间关系，就是为了要尊重历史、尊重传统，应该循着历史街区原有的内在肌理，为街区规划、永续发展奠定更为扎实的基础。

四、内在价值分析

三坊七巷历史街区，是福州历史文化名城的核心标志，其内在价值突出表现在完整性、艺术性、文化性等三个方面。

（一）完整性

三坊七巷是中国传统坊巷制城市格局的因循。"坊"是城市用地的划分单位，常由平行的主次道路划分而成。三坊七巷地处古福州城之城区核心，外以街巷划界，内以巷弄沟通，形成了坊巷有坊墙、坊门的框架格局，与中国古代的坊巷制中的街坊形式大体相同，是中国古代城市中坊巷制的典型代表。福州古城区中本有百余个古坊、巷，目前也就只有三坊七巷相对完整地保存了原有的坊巷格局，其完整性所体现出来的历史、科学、艺术价值和文化内涵在现今弥足珍贵。

街区的完整性，也还表现在街区周边"环渠如带"的水系格局上。这些水系由护城河变成内河，本身即是坊巷形成的历史见证，同时由于福州城区水系规划科学，内河与江海潮汐互通，其排水、交通运输之功能沿用不衰，兼之河岸之上，榕荫密布，成为历朝历代文人赞咏及商贸活动、民俗风情的演绎场所，也为历史街区历史风貌的完整性增添了更多的人文内涵（图3-27）。

图3-27　三坊七巷坊巷空间（来源：福建省博物馆　楼建龙摄）

（二）艺术性

三坊七巷被誉为"中国南方的建筑艺术博物馆"。

三坊七巷现存明清时期近300座保存基本完好的古建筑，其中，既有宫庙、祠堂、会馆、试馆等公共建筑，亦有大量极富地方鲜明特色的木构架院落式住宅建筑。这些建筑的主人因多是当时福州城内的官绅富豪，故所建造的建筑也尽显当时当地的传统风貌与高超工艺。建筑单元主要是南方典型的多进院落沿纵深轴线串连布置形式，其中又有相当数量的大中型住宅，将院落向左右轴线扩展，形成了融居住建筑、园林建筑、小品建筑于一体的有机建筑组群。建筑之内，尤重装修，大至梁架与门罩、隔扇、屏门，小至石雕、砖刻、泥塑，都制作精湛，充分展示了福州民间工匠的高超技艺（图3-28）。

图3-28 鄢家花厅（来源：福建省博物馆 楼建龙摄）

（三）文化性

三坊七巷的价值，有其历史性的一面，更主要的还是体现其社会性的文化性一面，即此前所述的非物质形态的一面。三坊七巷的形成与发展，是福州城市社会文化发展的生动见证。就建筑而言，无论其空间布局、空间组织，以及细部装饰等方面，都是居住者艺术文化修养和经济实力的体现。人文的内涵，弥散于福州城内古老的坊巷之间，于坊巷中生活之点点滴滴，与触目之事事件件，都因此而得以丰富、升华。坊巷建筑、街角小品等得以与周边环境及活生生的人物相关联，形成完整的历史街区共同体。

五、社会构成分析

（一）社会现状与调查

历史街区存在于现实的城市发展环境之中，因而也随之具有完整的社会特性与人文脉络。为了能够更加真实地展现历史街区现有居民与街区环境、建筑之间的现状，研究结合了调查问卷表，本着公众参与的原则，全面发放于三坊七巷的现有居民，对包括建筑状况、居住现状、居民意愿等方面进行了问卷调查。问卷调查的对象，重点是居住在传统建筑中的建筑所有者与使用者，基本涵盖了三坊七巷中的所有传统住户居民。

问卷调查的内容，主要分为建筑使用情况、户主与建筑的关系及对三坊七巷保护持有的态度等三个方面。其中建筑使用情况一栏，主要调查内容涉及建筑类型、用途、面积、管理或隶属单位、始建时间、维修过程、总户数与常住户数、总人口与常住人口、是否文物保护单位等；户主与建筑的关系一栏，主要调查内容有本户的面积、本户在建筑中的位置、本户在建筑中的名称类别与用途、产权归属、居住人口、何时迁入、迁入原因、主要困难，以及户主与常住人口的具体情况等；最后一栏，是查询答卷人对三坊七巷保护持有的态度，是否愿意作为旅游景点开放、是否愿意进行置换，以及个人对保护的意见与想法等（表3-8～表3-12）。

居民情况一览表 表3-8

性别		年龄				文化程度				
男	女	<12	12～18	男18～60 女18～55	男>60 女>55	小学	初中	高中	中专	大专 以上
2876	3432	606	473	3844	1385	757	1717	1668	290	523
45.6%	54.4%	9.6%	7.5%	60.9%	22.0%	15.3%	34.7%	33.7%	5.9%	10.6%

（来源：三坊七巷历史街区保护规划）

居住情况一览表 表3-9

建筑内总户数			单户居住人口			
1～3户	4～10户	10户以上	1～3人	4～6人	7～9人	10人及以上
621	26	10	1276	430	56	11
94.5%	4.0%	1.5%	71.9%	24.3%	3.2%	0.6%

（来源：三坊七巷历史街区保护规划）

单户建筑用途与产权归属情况一览表 表3-10

建筑用途						产权归属			
住宅	工厂	店面	出租	空置	其他	祖业	私产	公产	其他
2097	7	195	43	10	19	155	735	1513	80
88.4%	0.3%	8.3%	1.8%	0.4%	0.8%	6.2%	29.6%	60.9%	3.3%

（来源：三坊七巷历史街区保护规划）

主要困难一览表 表3-11

厕所	消防设施	给水排水	建筑破损	用电安全	采光	出行不便	公共设施	其他
2239	2166	1337	824	540	384	219	216	14

（来源：三坊七巷历史街区保护规划）

对三坊七巷保护持有的态度　　　　　　　　表 3-12

历史街区是否需要保护			是否同意作为旅游景点对外开放		是否愿意进行房屋产权置换	
需要	不需要	无所谓	同意	不同意	同意	不同意
1638	255	520	1850	537	1445	951
67.8%	10.6%	21.6%	77.5%	22.5%	60.3%	39.7%

（来源：三坊七巷历史街区保护规划）

（二）社会构成分析

调查结果显示，多年以来三坊七巷街区历史文化价值的逐步缺失，不仅有建筑老化、街区功能单一等客观因素的影响，同时还有政策主导、行政管理及城建规划上的失误，以及历史街区社会构成不合理因素的影响等。

1. 人口构成中的老龄化与低学历趋势

三坊七巷的人口构成中，老年人（男60岁以上，女55岁以上）的比例高达22%，大大高于福州市老年人的比例15.4%，而青少年和学龄前儿童（0～18岁）的比例仅为17.1%，低于福州市的比例31.3%。人口老龄化的现象，随着生活、医疗、保健水平的提高，将会日趋严重。而目前街区内还没有专为老年人提供的服务、娱乐、休息、交往的空间和设施。这个因素在今后的保护更新中应该给予充分的考虑。

从社会特征而言，现有住在历史街区内的居民文化水平与社会地位不高是较为普遍的特点。除了许多居住在历史街区中的老住户，已历经几十年甚至好几代，文化水平与社会地位较高外，由于历史的原因，新中国成立之后几个时期陆续迁入的住户，受教育水平一般较低，经济收入也比较低，平均社会阶层亦较低。

同时，由于历史街区的历史较长，居民之间形成了复杂的社会纽带，居民职业构成更为复杂。在历史街区之中，还存在着相当数量的杂货店、小吃店、理发店、裁缝店，以及少量的手工作坊等，作为历史延续的这些生活形态和生活载体，他们之间的依存关系已深入到居民的意识和实际生活当中，生活载体的保护与渐变式更新对城市居民生活形态的稳定发展，其影响是不言而喻的。所以说，生活方式需要有所变化，但这种变化决不应该是疾风骤雨式的。

2. 人口的阶段性变动导致对建筑物内外空间的过度、无序使用

三坊七巷等历史街区在新中国成立之后的人口变化，并不是一种很有序的发

展过程，而是在相对较短的时间内呈现出阶段性的、相对剧烈的人口变动。街区人口的变动，主要有新中国成立初公私改造时期对个人住所的大规模分析改造、城市道路与公共设施拓建引发的人口安置对历史街区居住人口的冲击、"文化大革命"期间及后期街区内机构变迁而引起的人口迁移；而在最近时期，随着经济发展与房地产的开发改造，历史街区内原住人口开始出现了较多的外流，外地到福州打工的承租户大量涌入。

历史街区人口的初期变动，主要体现为历史街区中的住户激增，同时也使传统建筑内部原本合理的使用空间，因为人口分布的密集而变得杂乱、无序。变动之后的街区，户均与人均居住面积不断缩小，居民们普遍通过违章搭建，以扩张各自的居住面积。这种搭建，不仅使建筑平面与内部空间拥挤不堪，也使建筑内外的公共设施与宜人尺度受到了严重的破坏。

随着三坊七巷历史文化价值和在历史文化名城中的地位逐渐明确，在街区内部采取了暂停基建等应急措施。这在一定程度上缓解了历史街区继续受到破坏的威胁，然而由于多年来的失误，街区的传统风貌与内部居住环境已经受到了令人痛心的破坏，破房、危房面广量大，呈现出"老年迟幕"的衰败景象。与此同时，经济的发展与房地产的开发，使历史街区内有实力的原住人口陆续外迁，各类人才外流，出租户开始大量出现，从而使历史街区内的现有住户更加处于弱势群体的地位。

3. 产权不明晰使建筑物处于有用无保的境地

三坊七巷内房屋的产权归属，包括以下几种：私人产权房，系统产权房（受各单位系统管辖），国有产权房等。其中属于公房的占60.9%，私房为35.8%（其中祖业占6.2%）。公房占有绝对的优势，这有社会制度的因素，也有着历史上的原因。新中国成立初期，一些原有房屋产权的大房东纷纷离开中国，他们名下的房屋有的被国家收为国有资产。公房中的一大部分，用于从城区其他地方因种种原因搬迁、或由政府安置进入的人口增加。随着近年来房屋朽坏程度的加剧，以及土地开发与房地产的发展，房屋产权的历史遗留问题和新出现的挂户现象更加明显，使历史街区内房屋的所有制和产权归属愈加复杂。

房屋的所有制和产权归属的不合理，直接导致了居住者对建筑物的过度利用及对合理保护观念的淡漠。不合理的使用加上木构住房本身的缺陷，使房屋的维护成本急剧上升，公房所有者不堪其负，有的甚至采取了不收管理费、不闻不问的做法。与此相对比，产权明晰的住房，其所有者或使用者责任明朗，则适时实行有效地保养与维修，使建筑物的宜居理念得到一定的保留和发挥。

当然，在产权明晰一类的住房中，还要加强对所有者与使用者相分离的住房，如出租户、空置户的控制。木构建筑"延年益寿"的要点，在于对建筑的合理使用与及时维护，这也是在历史街区保护中需要对所有产权所有者重点强调的。

4. 住宅适用理念的提升引起对建筑附属设施的增长需求

与现代家居理念相比较，传统建筑的特点主要表现为：以家族为核心的向心形合院建筑形式，公共部分面积广大、位置优越，而私密部分面积狭小、地位偏低，建筑的配置注重对礼节、家庭伦理及安全性能的强调，缺少对各类生活设施的配套等。现代家居以家庭为组织单位，强调以人为本的自我性与居住的舒适性，强调对建筑内外附属生活设施如厨卫、空调、供电、供水、排水、消防等的配套建设，以及外部服务设施如交通、市场、学校等的配套建设。

传统古建筑及与之相适应的传统的生产生活方式，是历史街区传统文化的精华，在现实之中也有着其合理、科学的一面，但是现代科学技术及建筑技术的迅猛发展，已经极大地改变了人们对住宅适用性及城区空间的理解与追求。问卷调查显示，三坊七巷中的居民，最迫切希望改造或配套的，首推厕所，其次是消防、给排水、建筑维修、用电、采光、交通、公共设施等。由此，我们应该看到，改善旧的人居条件，是历史街区居民现阶段最为急迫的愿望。同时需要改善的，还有历史街区内不合理的用地结构，即公建、绿化用地少，居住用地多的现状。这些都应该成为未来历史街区保护、更新过程中，提升住宅适用性能的主要着眼点。

5. 社会及街区居民对历史街区保护理念的肯定与追求

历史街区是传统文化的产物，也是人们最根本、最广泛的生活方式的空间表现。三坊七巷作为一个古老的历史街区，有着稳定的社区结构，社区主体彼此间萌发的归属感形成了社区共同生活的心理基础。从统计资料看，三坊七巷历史街区中的原住民中，有高达39.7%的居民不愿进行房屋产权置换。在20世纪80年代初，上海居民中曾经流行"宁要浦西一张床，不要浦东一间房"的说法，所表达的，一方面是对旧街区经过几十年逐渐形成的稳定社区结构及其所包含的生活方式即社区归属感的需求，同时也是一种决不离开市中心好地段的民意。

人们在认同社区归属感的同时，也逐渐地意识到了古建筑保护的重要性，肯定了历史街区整体保护的重要价值。这一点也可以在问卷调查中得到充分的体现。在古建筑保护方面，绝大多数人都希望通过自筹资金和国家投资的途径，共同保护好古建筑；为了改善居住环境，大部分人倾向于对古建筑进行局部的改造；对新建建筑，应采取用古建筑式样，于原地修建，同时维修好老宅，继续居住。这表明三坊七巷的多数居民是能够珍视历史街区所特有的物质环境和社会文化特质，传统风貌已在多数居民的心里打上了烙印，希望能在保持固有文化特征的基础上，融入时代生活，创造出既体现历史文化内涵，又具有时代气息的历史街区环境。

第四章

基于空间句法的三坊七巷
空间结构特征研究

一、空间句法（Space Syntax）与空间认知

（一）空间句法概念和由来

　　空间句法是一种人居空间结构的量化描述，这些人居结构包括建筑、聚落、城市和景观等，是一种研究空间组织与人类社会二者关系的理论和方法（Bafna，2003）。空间句法是伦敦大学比尔·希列尔（Bill Hillier）和朱利安妮·汉森（Julienne Hanson）等人发明的。1974年，比尔开始用"句法"一词来代替某种法则，解释空间安排的产生过程，到1977年，空间句法初具雏形，经过20多年的发展，空间句法理论在基础理论、方法及分析技术上不断得到完善，已经开发出一套基于GIS的计算机软件，并应用于各种尺度的空间分析，如在建筑设计、城市设计、城市规划、交通规划等许多领域被广泛应用。1977年、1999年、2000年，世界性空间句法的三次研讨会分别在伦敦、巴亚利特和亚特兰大城市举行。2003年，在伦敦举行的第四届空间句法研讨会，期间的82篇论文来自世界数十个国家和地区，从不同角度、不同层面、不同领域对空间句法进行了广泛的探讨。同时，已趋成熟的空间句法分析技术，已被成功应用于商业咨询领域。理查德·罗杰斯、诺曼·波斯特、泰瑞·法雷尔等著名空间句法事务所也适时产生，众多建筑设计、城市设计和城市规划、交通规划项目雇请空间句法公司进行空间分析，为设计和规划提供了强有力的技术支持和引导（张愚等，2004）。比如2004年美国马萨诸塞州波士顿市政府委托空间句法公司对波士顿"大开掘"计划（注释①）进行实证研究，根据空间句法原理，使用标准的制图技术绘制轴线模型，对"大开掘"前后波士顿市的空间结构、用地布局和步行流动模式进行了深刻分析，探讨了在破碎的、可理解度低的空间系统中，空间布局和网络结构对步行人流的影响程度，同时，也评价了形成不同尺度之间的关系，社会形态所扮演的角色，这被认为有助于产生城市生活的感觉和压力（诺亚·瑞费德，2005）。

（二）空间系统认知基本原理

空间句法指的是空间之间有效的组合关系及形成这些关系的限制性法则，它主要研究空间是怎样组织并构成的，也就是组构。以下就以这个问题为核心，回顾和讨论空间句法在空间本体的组构、空间与认知、空间与社会等方面的相关研究，以揭示空间系统认知的基本原理。

1. 组构

1996年，Bill Hillier教授在《空间是机器》（1996）中认为："组构"（Configuration）或者"组织构成"是空间句法的核心概念，组构是一组整体性关系，其中，任意一关系取决于其他与之相关的所有关系。Hillier用一个很简单的例子说明了组构的概念（图4-1）。当一个系统只有两个元素，如方块 a 与方块 b，如图4-1第一行，虽然两个元素有多种布局方式，如i是左右分开排列，ii是左右比邻排列，iii是上下比邻排列，但是它们的关系都是对称的。如果在上述这个系统中加入第三个元素，如方条 c，如图4-1第二行，那么由于 c 的存在，a 与 b 的关系在不同的布局中有可能不一样，如，当它俩左右分开或比邻排列时，它们的关系仍然是对称的，而当它俩上下比邻排列时，由于 b 到 c 需要经过 a，而 a 到 c 不需要经过 b，那么 a 与 b 的关系由于 c 而变得不对称了，也就是说我们确定 a 与 b 的关系时，需要考虑与 c 的关系，这时 a 与 b 的关系受到了 c 的影响，也就成为一种整体性的关系，这种关系就称为组构。推广到多个元素构成的系统，如果我们考虑任意的两个元素关系时，再考虑到了与之相关的其他所有元素，那么，这样的关系必然是一种整体性的组构关系。因此，组构指的是大于两个元素的系统的复杂关系，关注系统是怎样组织与构成的。它是集体性的现象，而不是个体性的现象（图4-2），从组构的角度看待某个住宅空间，入口空间（用黑色三角表示）与阳台空间（用蓝色表示）的不同在于它们与其他房间的整体关系的差异，i 表示从入口空间看住宅空间的组构，ii表示从阳台空间看住宅空间的组构，这两个图示明显不同。应该说，Hillier从空间句法理论建立之初就探索这种整体性的组构。Hillier认为，组构是需要分析的现象，而不是一种规范性的规律。基于组构的概念，空间句法理论先后重点研究了空间与社会、建筑与城市空间形态，以及与之相关的计算、空间与认知等。这些研究方向彼此相关：社会各种活动发生在空间中，空间的组织构成也是社会活动运作的媒介，抽象的社会关系与具象的物质空间形态是社会活动的两个方面；空间的建构与演变需要遵循空间自身的组构性规律，如，空间系统是连续的，局部的空间变化（开门或关门，扩宽或延伸街道等）将会改变整个空间的组织与构成；与此同时，个人的认知联系了社会与空

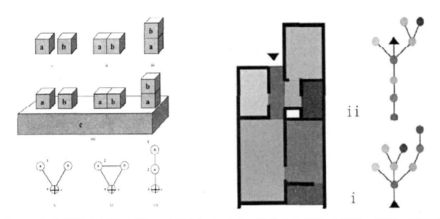

图4-1　组构说明（来源：Hillier，1996）　图4-2　某住宅的组构（来源：杨滔，2003）

间两个系统，个人感知、理解空间组织的变化，体现在个人在空间中的活动或者建构空间的活动，于是，社会活动在众多个人活动的基础上"突现"出来，这种整体性的社会组织与构成又反馈在空间的整体构成与演变上（杨滔，2003）。

2. 空间与社会

空间句法最早的研究方向是空间与社会这个课题，组构的概念也源自这方面的研究。Hillier提出了一个假设：空间的组织构成是物质建成环境与社会相互作用的媒介，因此，空间不再是社会活动的惰性背景（如，仅仅体现社会形态），而是积极地参与社会与物质环境的建构。空间构成这种物质行为具有抽象的社会逻辑，而抽象的社会结构又具有物质的空间属性，因此，空间构成与社会结构都在社会运动中具有了抽象和具象双重属性。Hillier又提出了一系列关于城市空间与社会活动相辅相成的自组织理论，如，突现的空间组构影响人车流分布，进而影响用地的分布。而伴随着反馈与倍增效应，用地与人车流的变化又反过来影响空间组构。这对关系不断进行演变与调整，历尽较长的时期，从而形成了成熟而复杂的空间形态。在现实中，各级城市中心交织成主干网，同时主干网又交织在了以住宅为主的背景网络中。这样，形式、功能、社会与文化等因素错综复杂的因素都融合在一起。另外，空间组构与上述那些社会经济因素的互动也发生在不同尺度上。从街道到整个城市区域，如，局部的空间组构该范围的人车流，城市尺度的空间组构影响较大范围的长途出行。当不同尺度的空间与社会组构重叠组合在一起时，就形成了城市中心，而文化等因素则选择性地将不同尺度的组构分开，在特定尺度上形成了其空间布局与社会构成。于是，城市在时间与空间上不断地演变。基于这种空间与社会的组构性范式，空间句法理论还涉及了各种特定社会组织与空间形态的互动，不同的社会组织与空间组构关联密切，能通过改进空间组构而提高社会机构的运行效率，最终促进社会和谐发展（杨滔，2003）。

3. 空间形态表达方法

从组构的概念角度而言，空间句法理论的核心研究对象就是空间组构，也就是整体层面上各个局部空间之间的复杂关系，每组空间关系取决于与之相关的其他所有空间关系。空间句法表示或再现空间的表达方式，常用的有四种：轴线或线段、凸空间、可见视域（Isovist）及像素点（图4-3）。轴线或线段是把空间简化为线，表示线性空间。轴线指从空间中一点看得最远的线，如果用轴线遍及空间系统，所有轴线需要尽量的长且不重复，而且所用的轴线必须最少；线段指上述轴线的交点之间的线段。那么轴线表示空间的图为轴线图，线段表示空间的为线段图。虽然有些学者认为轴线图的生成是主观，不同的人将画出不同的轴线，但是Turner等从几何学的角度证明了轴线图可以客观生成（Turner et al.，2005）。凸空间将空间简化为区域，这个区域中任何两点的连线不能与它的边界相交，这表示如果任何两个人位于这个区域中，他们都能彼此相视，因此，凸空间表示了人们的相聚。视域是将空间简化为区域，它指人站在空间中的一点，看出去所能看到的区域，因此这点上的人能与这个区域内其他人彼此相视。像素点将空间简化为一点，在空间上覆盖一张网格，每个格子代表了一个像素点，这与计算机的屏幕类似。这样我们就将建成空间简化为线、面、点为元素的系统，然后就可以计算每个元素与其他所有元素的关系。Hillier及其同事还有其他关于空间形态的基本研究，参见《空间机器》第八章与第九章（Hillier，1996），结论是：城市空间形态是自组织的整体现象与动态的过程，遵循空间组构的法则，自下而上地突现，又自上而下地限制下一步的变化，其中局部的变化将会通过空间

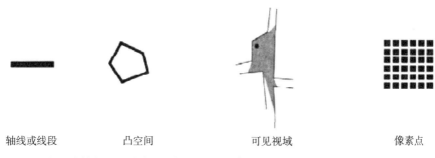

轴线或线段　　　　凸空间　　　　　可见视域　　　　　像素点

图4-3　空间的简化图示（来源：杨滔，2003）

组构传递到整体网络，又反馈回局部。此外，空间句法还有大量的应用性研究，如测试新建成区对已有城市形态的影响、城市更新对整个城市形态的影响、比较某个城市不同时期的空间形态，以及比较不同地区的空间形态等。这些研究又往往是基础研究的出发点（杨滔，2003）。

4. 空间与认知

在空间句法发展的早期，Hillier没有深入研究认知的问题，但在讨论社会的空间性时，他提出了一种基于组构的认知范式，这种认知范式试图回答"集体性"的社会组构与空间组构是如何被个人所认知与建构的这一问题（Hillier & Hanson，1984）。他批判了结构主义的社会学关于存在某个控制着人的空间认知的固定的结构或者规则的理论，他认为空间认知过程是人的主观精神活动与客观的空间环境之间的互动，也就是说，个人与环境共同构成了认知系统，精神活动与环境演变是相互依存的。因此，他认为，结构只不过是反复出现的现象，客观现象是先于规则或者结构。于是，在其理论中，"随机"是物质环境或者社会的初始状态。从"无序"的物质环境中，个人或者人们主观地"检索"到特定的物质现象或物质性的组构，然后在物质环境中重复这种现象或组构，从而形成了抽象概念或组构，这就是"空间现象—检索—空间现象"的认知过程，当这个特定现象被不断重复时，该现象或者组构才是结构或规则；一旦该现象不再重复，那么这个结构就消失了（杨滔，2003）。

二、空间句法的理论基础及方法

作为一种新的描述城市空间结构特征的计算机语言，空间句法的基本原理就是对空间进行尺度划分和空间分割。空间句法中所指的"空间"，是描述以拓扑关系为代表的一种关系，而不是欧氏几何所描述的可用数学方法来量测的对象。同样，空间句法关注的是其通达性和关联性，而不是空间目标间的实际距离。

（一）空间尺度划分

空间句法把空间划分为两种基本类型，即小尺度空间和大尺度空间。其划分的标准是人类能否从空间中的某一固定点来完全感知此空间——若能完全感知的空间则为小尺度空间；反之则为大尺度空间。

（二）空间分割方法

有三种基本的空间分割方法：轴线方法，用于城市系统内建筑或建筑群体比较密集时，这是通常所采用的方法；与此相对，当城市自由空间呈现非线性布局时，则用另两种方法——凸多边形方法及视区分割法。当前用得较多的是轴线方法。

（三）空间表示方法

空间句法进行空间分割的最终目的是为了导出连接图以代表空间形态结构特征。目前导出连接图的方法有基于特征点的方法和基于轴线地图的方法。

1. 轴线地图和特征点图

轴线地图常以一系列覆盖了整个空间的彼此相交的轴线来表达和描述城市的形态。按照Hillier最初的定义，轴线地图是由最少数目的、最长直线所组成的（Hiller & Hanson，1984）。由于轴线地图存在着以下问题：定义模糊、对环行道路的处理存在争议、与GIS兼容困难等，江斌（2002）提出了基于特征点的空间表示方法。特征点指的是在空间中具有重要意义的点，包括道路的拐点和交接点等。

2. 连接图的导出

将所有轴线的交叉点提取出来，作为连接图的结点；再按结点之间能否相连（即是否可达）来将这些结点连接起来；最后形成轴线地图的连接图。特征点图则将特征点作为连接图中的结点，按每一点是否与其他点可视来判断两结点间能否连线，最终得出相应的连接图。

（四）空间句法形态变量

1. 连接值

与某节点邻接的节点个数即为该节点的连接值。在实际空间系统中，某个空间的连接值越高，则其空间渗透性越好。

2. 控制值

假设系统中每个节点的权重都是1，则某节点a直接相连的节点的连接值倒数之和，就是a从相邻各节点分配到的权重，这表示节点之间相对控制的程度，因此，称为a节点的控制值。

3. 深度值

深度值指的是在一个空间系统中某一个单元空间到其他空间的最小连接数。深度值是一个非尺度距离变量，也不是一个固定的变量，受观察者的视点、视距和步距的影响。观察者在城市中视点的不同、视距的由近及远、步距离的由小变大，深度值都将发生变化。

4. 集成度

集成度反映了某一单元空间与系统中所有其他空间的集聚程度或离散程度。集成度的数值越大，表示该空间在系统中的便捷程度越大；反之，处于不便捷的位置。局部集成度可用来分析行人流量的空间分布状况，全局集成度则体现某一个空间相对于其他城市空间的中心性程度。空间句法用颜色分级表示空间单元的集成度值程度。

5. 智能度

智能度代表局部空间在整个系统中的地位及其与周围空间的关系关联与否及统一度的状况，体现了由局部空间的连通性感知整体空间的能力。智能性高的空间意味着由此空间看到的局部空间结构有助于整个系统的全局图景的建立。通过对局部范围内空间连通性的观察，观察者可进一步获得整体空间可达性信息数值及程度，可作为其他看不到空间的引导。可通过建立局部变量和整体变量之间的关系比较，判断系统的智能性高低程度。

三、研究进展

（一）研究方法进展

从对空间本身的研究出发，空间句法解释了大量建筑和城市现象，并产生了许多新的方法。本书选取其中几个方面，方法如下。

1. "自然运动"

"自然运动"研究的是城市空间形态与人流运动的关系。它是城市空间形态分析中最基本的应用概念。该理论认为，城市空间形态决定运动流的分布。希列尔提出，空间形态决定了运动密度的不同分布。有相关研究对建筑和城市空间的大量案例进行形态结构分析，并与实际观察到的活动和功能进行比较。在剔除了各种干扰因素后，它们发现空间结构与空间中的活动有着明显的对应关系。若无特别的吸引目标，排除路况等因素的干扰，则在多数案例中，集成度和可理解度较高的地域，往往具有较多的人流和车流。"自然运动"因可预测人们空间形态的人流分布情况，故为各类设计实践提供了有力地指导。

2. "运动经济体"

希列尔指出，运动在很大程度上决定着城市空间形态。"运动经济体"通过运动来研究城市功能和形态二者之间关系。城市的人流和车流运动，与城市的空间形态、用地性质（如，商业零售）、道路网结构、建筑密度甚至盗窃等犯罪的分布密切相关。城市空间结构通过人流运动而影响城市功能和城市运行，城市功能可被看作运动的增殖效应。从此意义上看，城市可看作结构形态作用下的"运动经济体"。

3. "意念社区"

"意念社区"研究空间结构形态对社会行为的影响程度。空间结构形态通过对人流运动的影响，产生空间人员聚集，这就是共同在场。共同在场是构成社区的最初要素，是人们相互联系的基本方式。"意念社区"包括共同在场及相互联系的模式。通过空间设计对运动和空间使用产生影响，从而产生自然的共同在场的模式，即为意念社区（Hillier，1996，1987）。意念社区并非人的简单聚集，它是有着一定结构的，即不同人包括住户和陌生人，男性和女性，成人和小孩等，他们的共同在场模式和使用空间的目的都有着不同。这些不同反映出了空间结构的潜在作用。另外，希列尔还发现，在城市结构中，安全感在很多住宅区的空间深度值较大，这种构形决定了那里平时很少出现陌生人的互相碰面，住户也形成了这种心理预期，所以，当住户在家门口一旦发现有陌生人出现时，就会产生警惕，甚至会感到不安。但是，深度较浅的城市街道就很少出现这种对陌生人的恐惧感，所以很多住户认为街道比住宅区更为安全。希列尔还认为，空间结构与共同在场之间的关系，直接导致了空间对社会的影响。空间设计通过改变空间结构，从而改变了人们相互联系的模式，继而对社会行为产生了作用。

4. 空间自构——自组织性

空间自构是研究城市空间功能的自然形成的自组织规律。空间自组织有四个方面的规律：一是原始部落、传统城镇、住宅、现代小区、当代城市等，它们的空间组织与构成具有社会逻辑，而不仅仅是客观的物理过程，更是主观的社会构建过程。二是各种类型的空间与社会活动都具有相辅相成的自组织规律，"突现的"空间组构通过影响人车流分布，影响其用地分布和功能结构；同时具有反馈效应和倍增效应，也就是用地分布和功能结构反过来影响空间组构，不断地演变与调整，历经较长的时期，从而形成较为成熟而复杂的空间形态，最终使空间的形式、功能、社会与文化等因素较好地吻合在一起。三是空间组构与社会经济因素的互动可以发生在从街道到整个城市区域的不同尺度上。当不同尺度的空间与社会组构叠合在一起时，就形成了城市中心；而文化等因素选择性地将不同尺度的组构分开，在新的尺度上形成了特定的空间布局、用地布局、功能布局和社会构成。四是不同的社会组织与空间组构密切关联，如，Julienne Hanson教授长期关注的正常住宅区、老人社区、家庭等，它们之间都是互相关联的。同样，Alan Penn教授的关注博物馆、大学科研机构、监狱、医院、购物中心等，Laura Vaughan博士长期关注的移民区、少数民族区、贫民窟、郊区社会等（Vaughan，2007），这些不同的社会组织与空间组构之间都是密切关联的，并通过各种自组织方式得到平衡。所以，可以通过改进这些空间组构而提高社会机构的运行效率，进而促进社会和谐发展。

5. 空间认知——可理解性

可理解度指的是，从整体与局部的关系出发，对某种潜藏认知结构的一种量化描述。在同一空间系统内，若其中某些空间的局部变量值较高，整体变量值也较高，则此区域的可理解度就较高。反之，则可理解度就较低。众多研究表明，秩序规整的平面，像方格网或理想城之类的几何形状虽然清晰可辨，但是可理解度可能较低，若无地图指引，人在其中很容易迷路；而有些古镇的迷宫式的变形网格平面却有比较高的可理解度。这是因为，其集成度高的地方往往与更多的街巷相连，使人来到集成度较高，且人们活动比较集中的少数空间中，因而即使陌生人也只需稍加走动，便不会迷路。Kim发现，在同一空间系统中，居民在可理解度较高区域里对周围环境的理解范围也较大。进一步而言，在可理解度较高的空间系统中，集成度与空间系统中的运动状况也有更大的相关性，这使得空间使用更加可以被预测。由此可以说明，空间构形通过人们对空间的理解，作用于人的行为和运动。

空间句法对城市意象的研究也有一定的启发意义。研究表明：可意象的城市一般都具有可理解性，但具有可理解性的城市未必可意象，由此可以说明，可意象性是比可理解性含义更宽的概念。但空间句法理论提供了更客观和高效的意象研究方法，而且更进一步揭示城市意象五要素之间的关系。另外，轴线地图也与心智地图有所联系，集成度最高的轴线往往在心智地图中有所表达。

6. 空间考古学

空间考古学是从社会学的维度来研究城市空间结构与社会因素的关系。也就是通过城市空间结构的分析，揭示了潜藏在表面形式下的社会文化因素的关系特征。Hanson称之为深层的"基因型"特征（Hanson，1998）。汉森以住宅的物质形态和空间构形为研究焦点，通过长达20年的时间对跨文化的大量住宅平面进行研究，引出了很多社会学维度的讨论，比如在特定条件下家庭的含义等问题，取得了大量成果。他的基本方法是，首先，从大量住宅平面的研究中，发现在空间构形方式上的某些规律；然后，观察这种构形规律是否与特定使用空间的称呼有系统的联系。在此基础上，推断家居空间对家庭生活和组织的各种支持方式。同样，构形分析也适用于人居聚落的深层"基因型"的揭示和探讨。另外，对著名建筑作品的分析，更是空间句法应用研究的重要方向。如，汉森（1998）从分析博塔、迈耶、海杜克和路斯这四个著名建筑师设计的四座住宅中，研究构图与构形之间的关系，发现如果要像大师那样产生出形式的严格性和功能的舒适性之间的实际联系，那么必须同时兼顾形式的内在法则和空间的社会逻辑。派普内斯等学者也经常对帕拉第奥、密斯、海杜克等大师作品分析研究，以检验和演示其中的空间分析方法，并对建筑空间的意义等问题进行探讨。另外，由于空间句法是关于构形分析的通用原理和方法，因此，构形的普遍存在也预示着空间句法的普适性。现有研究成果证实：空间句法已经突破了建筑学的研究范围，在考古学、信息技术、城市和人文地理学以及人类学等领域都有广泛应用。

（二）研究领域进展

空间句法大都是结合图论的思想，对城市形态、空间通达性、空间网络的格局特征、空间结构和人类活动的关系等展开一系列研究。这些研究成果被广泛应用于城市诸多方面的分析中，比如城市交通文明（Ben Croxford，Alan Penn，Bill Hillier，1996），城市空间与社会文化间的联系（Peter.C，Dawson，2002），城市土地利用密度（Hong-kyu Kim，2002）等。空间句法团体深入研究各种特定社会组织与空间形态的互动，如Hillier Hanson教授长期对正常住宅区、老人社区、家庭等进行关注，Alan penn教授则把目光聚集博物馆大学科研机构、监狱、医院、购物中心等，Lauru Vaughan博士则长期对居民区、少数民族区、贫民窟、郊区社会等进行研究（Vaughan，2007）。这些研究都发现了不同的社会组织与空间组构的密切关系，也能通过改进空间组构而提高社会机构的运行效率，进而促进社会和谐发展。空间句法对城市形态进行了许多基础性研究。例如，Hillier分析了世界上不同地区的城市，如亚特兰大（Atlanta）、海牙（Hague）、曼彻斯特（Manchester）以及伊朗的设拉子（Shriaz）。虽然这些城市的空间几何形态差别较大，如，亚特兰大更像方格网状城市，而设拉子则是不规则的有机城市，但是它们空间的全局整合度则显示出了相似的"变形风车"。

此外，空间句法在分析和预测城市系统中的行人流量中（Hillier B，Hanson J，Penn A，2002，1997），分析了城市街道布局特征，分析了在城市土地利用、城市建筑的结构布局、城市犯罪制图与社会及文化间的关联、城市交通规划与管理分析（Li Jiang DuanJie，陈明星，段瑞兰，高峰，2003，2004，2005）等中的日益广泛应用。以Hillier B，Hanson J，Penn A和M.Batty为代表的学者还深入研究了空间句法的理论基础及方法（1996，1999，2001，2005）。国外空间句法研究的重心逐步由实证研究转入理论与方法的创新。

四、空间句法分析

（一）研究方法

本书应用空间句法原理理论，从三坊七巷历史街区内部、建筑院落和城市整体三个空间尺度研究了历史街区的空间形态结构特征。提取了1919、1948、1984、2004四个时期（此四时期为福州城市发展重要的转折时期）的城市、历史街区和建筑院落的空间形态图的信息，根据空间句法原理建立了句法轴线地图，借助Axwoman 4.0软件，提取计算全局集成度、局部集成度和平均深度等的数值，建立了空间句法集成核图、全局集成度图、局部集成度图和平均深度值图。在SPSS软件帮助下进行了T分数值分析。根据全局集成度、局部集成度平均深度值和T分数值等数值，分析城市、街坊和建筑内部三个尺度的空间结构特征状况。还通过2009年的福州市区地图和实地现状城市、街坊和建筑内部结构特征等方面的调查，进行叠加分析，使三个尺度的空间结构特征得到准确描述，为三坊七巷历史街区的保护更新和复兴提供了有益参考。

（二）宏观尺度分析——福州城市空间句法分析

提取了福州市区1919年、1948年、1984年、2004年四个时期的主要街道轴线，建立了拓扑关系并进行空间句法的变量计算，得出了全局集成度、局部集成度和平均深度值三方面数值，并借助SPSS软件进行T分数值分析，同时结合实地现状调查结果进行叠加，分析了福州市区的空间形态变化特征，进一步了解三坊七巷在福州城市发展中的地位变化过程。

1. 不同时期全局集成核与福州城市结构特征

朱东风（2005）认为，在整个空间系统构形中，有一部分轴线的全局集成能力必然处于支配地位，这部分轴线便构成了城市的全局集成核，代表了城市中心性最强区域。按照每个时期轴线全局集成度最高的前10%提取了四个时期全局集成核轴线，得到图4-4。从图中可以看出，民国初期1919年福州路网系统集成核最高便是形成了"两横一纵"（杨桥路、津泰路、八一七路）；1948年路网系统集成核最高的是在原有基础上形成了"三横两纵"（杨桥路、津泰路、鼓屏路、南后街、八一七路）。从这两个时期30年来看，三坊七巷与大多数集成核相邻，处于城市核心位置。1984年，集成核分布于东街、乌山路、八一七路、六一中路和五一北路；到了2004年，路网集成核最高的是在"三横两纵"的基础上增加国货路、湖滨路及周边网状路网集成核。

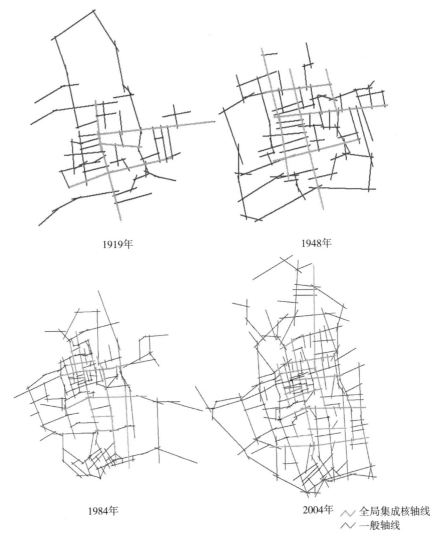

1919年　　　　　　　　　　　　　1948年

1984年　　　　　　　　　　　　　2004年　　⋀⋀全局集成核轴线
　　　　　　　　　　　　　　　　　　　　　⋀⋀一般轴线

图4-4　1919～2004四个时期福州城市全局集成核图

从1919年到2004年，城市全局集成核在原有基础上向外扩展，轴线数上升，规模增大，一部分集成核向其他方向拓展，脱离传统街区束缚，如连江路与国货路。集成核向沿着主要的干道，如杨桥路、八一七路、五一北路向东西与南北延伸。同时，在1948年以前，集成核呈轴线形态拓展。1984至2004年集成核轴线形态逐渐转向环网形态，重要环状轴线成为城市重要的集成核，这说明城市空间集成核规模不断变大，形态不断完善。从以上可以看出，三坊七巷历史街区及其外围道路始终是全局集成核的部分，这表明该地段中心性较强。

2. 空间句法集成度与城市智能度结构特征

系统智能情况可以通过全局集成度和局部集成度进行相关性判断（表4-1）。通过对2004年福州市区全局集成度与局部集成度相关分析，可以得到表4-1结果：相关系数为0.854，显著性概率水平为0.01，两者呈现中度相关性。全局集成度和局部集成度的值分布区间较大，均匀分布，有较明显的相关特征（图4-5），这说明福州的城市整体智能度较好，能够较好地从局部空间特征来感受城市空间的形态。从局部集成度值来看，2004年离三坊七巷近的杨桥东路、东街、朱紫坊等区域，它们的局部集成度值都很高，表明：三坊七巷周边地区仍是人流密集的地区，调研发现这些地段商业等行业发育很好。

福州市区全局与局部集成度相关性   表 4-1

		全局集成度	局部集成度
全局集成度	Pearson Correlation	1	.854**
	Sig.（2-tailed）		.000
	N	310	310
局部集成度	Pearson Correlation	.854**	1
	Sig.（2-tailed）	.000	
	N	310	310

**.Correlation is significant at the 0.01 level（2-tailed）

3. T分数值分析与城市空间结构特征

对1984年与2004年全局集成度T值（详细计算方法详见注释②）对比，杨桥东路68.93和69.16，南后街67.23和66.99，八一七中路74.01和79.67，通湖路66.03和69.94；塔巷 66.34和68.79，黄巷 66.92和69.93，宫巷66.34 和68.19，吉庇路与光禄坊为67.05和70.3，文儒坊与安民巷66.92 和69.93，衣锦坊61.99和64.29，东街73.43和73.71。从数据来看，街区内部多数街道T值增加，周边

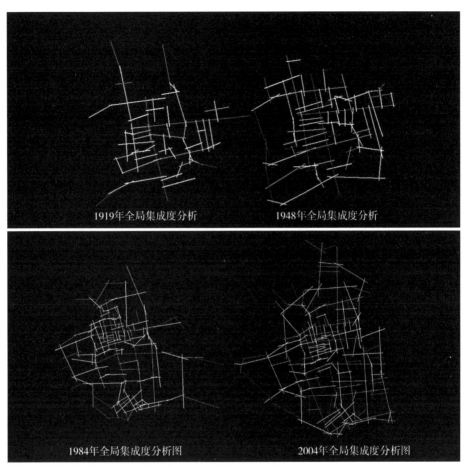

1919年全局集成度分析　　1948年全局集成度分析

1984年全局集成度分析图　　2004年全局集成度分析图

（红色轴线代表集成度值高的轴线，蓝色轴线代表集成度值低的轴线）

图4-5　1919～2004年福州城市全局集成度分析图

道路轴线的全局集成度相对值增长，从三坊七巷20年里地位变化来看，中心性有些上升，外围上升更快。

从两期平均深度T值变化来看，杨桥东路84.58和85.86，通湖路89.03和84.86，南后路87.01和89.16，八一七中路79.38和76.7，吉庇巷87.29和84.41，衣锦坊98.82和94.69，塔巷88.47和86.37，文儒坊87.5和84.86，东街79.86和80.89，宫巷88.47和86.37。街区内部多数街道T值降低，三坊七巷道路便捷性地位有所上升。

（三）中观尺度分析——三坊七巷空间句法分析

通过主要坊巷的轴线计算其集成度和平均深度以及三坊七巷历史街区与老城区

103

集成度的相关性，叠合主要节点和功能，分析三坊七巷历史街区的空间结构特征。

1. 集成度相关性与三坊七巷街区的感知程度及中心性分析

通过对老城区与三坊七巷集成度相关性的分析得到：三坊七巷与老城区相关系数分别为0.85与0.824，显著性概率水平为0.01，两者呈现出高度相关性，见表4-2、表4-3。全局集成度和局部集成度（图4-5、图4-6）的值分布区间较大，均匀分布，有较高的相关特征，说明三坊七巷与老城区整体智能度很好，三坊七巷与老城区整体空间被感知的程度较高，能够较好地从局部空间特征来感受到整体形态结构。这也说明三坊七巷中心性强，特别是坊巷周边街道的集成度地位上升，对城市其他地区的吸引力也增强。图4-6列举了三坊七巷历史街区周边功能：商业功能有大型的百货商店、影剧院、金融企业（证券公司、银行）、旅行社、书店等，反映了该地段处于城市中心繁华地段。传统街区面临着这些功能的侵入与替换，原有的历史风貌与肌理有遭受侵蚀的危险。

老城区全局与局部集成度相关性　　　　　表 4-2

		ginteg	linteg
ginteg	Pearson Correlation	1	.824**
	Sig. (2-tailed)		.000
	N	226	226
linteg	Pearson Correlation	.824**	1
	Sig. (2-tailed)	.000	
	N	226	226

**.Correlation is significant at the 0.01 level

三坊七巷全局与局部集成度相关性　　　　　表 4-3

		ginteg	linteg
ginteg	Pearson Correlation	1	.850**
	Sig. (2-tailed)		.000
	N	137	137
linteg	Pearson Correlation	.850**	1
	Sig. (2-tailed)	.000	
	N	137	137

**.Correlation is significant at the 0.01 level

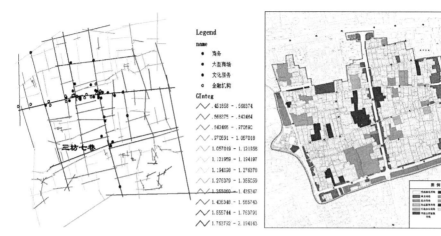

图4-6 三坊七巷周边主要功能单元与老城区全局集成度叠合图

2. 平均深度值与三坊七巷历史街区的空间结构分析

从图4-6可以看出，三坊七巷历史街区中的9条坊巷（注释③）的平均深度都在4以下（颜色呈褐色和红色），说明这些坊巷使用的便利性较高，通视程度较好。

3. 局部集成度与三坊七巷历史街区空间结构分析

从图4-6左图可以看出，三坊七巷历史街区四面的八一七路、南街、吉庇路、光禄坊、杨桥路及从中间穿过的南后街五条路的局部集成度最高，其他内部坊巷的局部集成度不高，说明三坊七巷周边地区人流量大，而内部人流量不大，这印证了三坊七巷历史街区由于年久失修导致的内部使用量减少（主要是居住功能）的事实。

4. 集成度与节点及功能叠合分析

将三坊七巷中所有的名人故居与1919年和2004年所在道路的集成度值进行对比分析，可知，1919年全局与局部集成度并不高，反映了中心性、人流量并不高。但平均深度值低，反映通过性很好。如黄巷、宫巷（1919年局部集成度为2.2，1948年为2.2）。南后街1919年局部集成度为4.03，1948年为4.04，但2004年全局集成度大大提高，局部集成度增强，平均深度低，反映该地段中心性较之前增强。两期的数据说明：民居作为居住区，它们要求安静的环境，对于中心性与人流量要求不高，但对方便性要求较高。南后街自古以来就是重要商业街，沿街民居很少，这种布局方式符合功能要求。另外，三坊七巷间名人故居间的空间分布，也存在社会关系因素。如宫巷内的沈葆桢故居、林聪彝故居、刘齐衔故居，因为房屋的主人们世代之间互为姻亲，所以选择相近的地段毗邻而居，甚至于隔墙间开门以相互走动、互通声息，既有利于方便交往，也有利于家族子弟间的熟络与关照。

宫庙、祠堂、会馆、戏场等公众场所疏散于各个坊巷中。宫庙、神龛、戏场等多立于巷弄路口。从空间句法来看，这些节点的局部整合度值比较高，一方面可以方便于八方受众前来顶礼膜拜，另一方面也可以扩大演戏娱乐时对普通百姓的影响力。

商铺、集市等的空间分布取决于其内在的需求与形成、发展的各种客观因素，往往交通便利、形式显目，呈连续的沿街、沿巷布局（图4-6）。在南后街上，不仅有"米家船"裱褙店等传统手艺店，也集聚着众多的饮食店、杂货店等，整个街面呈现繁华商业景象。

（四）微观尺度分析——院落内部空间句法分析

考虑到院落空间的代表性，这里选择林聪彝故居与欧阳花厅地块的院落来研究三坊七巷的建筑院落内部空间句法。林聪彝故居所在的地块由五个院落组成，有1个单进式（程家小院）和4个多进式院落（包括新四军旧址）。欧阳花厅所在的地块有七个院落，其中单进式1个，两进式3个，三进式1个，辅助院落2个。分别计算独立的院落之间的墙体打通前后的空间句法，计算平均深度、全局集成度、局部集成度与智能度四个指标，分析比较各种组合的院落在院落之间墙体打通前后空间句法特征，分析热点空间变化以及连接（通道）空间可容纳人流量、便捷度的变化情况，为院落空间的调整提供方法参考。图4-7是林聪彝故居与欧阳花厅地块院落打通通道的示意图，图上蓝色是新增通道，林聪彝故居地块院落新增2个通道，扩大7个通道；欧阳花厅地块院落新增5个通道，扩大5个通道。

1. 集成度与院落集合的热点空间变化分析

先来看林聪彝故居，首先，全局集成度在打通前，每个院落都有日常活动中心，一般为厅堂、天井、门廊—大天井—正堂—小天井，它们的全局集成度很高。院落打通后，四周院落的全局集成度都降低了，中间院落打通墙体之后的空间全局集成度大大提高，中间黄色的空间成为整个大宅的活动中心，空间规模也较打通之前大。其次，局部集成度来看，在墙体打通之前，各院落前院、中厅是局部集成度高的空间，表示该空间人流穿行频繁。墙体打通之后，原来单独院落的前院后厅的局部集成度未变化，连接处空间局部整合度提高，说明该空间人流量较高。连接处平均深度降低明显，连接度提高，说明便捷性提高，多数"角落

林聪彝故居打通通道前后的流线变化

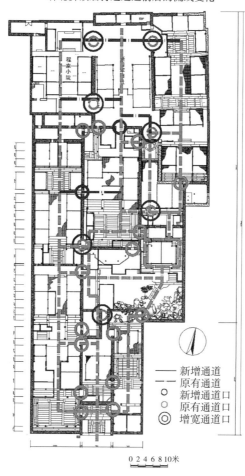

欧阳花厅打通通道前后的流线变化

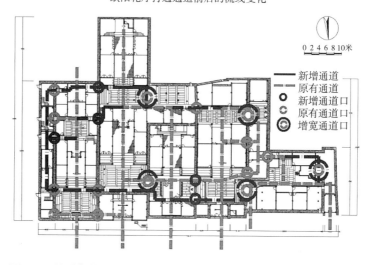

图4-7 林聪彝故居和欧阳花厅地块院落内部的通道打通前后示意图

空间"平均深度降低，连接处提高反映整体便捷性提高，大多数空间全局集成度提高。欧阳花厅的空间句法值，全局集成度在墙体打通之后变化得很高，可以提高整个院落空间的"活力"。这与林聪彝故居不同之处在于打通连接的空间多为"活力地区"——花园、前院等（图4-8~图4-11）。从两个实例来看，厅堂、天井、门廊—大天井—正堂—小天井—后檐墙人流频繁，表明这些空间的公共性，其中，厅堂等公共空间居于建筑内部的核心位置，集成度都很高，正中的太师壁前方供桌上，供奉祖先的牌位等，体现出对先祖的敬畏与尊崇。但像卧室、书房这些比较私密的空间整合度值很低。厅堂两侧的居住用房、前后天井、前后厢房等处，厅堂四周，或沿中轴线由内向外有序布置，严格区分出家庭内部长幼、内外、男女的伦理空间。同时，院落打通后，热点空间产生明显的集聚，一般集聚中具有向心性的居中空间。

2. 局部集成度与院落连接（通道）空间变化分析

从林聪彝故居和欧阳花厅地块院落内部的通道打通前后，各自的局部集成度值的变化来看，大部分通道的局部集成度的值有更加明显的提高，林聪彝故居增加范围从0.016~1.8，104个空间中有74个空间的局部集成度增加。欧阳花厅局部集成度增长范围从0.10~1.7，77个空间中有52个空间局部集成度增加，表明通道打通后可适当提高人流的容量。

3. 平均深度、连接度与院落连接（通道）空间便捷度变化分析

从林聪彝故居和欧阳花厅地块院落内部的通道在打通前后的平均深度值、连接度的变化来看，大部分通道的平均深度值有了明显下降，连接度值明显增加了，林聪彝故居平均深度值降低范围从0.02~0.5，连接度值增加范围从1~3，欧阳花厅平均深度值降低范围从0.01~0.5，连接度值增加范围从1~3，说明通道打通后空间的便捷度有了明显提高。

（五）结论

从以上对三坊七巷历史街区的空间结构特征在宏观、中观和微观三个尺度的分析，可以得出如下结论。

1. 从宏观尺度句法分析来看

通过不同时期福州城市空间句法结果分析，可以得出三个结论：一是三坊七巷与它的附近地区形成了城市功能集聚中心，成为开发潜力很强的地区。二是在

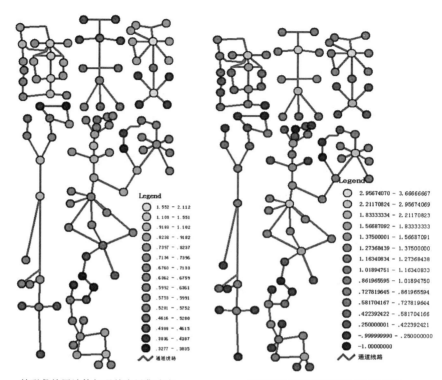

林聪彝故居墙体打通前全局集成度   林聪彝故居墙体打通前局部集成度

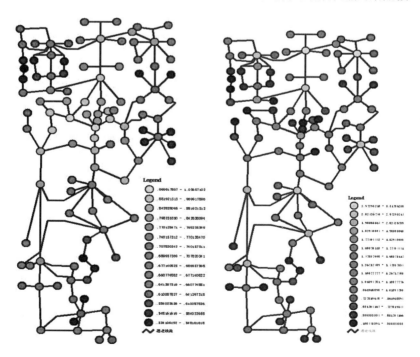

林聪彝故居墙体打通后全局集成度   林聪彝故居墙体打通后局部集成度

图4-8　林聪彝故居墙体打通前后空间句法变化1

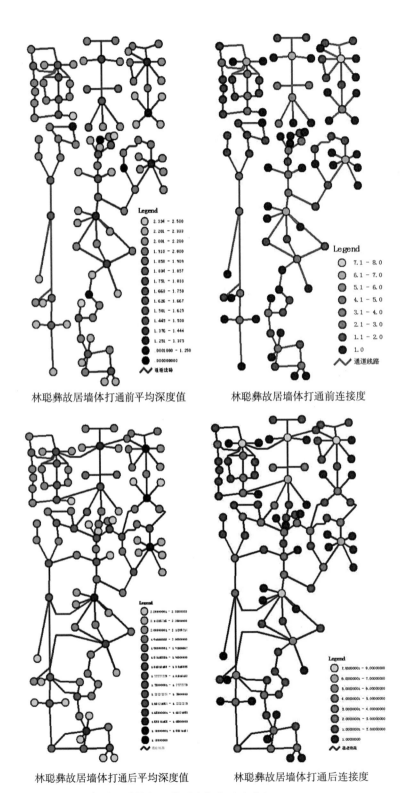

林聪彝故居墙体打通前平均深度值　　　　林聪彝故居墙体打通前连接度

林聪彝故居墙体打通后平均深度值　　　　林聪彝故居墙体打通后连接度

图4-9　林聪彝故居墙体打通前后空间句法变化2

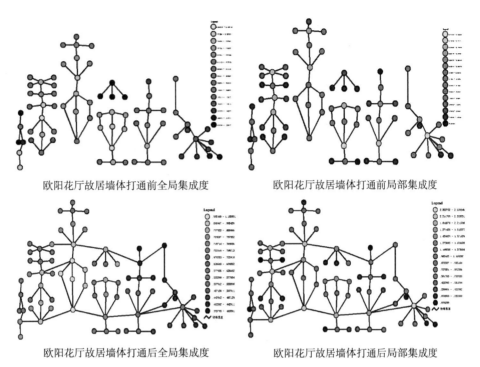

欧阳花厅故居墙体打通前全局集成度　　　　欧阳花厅故居墙体打通前局部集成度

欧阳花厅故居墙体打通后全局集成度　　　　欧阳花厅故居墙体打通后局部集成度

图4-10　欧阳花厅故居墙体打通前后空间句法变化1

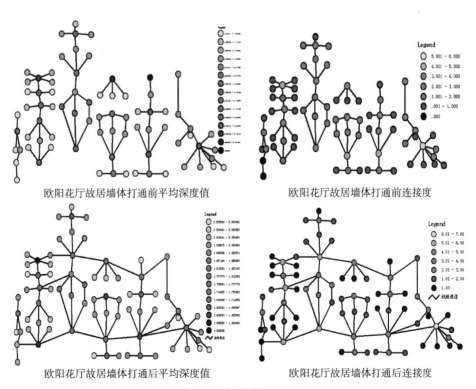

欧阳花厅故居墙体打通前平均深度值　　　　欧阳花厅故居墙体打通前连接度

欧阳花厅故居墙体打通后平均深度值　　　　欧阳花厅故居墙体打通后连接度

图4-11　欧阳花厅故居墙体打通前后空间句法变化2

演变过程中，三坊七巷及其附近地区的轴线具有较高的全局集成度与局部集成度及较低的平均深度，从中可得到该结论：该地具备非常好的中心性、人流密度高与便捷性，从而成为具有发展潜力的功能区，成为"黄金地段"。三是从20年里变化来看，三坊七巷的地位有所上升，周边主干道地位更为提升。同时，由于该地区高度的中心性与便捷性，导致了所在街区周边的交通拥挤现象严重，对于街区保护影响较大。特别是中心性与便捷性容易加快街区空间功能转换，进而导致传统空间肌理、高度、密度和体量转变，开发处理不当会造成历史街区的破坏，使历史文化街区保护压力增大。20世纪90年代中，房地产建设对三坊七巷街区产生了一定程度破坏。

2. 从中观尺度句法分析来看

三坊七巷历史街区整体性、可识别性、中心性三方面都很强；三坊七巷周边地区人流量大，但内部人流量不大；坊巷的通视程度较好，便利性较高；坊巷内部用地结构中，传统遗留下来的用地布局结构基本上合理，新侵入的用地功能与街区整体功能的匹配程度较低，有的功能不适宜。特别是杨桥路和八一七路的功能繁杂，对街区可能造成不利影响。从空间句法来看，坊巷格局的变化会影响到街区内部自身句法特征。因此，作为强整体性、强可识别性和强中心性的历史街区，保护其坊巷格局、肌理与整体风貌格局非常重要，不能破坏其内部特征，包括街区的历史建筑、核心坊巷、节点地区（水系、围合空间）和敏感地区。目前坊巷通视程度比较好，便利性比较高，因此，在保护更新过程中，重要的在于改善它的用地功能，内部坊巷不应扩展。作为福州的重要中心区，要在保持居住功能的基础上，适度考虑其他诸如文化、展示和商业功能以增加经济收入，这是三坊七巷历史街区可持续发展的一种现实选择。

3. 从微观尺度句法分析来看

打通多进式院落的通道，可以提高院落间各种通道便捷度，可以增加人流量，同时可使院落的热点空间产生相对集聚。对大进深的三坊七巷历史街区来讲，可以在保持坊巷格局、肌理与整体风貌格局不变的基础上，是否存在着打通院落、寻求院落内部空间的便捷联系、提高大进深空间的联系度等方面，空间句法分析结果为我们提供了一种思考问题的思路，这也为三坊七巷历史街区的复兴带来一种可能的思路。

4. 关于空间保护和利用的几点结论

1）需要整体性保护的空间要素。根据空间句法分析理论，三坊七巷历史街区整体性强，可识别性强，从空间上来看需要加强对整体坊巷格局的保护。结合现有法律规范对历史街区和文物建筑以及保存较好的历史建筑的保护要求，可以得出需要严格地加以整体性保护的空间要素是：坊巷格局、街区肌理、文物建筑以及其他具有保存价值的历史建筑，如图4-12所示。

2）三坊七巷空间利用方向。根据三坊七巷历史建筑风貌、土地利用和建筑质量图层与该区特征点局部集成度插值图层叠加分析（图4-13～图4-15）来看，结合历史街区文物建筑保护的相关要求，可以得出如图4-16所示的空间利用方向。需要整体性保护的地域为图上的紫色区域，这些区域包含了文物建筑和有价值的历史建筑的所有分布地域；弹性调整区域则是图上的绿色区域，这些区域涵盖了建筑质量较好的有一定价值的历史建筑区域；更新改造区域则是图上的黄色区域，这些区域涵盖了建筑质量较差的和被改造破坏过的一般建筑的区域或是空地。

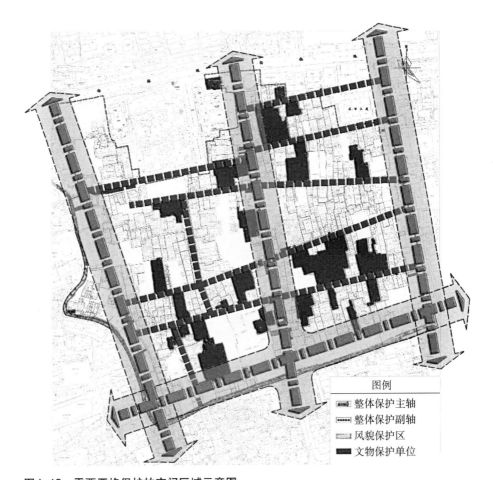

图例

▦▨▩ 整体保护主轴
▦▨▩ 整体保护副轴
▨▨▨ 风貌保护区
■■■ 文物保护单位

图4-12 需要严格保护的空间区域示意图

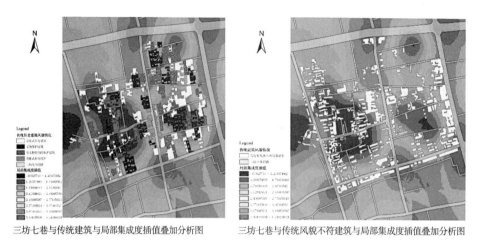

三坊七巷与传统建筑与局部集成度插值叠加分析图　　三坊七巷与传统风貌不符建筑与局部集成度插值叠加分析图

图4-13　三坊七巷各类传统建筑分布与特征点局部集成度插值叠加分析示意图

图4-14　三坊七巷土地利用分布与特征点局部集成度插值叠加分析示意图

三坊七巷需要调整建筑地段与局部集成度插值叠加分析图　　　三坊七巷较好历史建筑地段与局部集成度插值叠加分析图

图4-15　三坊七巷建筑质量分布与特征点局部集成度插值叠加分析示意图

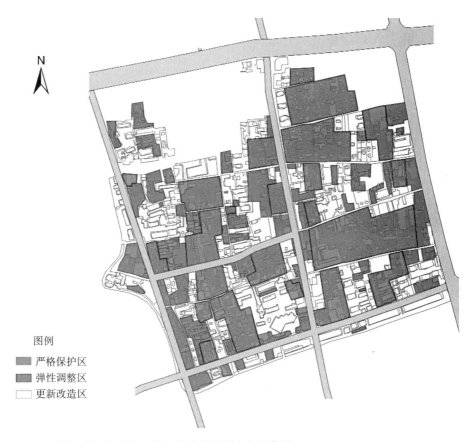

图例

■ 严格保护区

■ 弹性调整区

□ 更新改造区

图4-16　基于空间句法的三坊七巷空间利用方向示意图

五、关于复兴范式的几点思考

上文对空间句法最新研究成果进行了回顾和总结，并对三坊七巷空间结构进行定量分析，解释了潜存在三坊七巷空间结构中的一些基本规律和组构现象，本书试图在此基础上对三坊七巷空间复兴范式作深度剖析。

1. 促进"自然运动"——活化院落空间构形

"自然运动"对空间形态与人流运动的关系理论的研究表明，空间形态决定着运动流的分布。希列尔认为，运动密度的不同分布是由空间形态决定的。通过对建筑和城市空间构形的相关案例的研究分析，然后与实际观察到的活动和功能进行比较，在剔除了各种干扰因素后，发现空间构形与空间中的活动有着非常明显的对应关系，集成度和可理解度比较高的地方，往往具有比较多的人流和车流。"自然运动"给我们的启示是：实体改变可以通过其空间构形对运动结构的微妙影响，引导并预测人们在空间中的、看似复杂和随机的聚集状态，以更加有力地指导设计实践。

三坊七巷的院落结构多为大进深，最深的5进进深达100米以上；通道空间与公共空间混为一体，通道空间不明晰；院落空间基本上被围墙割断，相邻院落的联系困难；每进的院落只有南门一个入口。以上特点造成院落极为封闭，防火隐患大，使用极为不方便。院落之间打开通道组成新的内部动线成为一种潜在的需求。图4-7林聪彝故居与欧阳花厅地块院落打通通道的示意图上可以看出，图上蓝色是新增通道，林聪彝故居地块院落新增2个通道，扩大7个通道；欧阳花厅地块院落新增5个通道，扩大5个通道。同时院落内部环线通道可以形成。

通过空间句法分析，从林聪彝故居和欧阳花厅地块院落内部通道打通后通道、连接处、角落三种空间的组构特征变化是：大部分通道（75%）的局部集成度值有着明显提高，说明在通道打通后可以适度提高人流容量；平均深度值有明显下降，连接度值明显增加，说明通道打通后空间便捷度有明显提高。连接处空间局部整合度提高，平均深度降低明显、连接度提高，说明可容纳的人流量加大、便捷性提高。多数"角落空间"平均深度降低，反映整体便捷性提高。这与"自然运动"对空间形态与人流运动的关系研究结果是一致的，也印证了希列尔的空间形态决定了运动密度的不同分布的观点。即在不改变坊巷格局、肌理和整体风貌的基础上，通过打通院落之间的通道，改变既有大进深的空间构形，活化院落空间组构，为多种使用提供空间支撑，增加空间的运动密度，滋生各种功能，活跃各类活动，催升人气指数，创造各种培育文化、经济、产业等机会，促进三坊七巷的持续保护、永续利用、和谐发展。

2. 催生"运动经济体"——实现街坊院落功能的多样化

通过运动来研究城市功能和形态之间关系，运动经济体理论认为，城市空间结构通过人流运动而影响城市功能和运行，城市功能可看作为运动的增殖效应，城市可看作在结构形态作用下的"运动经济体"。因此，"运动经济体"是通过运动来理解上至整个城市、下到单体建筑的功能和形式之间关系的普遍原理。按照运动经济体理论中，形式—运动—功能的关系范式，对三坊七巷来说，活化空间构形—增加人流密度—催生各种功能，创造三坊七巷功能的增殖效应，促进三坊七巷的持续保护和发展，这可以成为三坊七巷功能复兴范式的路径选择（图4-17）。

图4-17　三坊七巷复兴的路径选择

根据空间句法分析，三坊七巷在催生"运动经济体"，催生街坊院落功能方面具有以下有利条件：一是从全局集成度与局部集成度相关性来看，三坊七巷与老城区的整体空间被感知的程度比较高，能够比较好地从局部空间特征中感受到整体形态结构，这对三坊七巷整体形态功能的打造具有广阔的前景。二是从全局集成度最高的前10%提取四个时期的全局集成核轴线，三坊七巷历史街区和外围道路始终是全局集成核的核心部分，表明该地段中心性较强，具有很强开发潜力，为三坊七巷打造成城市功能集聚中心提供了可能。三是三坊七巷及其附近地区的轴线在演变过程中，轴线具有较高的全局集成度与局部集成度，具有较低的平均深度，该地区人流密度高与便捷性高，为其成为具有发展潜力的多种功能区混合的"黄金地段"提供了现实基础。四是从三坊七巷20年全局集成度T值对比数据来看，街区内部多数街道T值增加，说明三坊七巷中心性有所上升，周边主干道地位更有提升，是城市最具吸引力的地方，使各种魅力功能的打造成为可能。

3. 引导空间自组织性的良性循环——提高三坊七巷总体效率

空间自组织性理论主张：城市空间功能具有自然形成的自组织规律。空间自组织性规律有四个方面的内容：一是无论原始部落、传统城镇，还是住宅、现代小区、当代城市等，它们的空间组织与构成具有社会逻辑，它不仅是客观的物理过程，也是主观的社会构建过程。二是各种空间与社会活动具有相辅相成的自组织规律，"突现的"空间组构通过影响人车流分布，影响用地分布和功能结构，用地分布和功能结构具有反馈与倍增效应，反过来又自然影响空间组构，通过不断演变与调整，经过较长的时期，就会形成较为成熟而复杂的空间形态，使空间的形式、功能、社会与文化等因素比较好地吻合在一起（Hillier）。三是空间组构与社会经济因素的互动可发生在不同尺度上，诸如从街道到整个城市区域，当不同尺度的空间与社会组构叠合在一起时，就形成了城市中心。文化等因素选择性地将不同尺度的组构分开，在一定尺度上形成了一定的空间布局、用地布局、功能布局及社会构成。四是不同的社会组织与空间组构密切相关联，并且通过各种自组织方式得以平衡。因此，可以通过改进空间组构提高社会机构的运行效率，进而促进社会和谐发展。

根据空间自组织性理论的基本规律，在对三坊七巷历史街区进行保护更新和复兴的过程中，要注意以下几个方面的问题：第一，通过空间句法的全局集成度对福州四个时期的空间演化分析和三坊七巷空间格局、肌理、风貌形成分析来看，三坊七巷历史街区完全符合空间自组织性规律，应当维护坊巷院落的客观形成过程，尊重和严格保护目前的三坊七巷空间格局、肌理、风貌以及三坊七巷与城市形成的固有格局；要加强主观的坊巷构建过程的整治引导，促进已经被破坏和改变了的空间格局的整治和改善。第二，要根据各种类型的空间与社会活动相辅相成的自组织规律，充分合理地利用"突现的"热点街区和坊巷空间、内部院落空间组构，有意识引导好人流的合理分布，改善好街坊和院落空间的用地分布和功能结构，实现空间的形式、功能、社会与文化等因素较好地吻合。第三，要通过街区、坊巷空间、内部院落空间组构与社会经济文化因素组构有机叠加，促进三坊七巷尽可能形成一系列明确功能的热点中心，把文化等因素选择性地固化在不同尺度的街坊和院落组构之中，使三坊七巷历史街区形成不同尺度的空间布局、用地布局、功能布局和社会构成。第四，引导不同的社会组织妥善利用各种类型的空间组构，形成不同的空间使用形式，产生各种"有意味"的空间类型，创造符合社会要求的空间组构价值，进而通过各种自组织方式的合理引导得到保护和发展的有序平衡，以提高社会机构的运行效率和三坊七巷使用效益，促进和三坊七巷历史街区的有效、有序、有益的保护及和谐发展。

4. 培育创意"意念社区"——活跃社会行为和社会活动

"意念社区"理论认为，空间结构形态可以通过共同在场和相互联系模式影响社会行为。通过改变空间结构，空间设计对运动和空间使用产生影响，并改变了共同在场的构形和人们相互联系的模式，继而对社会行为产生作用

（图4-18）。"意念社区"不是人群的简单聚集，它有着一定的结构，即不同人，包括住户和陌生人，男性和女性，成人和小孩等，其共同在场的模式和使用空间的目的等的差别。这些差别较多地反映出了空间结构所起的潜在作用。通过空间句法的定量分析，上文得出了三坊七巷历史街区中的9条坊巷的平均深度都在4以下（颜色呈褐色和红色）的结论，说明这些坊巷使用的便利性比较高，通视程度比较好；院落之间通道打通后，院落的通道、连接处、角落三种空间平均深度值都下降。因此坊巷院落所构成的公共在场空间的便利性得到提高，相互联系的便捷度加大，联系模式的灵活性加大，对于活跃邻里关系，开展各种社会活动，培育具有创意的"意念社区"具有很好的条件。

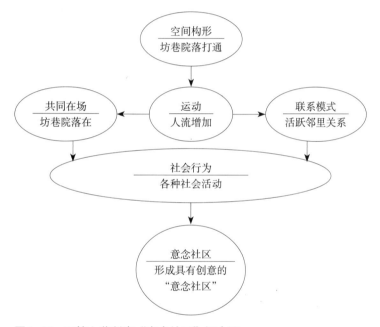

图4-18　三坊七巷创意"意念社区"概念图

六、本章小结

1. 应用空间句法原理

本章从城市整体、三坊七巷历史街区内部及建筑院落三个空间尺度来研究历史街区的空间形态结构特征，得出三个结论：从宏观层面来看，一是三坊七巷和它的附近地区形成了城市功能集聚中心，从而成为具有较强开发潜力的地区。二是三坊七巷和它的附近地区的轴线在演变过程中，轴线具有较高的全局集成度与局部集成度，以及较低的平均深度，说明该地区具备非常好的中心性，人流密度较高与便捷性较好，从而使其成为具有发展潜力的功能区，成为"黄金地段"。从三坊七巷20年里变化来看，它的地位有些上升，它周边主干道地位更为提升。从中观层面来看，三坊七巷历史街区有着强整体性、强可识别性、强中心性的特色；三坊七巷周边地区人流量大，但内部人流量不大；坊巷的通视程度比较好，便利性比较高；坊巷内部的用地结构中，传统遗留下来的用地布局基本合理，新侵入的用地功能与街区整体功能的匹配度较低，有的功能不适宜。从微观层面来看，通过打通多进式院落的通道，可以提高院落间各通道的便捷度和增加人流量，使院落的热点空间产生相对集聚。

2. 根据空间句法的分析结论，提出了三坊七巷复兴范式的思考

一是促进"自然运动"，活化院落空间构形。二是催生"运动经济体"，实现街坊院落功能的多样化。三是引导空间自组织性的良性循环，提高三坊七巷的总体效率。四是培育创意"意念社区"，活跃社会行为和社会活动。

注释：

① 20世纪50年代波士顿进行了一系列规划来实施都市复兴，明显改变了该城市的空间结构，新建了成千上万户家庭住宅，但是却失去一座最具活力的社会。这些项目的实施造成了重大的破坏性影响，使波士顿成为城市复兴的一个典型例子，波士顿市为了补救过去项目所造成的许多问题，开展了一个大规模的改造，即著名的"大开掘"计划，用一个新的城市公园来替代一条穿过市中心的6车道快速干道，进而对城市结构进行整合。

② 对不同年代的城市空间集成核，每条轴线的全局集成度值进行标准化Z分数及其线性转换计算，通过该分析了解三坊七巷街道地位变化。在SPSS分析模型中，从平均数μ，标准差为σ的总体中抽出一个变量x，Z分数表示的是此变量大于或小于平均数的几个标准差。由于Z分数的分子与分母单位相同，因此Z分数没有单位，能够用来比较从不同单位总体中抽取的变量值差异，即：$z = \dfrac{x - \mu}{\sigma}$ 由于Z分数常会出现负数和带小数点的值，不便比较。因此，通过T数值对Z分数进行线性转换，使之成为正数值T = 10Z + 50，从而，根据各条轴线Z分数的T分数值差异，确定不同年代集成核轴线的相对数值与集成地位变化特征。在SPSS软件Analyze分析模块帮助下，计算出不同年代集成核轴线标准化Z分数及其线性转换T分数值。从1919年与1948年两年的集成核轴线标准化Z分数及其线性转换T分数值统计数据分析。

③ 三坊七巷原先有十条坊巷，三坊为"衣锦坊、文儒坊、光禄坊"；七巷即"杨桥巷、郎官巷、塔巷、黄巷、安民巷、宫巷、吉庇巷"，目前杨桥巷已不复存在。

第五章

三坊七巷整体性保护研究

历史街区能带给现代都市人的首要的是它有助于现代都市人对自身及自身与环境关系的领悟和理解。历史文化遗产，其本质含义就是人类过去经历的记录，历史文化遗产呈现于现今世人面前的是，可以通过自身载体一定程度上恢复人类对过去的记忆。其正是传统社会遗留至今的人类智慧的结晶和历史进步的标志（陈立旭，2001）。保护城市历史文化遗产，保存城市的记忆，承续历史文脉，是现代人类生活发展的必需。因为，随着经济越发展、社会文明程度越高，保护历史文化遗产的工作也就因历史记忆而越显重要，而历史文化遗产存续的环境就是历史街区。因此，历史街区当然应该成为当今城市历史文化保护工作的重点。只有通过成片的历史街区才能营造浓厚的传统历史文化氛围，从而给人们以"历史城市"的感觉，才能获得世人广泛认同，从而被称为名副其实的历史文化名城。保护历史街区，就要充分体现和保持历史街区的真实性和独特性、完整性，保留好街区的人文色彩。因此，城市保护与更新过程的首要任务就是实现对历史街区的整体性保护。

一、整体性保护的概念、内涵及其发展

整体性保护（Intergrated Preservation）理念最早是1970年在意大利博洛尼亚的城市发展中所提出的。这种理念主张：对城市文化的保护不只是保护历史建筑，还应当是一种活的保护，即，保护居住于其中的社会阶层，并通过适宜的环境与政策的提供，使这些社会阶层，连同其所创造的制度、精神文化一并融入现代社会的生活秩序中去（袁菲，2005）。在宏观层面上的历史城市的整体性保护，不仅包括对文物古迹和历史地段的保护，还包括对城市经济、社会和文化结构中的各种积极因素的保护和利用。历史街区层次上的整体性保护，是指不仅要对文物古迹进行保护，还要对历史环境、文化生态的保护以及地方特色和场所精神进行保护（范文斌，2004）。

（一）整体性保护概念的提出及其发展

20世纪60年代，欧洲进行了大规模的战后重建和新建，城市文化遗产大量消失。1966年，ICOMOS在捷克斯洛伐克召开了关于历史城区保护的国际会议，会议强调应该保护历史城区的完整性，指出城镇规模是保护城镇结构、城区完整性的重要因素，在必要时需予以控制；历史城区的重要特征是通过其广场、街道和街区形制体现，应在规划部署中明确保护这些要素；历史城镇及其周边环境的保护，应注意满足人们在物质和精神两方面的需求[①]。

20世纪70年代，随着石油危机爆发，城市的新开发建设项目出现了滑坡，这促使人们开始思考如何利用现有的设施和资源。主客观因素的共同作用使得70年代成为欧洲历史文化遗产保护的一个关键时期。在战后的经济快速发展时期，意大利博洛尼亚选择了以保护和再生为中心的发展模式，首次在世界上提出"把人和房子一起保护"的口号，不仅保存历史遗存物，还留住生活在其中的社会阶层。1974年，"欧洲实验计划"第二次座谈会在博洛尼亚召开，此次座谈会上，"整体性保护"的观念得到了一致的正式肯定，成为复兴城市历史的有效准则。

1975年，为振兴处于萧条和衰退中的欧洲历史城市，欧洲议会发起了"欧洲建筑遗产年"的活动。该活动期间，通过的欧洲议会（Council of Europe）决议案，给予了城市保护最全面的定义，提出了"整体保护"（Integrated Conservation）一词，旨在"保证建筑环境中的遗产不被破坏，主要的建筑和自然地形能得到很好的维护，同时确使被保护的内容符合社会的需要"（阮仪三，1998）。同时，欧洲议会部长委员会通过了《建筑遗产的欧洲宪章》，特别强调：建筑遗产是人类记忆的重要部分，它提供了一个均衡和完美生活所不能或缺的环境条件，城镇的历史地区有着历史的、艺术的、实用的价值，应该受到特殊的对待，不能把它从原有环境中分离出来，而要把它当作整体的一部分得到尊重和保护。

同在1975年，在阿姆斯特丹举行了作为"欧洲建筑遗产年"重要事件的欧洲建筑遗产大会。该会议通过的《阿姆斯特丹宣言》明确了"整体性保护"的概念及其实施过程中的要求，指出："在城市的规划中，文物建筑和历史地区的保护至少要放在跟交通问题同等重要的地位"。此后，整体性保护的观念和实践探索在欧洲开始走向成熟（张松，2001）。

[①] 来源：http://www.international.icomos.org/publications/93towns7b.pdf

1976年，《内罗毕建议》要求，"在农村地区，所有引起干扰的工程和经济、社会结构的所有变化应严加控制，以使具有历史意义的农村社区保持其在自然环境中的整体性"。在这里，整体性已经考虑到经济、社会等方面的影响。

1987年，在美国华盛顿举行的国际古迹遗址理事会通过了《保护历史城镇与城区宪章》（即华盛顿宪章），提出：为了最大限度地生效，历史性城市和区域的保护必须是一项关于各个层次的经济与社会发展，以及体型规划的、完整的、政策的组成部分。还规定了保护的原则、对象、方法和措施。

21世纪以来，整体性方法又有了新的发展。在《历史性城市景观宣言》和《西安宣言》中，动态环境引起了人们广泛的关注。《景观宣言》指出，在对历史城市景观的结构性干预中，功能用途、社会结构、政治环境以及经济发展均不断变化，应该承认，这些变化也是城市传统的一部分。《西安宣言》强调了承认、保护和延续遗产建筑物或遗址及其周边环境的意义，指出：历史区域周边环境发生的变化所产生的影响，而且这种变化的速度是一个渐进的过程，对这一过程必须进行监控和管理，以保留其文化重要性和独特性。这些对历史文化遗产所关联地域及动态变化的新认识，丰富和扩展了历史文化遗产的完整性的内涵。

从博洛尼亚实践到《西安宣言》，整体性保护的内容变得更为多样与成熟，更多地延伸和联系到经济、社会、生态等诸多领域，这种延伸和联系对文化遗产的保护具有重要的意义（张松，2001）。

（二）整体性保护的主要内涵

整体性保护有着深刻的内涵，它不仅关注遗产物质实体和历史脉络的保护，还关注延续日常生活所承载的经济、政治、社会、文化各方面的因素；不仅关注静态的保护，更关注历史未来的发展。这种保护观对认识历史文化遗产的价值，提升保护理念和保护方法具有深刻的意义。

1. 物质实体的保护

整体性保护的第一个内涵就是将对历史文化遗产的保护从对单一建筑遗产保护扩展到对遗产整体环境的保护，如《威尼斯宪章》和《内罗毕建议》所指出的：历史古迹的概念不仅包括单个建筑物，还包括能从历史城市或乡村环境中找出一种独特的文明、一种有意义的发展或一个历史事件见证；一座文物建筑不能从它所见证的历史和它所产生的环境中分离出去；每一个历史的或传统的建筑群和它的环境，应该被视为一个有内聚力的整体来看待。其平衡和特点取决于其所组成的各要素的综合，这些要素主要包括：人类活动、建筑物、空间结构和环境地带。由此可见，"遗产实体+环境"已经成为历史文化遗产保护的一条重要原则。

2. 社会经济文化的延续和复兴

从博洛尼亚的实践开始，人们越来越认识到整体性保护是"活"的保护，除了物质实体环境，还要保护负载在物质遗产实体上的人文文化和社会生活形态，复兴历史地段。所以，相比单纯物质实体的保护，更需要依托现有的文化资源，合理地进行综合利用，延续遗产地的社会功能特征，保持地方社区结构和居民生活方式的稳定与发展。

一是要关注人文文化的延续和发展。人文文化要素，如传统艺术、民间工艺、民俗精华、传统产业等，这些都具有地方特色的历史文化传统，是一地地域特色和精神归属的根基，具有极强的不可再生的文化内涵，它们与物质遗产相互依存，共同构成历史文化环境独有的传统特色和价值。《马丘比丘宪章》指出：城市的体型结构和社会特征决定了城市的个性和特性。因此，不仅要保存和维护好城市的历史遗址和古迹，还要继承一般的文化传统。《华盛顿宪章》认为：城市的历史特色以及形象地表现着其特色的物质的和精神的因素的总体，都应该予以保护。我国近些年来较为成功的历史地段保护实践，无一不是以整体保护为基础，依托物质遗产实体，将地方文化传统作为扩大城市影响力和软实力的重要资源，以文化促进经济，以保护促进发展，恢复传统文化活力，实现地方历史文化传统的延续和提升。

二是复兴历史区域，与经济发展相辅相成。原住房和城乡建设部仇保兴副部长在评价三坊七巷时指出，"三坊七巷是城市经济活力和多样化的主要载体，要首先认识到它的经济性"。毋庸讳言，历史街区作为祖先留给我们的珍惜物质和精神财富，是社会经济发展的重要资源，以恰当的方式利用好它们，更新我们的生活方式，必然会取得难以估量的经济效益。这在国内外的规划实践中都得到不同程度的证明。在欧洲，许多国家通过法律法规的支持，并利用经济手段来调动保护的积极性和确保规划意图的实现。如，英国名城保护法规《（登录建筑和保护区）规划法》政策导则第15条：在推动经济繁荣中，保护历史及自然环境能起到重要作用，如可以繁荣旅游业的增长，抑或因生活、工作环境的改善从而吸引本地区的投资，在许多经济决策中环境价值成为越来越重要的因素。《马丘比丘宪章》第九条文物和历史遗产的保存和保护中规定："保护、恢复和重新使用现有历史遗址和古建筑，必须同城市建设过程结合起来，以确保这些文物具有经济意义并延续其生命力"。

三是体现场所精神，促进社会进步。历史街区等历史地段是居民生活的载体，是"活"的有机体，与纯纪念性的文物保护单位不同，它由多样化的城市功能组成，又处于不断发展的更新过程中，不能因为保护历史环境而牺牲历史街区的宜居性和创造性，而是"采取措施保护它们，恢复它们，整体地发展它们以及使它们与当代生活和谐地适应"（《华盛顿宪章》）。因此，对历史街区的保护"不只是为了过去而过去，而是为了现在而尊重过去"（F·吉伯德等，1983）。保护的目标之一是要建立一个设施完善、环境优美、充满古韵、文化内涵丰富的宜人生活环境，除了保护遗产的美学或文化价值外，还要保护和延续街区的社会自组织关系。

二、国内外历史街区整体性保护的实践

（一）外国历史街区整体性保护的实践

1. 博洛尼亚的实践

20世纪70年代，博洛尼亚城市历史街区在开发后其住宅就面临走向贵族化（Gentrification）的倾向。要改变这一点非常困难，由于居住在原社区里的都是低收入家庭，没有能力承租经过改建后的房屋。当时的博洛尼亚市政府由意大利共产党执政，市政府聘请了著名的罗马建筑规划师柴菲拉提（P. L. Cervellati）担任总规划师，提出了整体规划，其要点就是：以公众住房基金来改善社区居民的居住环境，保护古建筑。以法律形式规定其中90%以上的旧住户必须留下来，该社区中，低收入家庭的租金不能超过其家庭收入的12%～18%，实现历史街区里"什么样的人就住什么样的房"的旧城改造目标。此项改造规划兼顾了社区中低收入家庭和小店主的利益，故深得居民欢迎，群众参与的热情非常高。在社区居民的参与下，博洛尼亚的保护与更新工作取得了极大成功（图5-1）。

博洛尼亚的成功经验表明，在历史街区中，整体性保护与更新需要重视以下几个方面：一是关注"整体性"。历史街区的"整体性保护"就是，在历史街区文化遗产保护上，不仅要保护有价值的历史建筑，更要保护生活在那里的居民的原有生活状态，而留住原住居民，即是保护历史街区生活的真实性和传统文化的延续性。二是关注弱势群体。因各种历史原因，在历史街区保护和更新时，历史街区原有居住的低收入家庭已转化为弱势群体。历史街区的"整体性保护"应该关注这些弱势群体，使他们能够生活在一个城市设施完善的、环境优美的，而且充满古韵的和文化活动丰富的社区之中。三是政府政策制定的重要性。整体性保

图5-1 博洛尼亚城市历史街区

护历史街区不仅需要技术和知识，更需要制定出相关的社会政策，调动多方面的积极性。政府政策应切实可行，在经济、技术、社会等层面具有可操作性。四是强调公众参与。这比保护历史建筑更重要，只有扎根社区、符合民意的保护与更新，才能得到历史街区多数原住居民的欢迎，也才能体现出历史街区历史文化遗产保护的人文价值。

2. 日本和美国的实践

日、美等国家也先后提出了历史街区整体性保护的观点。

1977年，日本在《第三次全国综合开发规划》中提出了要对历史环境中有形的物质形态和其背后无形文化的整体性保护的观点："通常，在历史环境的保护中，与特定的文化财产的保护、保存相比，居民自觉地关心生活中的文化要素和以城镇空间与历史共存的方式进行的保护更为重要。""不只限于文化财产……与居民的生活和意识息息相关的，有意义的祭祀、节庆活动等……一道构成了反映民族发展轨迹的整体。"（范文兵，2004）

1990年，美国通过的《查尔斯顿原则》（Charleston Principles），提出了整体性保护的具体建议：一是对历史建筑与历史性场所确认并认定，即那些能构成社区特色、有利于社区将来的、健全法制的建筑和场所；二是利用现存的历史住宅区以及相邻商店的价值，复兴和发展整个社区，并提供一些设计良好的中低层收入住宅；三是尊重当地社区的历史遗产，制定该社区整体发展政策，强化其可居住性；四是在组织管理上建立激励机制，以促进历史保护工作；五是必须把保护历史性场所作为它的既定目标，贯彻于城市规划的土地利用、经济发展及交通、住宅的建设中；六是赋予当地居民保护该文化资源应有权利，理解每个社区在文化上的多样性；七是要利用历史遗产来教育不同年龄和层次的市民，增强市民的荣誉感；八是要对新建筑精心设计，要善于对历史建筑与历史性场所经营管理。《查尔斯顿原则》从整体性保护的角度，明确了保护的基本目的不仅是要留住时光和简单的物质形态，还要适时而敏锐地调适各种不断变化的力量，为生活在历史建筑中的人们创造一种更加美好的社区生活。保护，更重要的是对该地区业已形成的建筑文化特征的演化方式的留存和借用，而不仅仅是对建筑的文化特征中历史记忆的静态保留。

（二）国内历史街区整体性保护的实践

国内对历史街区的保护与更新也进行了长期的探索和实践，有诸多经验和教训。历史街区整体性保护思想的发展，经历了"单体建筑保护→单体建筑+环境的保护→单体建筑+环境+非物质文化的保护"三个阶段。同整体性保护的思想相一致，历史街区的保护对象已经从单体的建筑物发展到整体的历史街区环境，从人工构筑物到自然景观，保护的内容越来越丰富，保护的层次也从物理的、现象的向文化的、精神的方面提升发展。我国历史街区的整体性保护过程中比较典型的案例有苏州桐芳巷、北京南池子、重庆磁器口、浙江绍兴等。

1. 桐芳巷模式

苏州于1992年在桐芳巷地段进行了历史街区保护与更新的试点，实施全面改造建设。桐芳巷位于苏州古典园林的狮子林的南部，面积约为3.6公顷。1992年11月动工，工程历时3年。项目总投资1.5亿元，是当时国内唯一一个对历史文化名城进行成片区综合改造的探索性的项目。该地段采用了土地出让、商品房开发的模式。除保留一栋质量较好的老建筑外，其余均拆旧新建。新建过程中，建筑风貌设计上强调了"再现和延续"古城的风貌特色，采用了一些具有苏州地方特色的建筑符号。道路系统上保留了原有"街、巷、弄"的历史街区格局，并适当拓宽打通。从风格和尺度上，新建筑和小区空间结构接近苏州传统，整个小区的风貌与古城整体风貌基本协调。桐芳巷地段的建筑大都采用了独立和半独立式小住宅，以求得新建筑在体量、风格和空间上与传统特色协调。苏州桐芳巷属于我国历史街区保护与更新的较早实践模式，这种模式倾向于物质形态的保护和更新，注意保护历史街区在建筑形态、体量、空间上传统风貌的延续，但欠缺对历史街区居民生活的延续性（图5-2）。

图5-2 苏州桐芳巷（来源：苏州桐芳巷保护规划）

2. 南池子模式

北京市按照《北京旧城二十五片历史文化保护区规划》实施，确定了"整体保护、合理并存、适度更新、延续文脉、整治环境、调整功能、改善市政、梳理交通"的修缮原则，即最大限度地保存较好的四合院，以及可以修好的四合院，达到保护其历史真实性和所携带全部信息的目的，并在南池子普渡寺地段进行了历史街区保护与更新的试点。关于南池子的修缮和改建，曾进行过三次专家评审会，对规划方案进行反复论证后确定，南池子的改造将重点保护普渡寺等文物建筑，尽量保持原有街巷格局，遵循保持原有院落基本风貌的原则进行修缮，不搞大拆大建。居住建筑基本遵照原有的宅基地，其走向形式大致不变，最大限度保持街区历史肌理，保证建筑外部空间环境的持续发展，也使得原有胡同得以保留。对居民的安置，实行就地留住、外迁、房屋置换相结合等方式，鼓励外迁（图5-3）。

3. 重庆磁器口模式

1998年，在国务院批复的《重庆市城市总体规划》中，将磁器口确定为重庆市主城区两个必须重点保护的历史街区之一，并将其纳入《重庆历史文化名城保护规划》的保护体系。磁器口是重庆山城历史文化的典型代表，历史街区保护提出"整体性的保护思想"。规划中采取整体性保护方法，将山地自然环境保护

图5-3　北京南池子（来源：北京旧城二十五片历史文化保护区规划）

与历史人文环境保护相结合，空间环境、历史建筑保护与地方文化传统保护相结合，以完整的保护街区的地域文化特色。除自然环境、传统街道、历史建筑等物质环境的保护外，将非物质形态的文化传统、民俗活动作为保护的重要内容，最大限度地保护和扶植了地方文化。保护规划实施之后，除了环境整治以及基础设施改善、保护建筑的修复与更新之外，还复兴了具有当地特色的传统文化——大力恢复了民间工艺、茶馆、川剧清唱、传统饮食等重庆地方文化，结合现代城市生活的要求积极开展旅游活动，产生了良好的社会影响和经济效益（图5-4）。

图5-4　重庆磁器口（来源：重庆市磁器口历史文化街区保护规划）

4. 绍兴模式

绍兴大规模的恢复性保护始于2001年，古城保护规划一经省政府批准，恢复性的保护随之展开。绍兴历史街区保护的经验总结为：一是原汁原味的保护，即对街区内各级各类文物保护单位实行了原址、原物、原状的保护，不在文物古迹上"动手动脚"；二是原模原样的恢复，对街区内的河道水系和水乡风貌带实行了原生态的恢复；三是有根有据的重建，对街区内的重要台门、院落等进行了维护与重建；四是有脉有络的创新，对街区主要道路两侧部分新建的建筑，按传统风格实施了立面改造。绍兴的古城保护规划，围绕"名人故里、碧水绕城、粉墙黛瓦、古桥连绵"的古城风貌，实施"重点保护、合理保留、局部改造、整体改善"的原则。绍兴投入10多亿元，保护修缮了仓桥直街、书圣故里、鲁迅故里等五大片历史街区，保护历史遗存，恢复传统民居，再现古城风貌。除了"点"的保护，还向"线"和"面"上进行拓展，保护历史街区、古城格局、传统风貌，进而到"全城保护"，使得城市整体风貌浑然一体。布局上，绍兴划成"四大组团"：老城区以保护、旅游、居住

图5-5 浙江绍兴（来源：绍兴古城保护规划）

为主，陆续迁出了工厂、企业，保证了原始街区的完整性；对生活在老街老巷的居民，在不改变外部立面的前提下，允许他们改造内部结构，以更适宜居住；新建房屋采用江南特色的外部装饰，与城市风貌相协调；新建居民楼多用灰墙黑瓦，体现江南民居风格。绍兴模式的核心是：在旧城改造中，改建和保护相结合，让居民继续居住在历史建筑中，作为延伸历史文脉的手段，这就是绍兴古城保护的高明之处；保护文化遗产的投入是可以产生经济效益回报的投入，文化遗产所具有的精神动力和智力支撑的功能，就是对当代生产力发展核心要素的培育（图5-5）。

（三）我国历史街区整体性保护存在的问题

总结我国历史街区保护的发展与现状，在历史街区整体性保护中存在以下五个方面的问题：

1. 重规划原则轻实施措施

根据历史文化遗存保护的法律规范及要求，历史街区在制定保护规划时，大都提出了"整体保护"或"整体性保护"的原则，但是该原则在某些历史街区的保护实施时流于形式，没有落到实处。究其原因，一则"整体性保护"涵盖面广，涉及保护更新的方方面面，对如何"整体性保护"、"整体性保护"到何种程度，导致在保护与更新实施过程中产生歧义；二则"整体性保护"带有复杂的社会、技术、经济层面，要求有足够的社会、技术、经济条件进行保障，但实施过程遇到这样或那样的困难，未能落实贯彻整体性保护原则。也有少数的历史街区改造偷换概念，"整体性保护"成为一句空话，争议较大。

2. 重单体建筑轻历史环境

部分历史街区保护与更新把保护单体历史建筑与其环境孤立起来，仅停留在对单体历史建筑的保护。历史建筑离开了其发展演化的环境，现阶段对于街区的认识往往停留于建筑的层面，有些建筑群体化。究其原因，首先在于建筑和建筑群是构成街区的基本物质实体单元，是内容表现的形式，更有利于操作和把握；其次，因现代城市规划源于现代建筑学，其思想脱离不开建筑学的思维模式。但相对于复杂的历史街区而言，这样的规划，本质上就变成了一种实体形态效率和美学上的设计过程，或者是建筑学的扩大化，不利于历史街区的保护。

3. 重物质形态轻场所精神

没有把场所精神、生活状态作为历史街区的有机组成部分。部分历史街区改造更新之后，原有居民难以回迁，历史街区特色的社会网络遭到破坏，邻里关系荡然无存。对于非物质形态文化如何结合街区进行保护则有语焉不详之嫌。主要表现为：如何认识文化的完整性和发掘文化的深厚底蕴、如何展示文化的历史完整性，如何更清晰地认识传统文化的多样性和历史更替。国务院出台了《关于加强文化遗产保护的通知》和《关于加强我国非物质文化遗产保护工作的意见》之后，人们开始重视对历史街区非物质文化遗产进行保护，包括历史街区特有的传统表演艺术；民俗活动、礼仪、节庆；传统手工艺技能，等等。

4. 重静态控制轻动态推进

历史街区保护与更新，以逐步恢复和延续街区传统历史风貌为目的，是渐进式的街区改善行为，其实是一种动态过程，并不是一次到位的最终结果。由于各种因素影响，我国历史街区保护还存在"一次到位"的急进式的方式，重近期成效，而忽视了历史街区整体性保护的要求。

5. 重消极保护轻积极发扬

基本采用"修旧如旧"的历史保护方法与形态模仿两种方式，在观念上局限在对历史建筑本身的保护，没有从城市的整体角度把历史保护与新的景观创造结合在一起。随着社会发展与人本思潮的回归，有着厚重历史积淀的历史街区越来越成为重要的"城市名片"，成为延续历史文脉的重要载体。在新时期保护与更新历史街区过程中，整体性保护理应成为遵循科学发展观、建设和谐社会的重要举措。

三、历史街区整体性保护的概念与原则

（一）历史街区整体性保护的概念

历史街区整体性保护，指的是对那些反映社会生活和文化多样性的自然环境、人工环境和人文环境诸多方面，包括具有历史特色和景观意象地区等进行的整体性保护，不仅要保护历史街区中的历史建筑及其周边环境，以及与其相关的风貌特色，还要保护历史街区的生活形态、文化形态和场所精神。其中，生活在历史街区的原住民是历史街区最活跃的要素，是历史街区生活中的真实性和延续性最直接体现。因此，历史街区整体性保护包括物质遗存的保护、历史环境的保护、非物质遗产的保护、原生活形态的保护以及场所精神的保护。

（二）历史街区整体性保护的原则

1. 风貌的完整性原则

历史街区无论就其整体风貌、空间格局，还是其社会生活、场所精神，都不是孤立存在的，是和城市的发展息息相关的，与所在城市的文脉要素整合为一有机整体。同时，历史街区内部也是一个复杂的系统，其中，多种利益主体、多层面因素相互依存、相互作用。因此，整体性保护要求从系统角度保护历史街区风貌的完整性、生活的延续性，把历史街区更新作为一个统一的整体，从各组成部分及其相互之间存在的关系出发，寻找历史街区保护与更新的最佳途径。

2. 历史的原真性原则

历史街区的历史原真性主要体现两个方面。一是物质实体的原真性，即要从设计、材料、工艺、环境等方面维护历史街区物质遗存的原真性；二是体现在历史街区社会生活的原真性，也就是说，历史街区现实生活中，考虑功能和使用的原真性，从而切实做到文化遗存的保护、发展和利用。

3. 生活的延续性原则

历史街区要将文化、宗教、社会活动的丰富性和多样性，准确如实地传递给后人。因此，历史街区的整体性保护要体现城市空间形态和社会生活方式的多样性，并将这种多样性延续和传承下去。

4. 文化的多样性原则

长期的历史沉淀中，历史街区形成和保存了丰富多样的文化类型，如传统国学文化、宗教文化、民风习俗文化、建筑文化、宗庙文化及其他各种工艺文化等，历史街区的整体性保护要弘扬文化的多样性，体现其鲜活的生命力。

5. 文化背景保护的原则

历史街区与城市的发展相辅相成，在长期发展中形成了文化积淀丰富、山水和谐的街区环境，与其自身所处的物质的、视觉的、精神的以及其他文化层面的背景环境之间有着重要的联系。历史街区的整体性保护要继承和发扬传统的和谐发展观念，为历史街区恢复和发展提供一个良好的背景环境和文化生态环境。

四、三坊七巷整体性保护方法研究

（一）三坊七巷保护历程

三坊七巷保护项目拆迁涉及面广（涉及社会方方面面利益），保护维修难度大（多数文物古迹、名人故居已破坏严重，面目全非）；投入资金巨大（仅文物维修保护一项就需资金近2~3亿元人民币），保护和更新的方式、价值和社会认同长期以来一直无法统一，功能定位和实施保护方案无法确定。政府几次启动建设均以失败告终。香港长江实业（集团）有限公司1993年开始启动三坊七巷保护改造工程，虽然也提出以保持原有的坊巷格局和风貌为规划大前提，但规划方案仅保留和修复42幢古代建筑精华，拟兴建29栋高层住宅、6栋高级写字楼及公寓、5个大型商贸中心及娱乐场所和住客俱乐部。小区内市政和公共配套设施完善，包括小学、幼儿园、银行、医院、酒楼、邮局等。新的建筑面积超过了100万平方米。该方案一出台，就遭到专家学者及有识之士的极力反对，虽然最终没有按长江集团的规划方案去实施，保住了三坊七巷的大部分坊巷，但已开发一期面积约92000平方米，衣锦坊格局遭受严重破坏，对三坊七巷整体风貌造成了很大的负面影响。经过社会各界的多方呼吁，经过近十四年的反复讨论和中断建设，福州三坊七巷保护更新工作又迎来新的机遇。福州市委、市政府决定重启三坊七巷的保护工作，福州市政府经协商，解除了与香港长江实业公司签订的开发合同，2007年开始，投入了40~50亿元人民币对三坊七巷历史街区进行全面保护和更新。

（二）三坊七巷存在的问题

1. 规划理念与实施状况脱节

如前文所述，福州市对三坊七巷历史街区非常重视，定为重点保护的历史街区；但实际进行保护与更新时因受到了各种干扰因素，整体风貌的保护未能实现：一是边缘界面被侵蚀破坏。随着20世纪90年代的房地产开发建设热潮，杨桥路沿线、吉庇路与安泰河之间先后建满了多层和高层建筑，三坊七巷变成了"两坊五巷"。90年代朱紫坊的拆迁改造方案虽然被叫停，但朱紫坊安泰河入口的部分院落被拆除，法海路、圣庙路大块用地被协和医院、市电视台和市建筑院等单位占用，三坊七巷和朱紫坊的边缘逐步被侵蚀，界面遭到了毁灭性破坏。二是天际轮廓线与街巷景观立面的改变。由于历史的原因，街区内搭建改建现象较为严重，部分传统院落被改建为多层建筑，割断了街区平缓起伏延绵的天际轮廓线和街巷的连续性。各街巷景观均受到不同程度的破坏。南后街、吉庇路等街面的商业店铺布局分散，店面装修及广告设置不规范，在一定程度上损坏了街区风貌。南后街黄巷口的福州水表厂厂房和其房顶的水塔是六层高的庞然大物；安民巷中的鼓楼区文化馆是五层高的方盒子，虽然其顶部饰以传统的坡屋顶、琉璃瓦，但其庞大的体重、笨拙的形体和矫作的色彩极难与周围环境取得和谐（图5-6）。

图5-6　立面改变的状况
（来源：福建省博物馆　楼建龙摄）

2. 历史文脉的破坏（重单体保护忽视历史环境）

如果仅重视三坊七巷历史街区单栋建筑的保存，忽视了这些珍贵的历史建筑存在发展的历史环境，使得历史建筑成为"孤岛"，割断了历史延续的文脉。一些与三坊七巷历史街区历史功能不相干的工业用地与行政办公用地的侵入，也成为破坏街区风貌的重要因素。另外，居住在三坊七巷历史街区的老住户不断外迁，近年来出租户日益增多，外来人口大量入住，改变了历史街区的人文内涵。

3. 场所精神（非物质遗存保护）的缺失

此前，三坊七巷历史街区的保护更多地关注历史建筑等物质层面，尤其是名人故居的保护，但对公共空间、公共建筑以及生活场景、社区网络等的保护很少提及。历经多年，街区的居住人口结构发生了较大变化，目前街区内多数居住建筑院落居住人口多，居民经济拮据。居民的切身利益未能得到维护和提升。人是历史街区保护的重要因素，离开了对人性生活和场所的关注，三坊七巷历史街区的保护就缺失了很重要的部分。

4. 静态控制的困境

长期以来，三坊七巷历史街区的保护受制于要么"拆"、要么"留"的争论，很难突破困境。三坊七巷历史街区的保护一直未能拿出一个具有长期性、行之有效的规划方案与保护措施，从技术与政策层面上妨碍了三坊七巷历史街区的整体性保护的长期、渐进式推进。

5. 消极保护的苦果

保护方法主要侧重于规划技术形态方面，从而忽视了积极保护三坊七巷历史街区城市遗产的实践探索，致使大部分历史建筑的保护和利用并没有专门的对应之策，也没有足够的经费用于修缮维护，从而使其"明清建筑博物馆""福州城市名片"等名片没有焕发应有的光彩。

（三）三坊七巷整体性保护研究

1. 确立整体性保护思路

需要根据历史街区整体性保护的五大原则，从三坊七巷历史街区的实际出发，切实推进三坊七巷历史街区的整体性保护工作。

1）风貌完整性保护。历史街区的基本特征主要体现在：丰富的历史遗存、完整的历史环境和风貌、原真的历史信息。失去了承载历史信息的真实载体，便失去了历史街区保护的意义和价值。要对三坊七巷历史街区的历史风貌进行整体保护，重点在于保护三坊七巷历史街区范围内，构成街区景观中的各种负载历史信息的遗产和反映景观特色的因素，包括道路骨架、空间骨架；自然环境特征、建筑群特征；房屋、庭院、围墙、挡土墙、排水沟、道路、桥梁，以及古树名木在内的绿化体系等，以使历史景观风貌得以整体保护。

2）历史真实性保护。历史建筑的保护与更新模式是本着保护三坊七巷历史街区、历史风貌和传统空间格局的要求，充分考虑现状和可操作性的原则，按照建筑的等级分类及其质量、风貌等的综合调查评估，对历史街区内的建（构）筑物提出分级保护与整治的方式措施。

3）生活延续性保护。历史街区是人的街区，是人的居住环境和活动环境。保护街区历史文化内涵，包括社会结构、居民生活方式、民风民俗、传统商业和手工业等方面，保持街区的历史环境氛围。三坊七巷历史街区整体性保护的推进，应强调历史街区的生活氛围，强调延续其使用功能，强调发挥它在整个城市生活中的作用。

4）文化多样性保护。应保护三坊七巷历史街区丰富多样的物质文化和非物质文化遗存。主要保护好街区内现存的空间格局、街道水系、文物古迹、历史建筑、历史环境等物质文化遗存，以及口述文化、传统特色工艺、地方习俗等非物质文化遗存。

5）文化背景保护。三坊七巷历史街区属于福州历史文化名城核心的历史资源和组成部分，要将其纳入古城整体发展战略层面，进行通盘考虑，保护好三坊七巷历史街区的文化和自然背景环境，以三坊七巷历史街区的保护提升好福州城市整体形象，促进古城健康持续发展。

2. 确立保护的原则性框架

1）人工环境保护的框架构想。依据《历史文化名城保护规划规范》中有关"历史文化街区"的一般规定："历史文化街区保护规划应严格保护该街区历史风貌，维护保护区的整体空间尺度，对保护区内的街巷和外围景观提出具体的保护要求"。结合上文所述的保护思路，根据空间句法的空间保护利用分析，对图4-9和图4-13（参见第四章）的需要整体性保护的区域空间要严格加以保护，确保三坊七巷历史街区格局、肌理、风貌的严格保护和有效传承，且通过进一步对物质载体的保护与整治，以使其所蕴含的文化内涵与地域特征得到良好的保护、传承与更新。具体而言，就是希望通过以"点""线""面"有机结合的整体保护框架，对三坊七巷历史文化街区，从整体（外围景观风貌、整体空间格局、原有街巷肌理）到局部（文保建筑、保护建筑、历史建筑、特色建筑、古树名木等）的历史面貌进行严格的保护。

（1）"面"的保护：指对三坊七巷历史街区整体风貌的系统保护控制，对其历史文化特征的继承与发扬。

（2）"线"的保护：根据空间句法的空间保护结论，对图4-9所提出的三坊七巷历史街区中的各个传统街巷、罗城大濠安泰河、南后街、福州古城传统主轴南街三条主线等沿街沿河的风貌、环境的保护，要确保对该历史街区环境历史风貌、整体空间形态、原有街巷格局进行严格保护。

（3）"点"的保护：根据空间句法的空间保护结论，对图4-13提出的三坊七巷历史街区所包括的文保单位、保护建筑、历史环境要素和历史建筑，分别采取有效的保护与整治措施。

2）人文环境与非物质文化保护的框架性构想。三坊七巷历史街区从唐代形成之初开始，便是贵族和士大夫的聚居地，后来经过各朝代的不断扩张，逐渐形成了现今三坊七巷的总体格局，并于清末民初时出现过一段辉煌的历史，彼时涌现出了大量的对当时社会乃至以后的中国历史有着重要影响的人物，同时也留下了大量的名人故居和典故遗迹建筑，是福州传统文化的缩影和代表。现在的三坊七巷基本保持了原有的坊巷空间格局，街区的社会生活方式仍以传统的居住和零售商业为主，其内的居民生活活动基本上代表和反映了福州典型的传统生活习俗。因此，三坊七巷的人文环境与非物质文化需从以下方面进行保护：

（1）深入挖掘、整理和利用以三坊七巷为代表的民俗风情、传统节庆、传统工艺、生产商贸习俗、民间信仰等民间文化。

（2）保护、展示和继承好闽学文化传统，并由此引发的闽学文化现象为代表的宗教、文学和艺术等精神文化。

（3）挖掘、显现和利用好与历史环境相关联的重要历史信息，如，重要历史事件、历史名人和故事传说等。

具体的保护要素详见表5-1和图5-7。

"三坊七巷"历史街区保护要素构成表　　　　　　　表 5-1

	坊巷格局	以南后街为骨干和主轴，"三坊七巷"各条主要巷道分布在两侧，成鱼骨状，其余小巷贯穿其中	
人工环境和物质形态要素	古河道	罗城大濠安泰河	
	文保单位	全国重点文保单位	三坊七巷建筑群（共有1处9个点：水榭戏台、二梅书屋、小黄楼、欧阳氏民居、陈承裘故居、林觉民故居、严复故居、沈葆桢故居、林氏民居）
		省级文保单位	尤氏民居、刘家大院、郭伯荫故居、新四军福州办事处、鄢家花园、刘冠雄故居、谢家祠、叶氏民居（共有8处）
		市级文保单位	琼河七桥、光禄吟台（共有2处）
		市级挂牌保护单位	王麒故居、刘齐衔故居、翁良毓故居、张经故居、陈衍故居、陈元凯故居、何振岱故居、黄仁故居（共有8处）
		区级文保单位	程家小院（共计1处）

续表

人工环境和物质形态要素	保护建筑	郑孝胥故居、汪氏宗祠、刘氏宅院、洪家小院、叶光国故居、梁鸣谦故居、许侗业故居、孙翼谋故居、甘国宝祠堂、蔡氏民居、蒙学堂、陈季良故居、天后宫、许厝里、听雨斋、上杭蓝氏祠堂、长汀试馆、塔巷81号、电灯公司旧址、陈懋丰故居、李馥故居、王有龄故居、葛家大院、回春生活区、南街街道办事处、"观我颐"糕饼行、萨氏祖居、宫苑里、谢万丰故居、杨庆琛故居（吴石）、明代古民居、张氏试馆、董执宜故居、蓝建枢故居（共有34处）	
	特色构筑	古桥	安泰桥、双抛桥（原名合潮桥）、板桥（老佛殿桥）、馆驿桥、金斗桥、二桥亭桥
		碑刻	文儒坊坊口的"公约碑"
		门楼	文儒坊门楼、衣锦坊门楼、闽山巷门楼
		其他构筑物	闽山庙福财神龛、都护境牌坊墙体、安民巷口观音龛
	景观大树	散布在各条街巷的胸径超过20厘米的大树	
人文环境和非物质文化	节庆习俗	立春剪纸为花；除夕供"公婆"；元宵张灯；中秋"排塔"；重阳节放风筝；二十四日祭灶	
	民间市场和生产商业习俗	地方工艺品	脱胎漆器、角梳、软木画；寿山石、裱褙、纸伞、纸花、花灯
		地方名吃（名产）	肉松、老卤酱鸭、肉燕、鱼丸、木金肉丸等
		代表性商业门类	古旧书、钱庄、绸庄、裱褙、花灯、香烛、糕饼、中药
		老字号	回春药店、沈绍安脱胎漆器、大众照相馆、观我颐糕饼、吴玉田刻坊、青莲阁裱褙、鼎日有肉松、永嘉玻璃店等
	民间曲艺	尺唱、折枝诗、闽剧、评话等	
	思想文化	宗族世家文化、科举文化、保守型精英文化、名贤文化、船政文化、闽台亲缘文化	
	历史人物	林则徐、严复、林觉民、沈葆桢、林旭、张经、黄璞、陈承裘、黄任、董执谊、冰心、郁达夫、庐隐、郑孝胥、林葆怿、甘国宝、翁良毓、郑穆、何振岱、梁鸣谦、陈元凯、陈衍、林白水、陈季良、尤贤模、许豸、何勉、许友、罗丰禄、刘齐衢、陈烈、沈绍安、张际亮、陈襄、王麒、林枝春、郭柏荫、郭阶三、郭柏苍、陈寿祺、赵新、王有龄、刘冠雄、梁章钜、王冷斋、王助、范式人、林昌彝、刘崇佑、沈瑜庆、林聪彝、刘齐衔、蓝建枢、郑性之	
	重要历史记忆	林旭故居、林纾故居、林尔康故居（板桥林）、甘国宝故居、闽山庙、草贤堂、三山堂（紫故宫）、蒙学堂、道南祠、法禅寺、南华剧场	

（来源：三坊七巷历史街区保护规划）

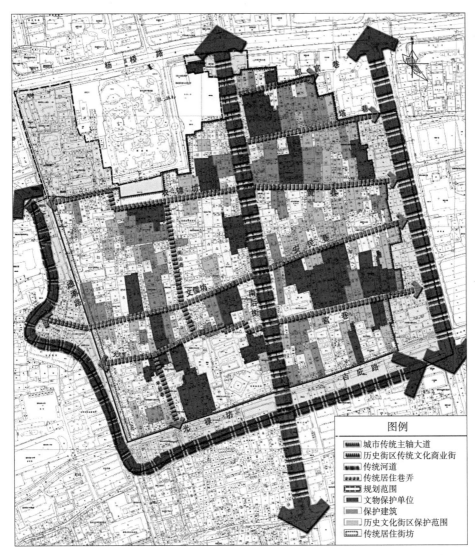

图5-7　三坊七巷物质环境保护框架图（来源：三坊七巷历史街区保护规划，2007）

3. 分区域保护方法研究

　　根据三坊七巷历史街区的用地现况，依照建设部《城市紫线管理办法》（2003年11月）的要求，参照世界文化遗产保护界线划分则为保护区和缓冲区两个层次的做法，三坊七巷历史街区保护范围可划定为两个层次三个等级，即保护区和缓冲区两个层次，其中，缓冲区又包括建设控制区和环境协调区。并且将建设控制区定义为一类缓冲区，环境协调区定义为二类缓冲区。保护区和建设控制区一起组成了"三坊七巷"历史街区的范围。街区外围再根据实际情况划定出环境协调区（表5-2、图5-8）。

历史文化街区保护范围 表 5-2

层次		等级	面积（公顷）
保护区		保护区	28.88
缓冲区	一类	建设控制区	19.78
	二类	环境协调区	19.93

（来源：三坊七巷历史街区保护规划）

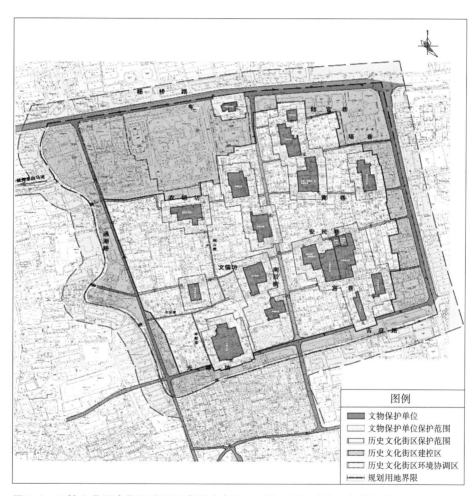

图5-8 三坊七巷历史街区分区示意图（来源：三坊七巷历史街区保护规划，2007）

1）保护区保护方法。划定保护区范围要根据"有比较完整的历史风貌；构成历史风貌的历史建筑和历史环境要素基本上是历史存留的原物；历史文化街区用地面积不小于1公顷；历史文化街区内文物古迹和历史建筑的用地面积宜达到保护区内建筑总用地的60％以上"的原则来进行。具体保护要求是：要求严格保护范围区内的历史风貌，注重风貌的保持和延续，整治与历史风貌有冲突的建（构）筑物和环境要素，维持保护区内的整体空间形态和尺度。具体包括：一是保持街区传统空间结构和建筑格局，保持古坊巷原有的空间尺度。构成历史风貌的重要环境要素，如古井、古树、古街、古巷等，应予以保护或整治恢复。对于质量较差的片区，坚持以"微循环""有机更新"的方式予以更新保护，对于不太协调的建筑集中地块，应在小范围内予以整体改造，并注意街区整体肌理的延续，外观上和历史风貌协调。二是文物保护单位及保护建筑，必须按照国家有关文物保护的法律、法规的规定，予以保护修缮。富有特色的历史建筑的整治，它的体量组合、内院界面形式和外观样式，必须符合传统形制，但允许内部改建，增加现代设施和改善内部设施。新建建筑在色彩、材料、尺度等方面需与街区的整体风貌相协调。三是南后街两侧建筑的功能应以传统商业为主，应鼓励发展传统"老字号"，建筑的门、窗、墙体、屋顶等形式和结构应延续清末民国时的风貌，传承其历史记忆。

2）建设控制区保护方法。建设控制区是为了保护和协调文物古迹及历史文化街区主要风貌带的完好而实施保护和控制的地段，通常指历史街区保护区范围往外约50米的范围。由于三坊七巷历史街区外围已进行了现代高强度开发，因此，建设控制区范围需以历史上的三坊七巷的范围为依据，结合并兼顾建筑物用地边界，以及区内外的道路、河沟、溪水、池塘等环境要素及景观界面的完整性来划定范围。如此划界可将道路、河沟、溪水、池塘等环境要素比较完整保留下来，这样，不仅可以有效保护三坊七巷历史街区的历史格局与自然环境，而且可以为更好地展示该历史文化街区便利的交通条件、丰富而清洁的水系资源以及优美而生态的景观资源。具体保护要求是：

该范围内各种修建性活动，应在规划、管理等有关部门指导并同意下才可进行，其中，文物保护单位保护范围内的建设，要根据文物保护要求进行，从而取得与保护对象之间合理的空间景观过渡。建筑形式需以灰色传统坡屋顶为主，体量只宜小不宜大，色彩需以黑、白、灰为主色调，最大建筑高度为四层；对任何不符合上述要求的新旧建筑必须进行搬迁和拆除，近期拆除有困难的，在其外观和色彩上应进行改造，以达到与环境的整体协调统一，但远期应搬迁和拆除。

3）环境协调区保护方法。要坚持可持续发展的原则，要以不破坏"三坊七巷"历史文化街区的生存环境与景观效果作为依据，以三坊七巷历史街区周边地块的未来发展不会影响到该历史街区在远期内的保护和展示为依据来划定。具体保护要求是：一是该区设定的目的是为协调好整个大环境，因此，对该区内造成景观、空气、水系污染的污染源应于近期内拆除搬迁，并制止各种造成污染的行为。二是此范围内的新建建筑或更新改造的建筑，必须服从"体量小、色调淡雅、不高、不洋、不密、多留绿化"的原则。其建筑形式可在不破坏历史街区风貌景观的前提下适当放宽，但该保护范围内的一切建设活动均需经规划部门批准、审核后方可进行。

4）文物保护单位保护方法。对所有的建筑本体与环境的保护均应按文物保护法的要求进行保护，不允许改变文物的原有状况、面貌及环境。如需要进行必要的修缮，应当在专家指导下遵循"不改变原状"的原则，做到"修旧如故"，并严格按照审核手续进行。保护范围区内影响文物原有风貌的现有建筑物、构筑物必须坚决拆除。必须增设必要的防火设施，四周必须留有防火通道。对文物保护单位应当尽可能实施原址保护，不得擅自拆除或易地迁移。对已全部毁损的文物古迹，应当实施遗址保护，不得原址重建。

5）保护建筑保护方法。保护建筑不得擅自拆除或迁移。除了经常性保养维修和抢险加固工程外，不得任意改建、扩建，建筑的重点修缮、局部复原，以及建造保护性建筑物、构筑物等工程，必须经由文物行政主管部门批准，必须增设必要的消防设施。

6）历史建筑保护方法。街区内的历史建筑严禁大规模成片拆除，也不得要求历史建筑按照文物建筑进行所谓原样恢复。历史建筑的保护要求，根据建筑的历史文化价值及其完好程度分为三类，一是对于建筑的立面、结构体系、平面布局，以及庭院和内部装饰具有特色和相对完整的历史建筑，建议将其列为保护建筑，按保护建筑的保护要求进行保护；二是建筑的立面和结构体系不得改变，建筑内部允许改变；三是建筑的主要外立面不得改变，其他部分允许改变。

7）历史环境要素保护要求。表5-3所列的历史环境要素要严格加以保护。

历史环境要素表　　　　　　　　　表 5-3

古桥	安泰桥、板桥（老佛殿桥）、双抛桥（原名合潮桥）、馆驿桥、二桥亭桥、金斗桥
碑刻	文儒坊坊口的"公约碑"
门楼	文儒坊门楼、衣锦坊门楼、闽山巷门楼
古树名木	庭院内大树、南后街、光禄坊等行道树、沿河榕树等
其他构筑物	闽山庙福财神龛、安民巷口观音龛、都护境牌坊墙体

（来源：三坊七巷历史街区保护规划）

4. 保护整治措施研究

1）风貌整治措施。通过对整体空间环境和建筑风貌的整治，有效保护和适

143

当恢复该历史文化街区的整体环境景观、传统坊巷格局与原有空间肌理，并通过深入挖掘历史文化街区的丰富内涵，在维护原有自然与人文景观的基础上，结合规划设计，对不协调的建筑风貌进行再创造，新旧结合，优化景观质量，提升环境品味，为有效保护和合理利用该历史文化街区创造良好的条件，提供优良的平台。这与历史文化街区的永续发展也是完全吻合的。

保护区——传统格局及空间形态的保护。由于历史形成的街巷、民居和特色构筑物都是构成整体环境的要素，因此，保护传统格局及空间形态就是要具体完整地保护好这些实物，以及这些实物所蕴含的历史文化信息，通过恢复、整治、维护来强化历史信息。传统空间格局的形成经过了漫长的岁月，体现了其有机生长的理论，现今的相关规划应认识到并保护好历史上形成和积累下来的建筑肌理。要严格保护好构成街区外观的各个要素以及传统居住巷道的尺度，对三坊七巷历史街区而言，就是要重点保护好现存较为完整的南后街"三坊七巷"的"鱼骨状"街巷格局和空间形态特征，保护闽山巷等传统支巷。修整或更新的建筑需采取院落形式，延续好传统肌理。保护沿街建筑边界线的自然轮廓和有机更新，对其不得生硬拉齐取直。可结合更新的建筑院落整治，恢复连江弄这一历史街巷。

建设控制区——街区边界空间的整治。"三坊七巷"历史上的边界由福州城市传统中轴线南街和唐罗城护城河安泰河组成，同时，南街和安泰河沿线也构成了本次规划的"三坊七巷"历史文化保护街区的建设控制区。在此，可规划南街和罗城大濠安泰河沿线空间形态整治要点如下：南街——东面通过南街的缓冲地带形成与城市新建空间的良好的过渡，沿南街的塔巷、黄巷、安民巷和宫巷的巷道口宜适当拓宽，以更好地展示"三坊七巷"风貌，上述街巷原有位置和形态宜通过路缘石高差或铺地材质予以界定。安泰河——宜对南面与西面安泰河沿岸进行整治，恢复传统水岸和水巷空间，恢复历史街区与水的"对话"，文儒坊西段的原有走向骨架应当保持，不宜拓宽。

2）街景风貌的保护与整治措施

街景风貌保护整治的统一要求。需严格保护好街巷传统立面、沿河风貌和高处俯瞰的屋顶质感和肌理等空间界面的历史文化风貌特征。根据保护区和建设控制区的相应要求，要保护沿街传统建筑和历史风貌，对沿街不恰当的建筑要进行整治，使其与传统风貌相协调。保护街巷空间的连续性和节奏韵律，保护由连绵起伏的青瓦硬山屋顶和封火山墙构成的第五立面质感和肌理，使得街、巷成为整个片区整体传统风貌的重要展示面。一是对新设置的路灯、指示牌、招牌、垃圾桶等街道设施不应采用现代城市做法，需加以妥善伪装设计，其风格应与环境相协调。二是对占用街道空间的电线杆、各种电线变压器，电话转换器等和传统风格不协调的管线电路设施，应将其入地或移位。清除街道上所有的违法搭建棚舍。三是地面铺装材料要与整体的传统街道环境相协调，与不同的局部环境相协调，创造出既统一又丰富的街道空间环境。

巷道街景的保护整治要点。巷道是指保护区内除南后街之外的其他街巷。当前，其巷内的建筑仍以居住为主，两侧宅院错落，深幽雅静；高墙环绕，曲线流畅；排堵舒展，门楼秀丽；白墙青瓦，石板路面，构成了福州地方特色。传统的沿巷道的建筑立面外墙极少开窗，由排堵门罩、白墙、青瓦、朱门和高低错落的曲线封火山墙等要素构成其典型特征。整治原则为：应在满足现代生活功能的基础上，强调其原真性和艺术性，维持其传统建筑历史风貌。通过建筑高度、建筑形式、建筑外观风貌元素（主要包括门窗、屋面、外墙、雕花、外表材质、色彩等）等的整治，达到与历史街区的风貌相协调。保护整治要点如下：一是要保护由排堵门罩、白墙青瓦朱门和高低错落的曲线封火山墙所组成的连续韵律空间。二是要保护"曲折有致，凹凸变化"的街巷走势和收放空间。三是要保持好街巷空间界面的完整性和连贯性，在更新院落区域，根据规划功能需要增加的巷道小弄不宜宽于3米。对于较宽的新弄，宜增设券门，增加连贯性。四是要整治不协调建筑院落，修复其原有庭院围墙、恢复巷道石板路面，保护和传承原有巷道空间氛围与感受，从而丰富视觉内容，提高景观质量。

南后街街景的保护整治要点。南后街是福州重要的文化古街，以古旧书、裱褙、花灯为重要商业文化特色，清末诗"正阳门外琉璃厂，衣锦坊前南后街"和福州俗谚"后街买买灯"说的就是南后街浓厚的传统文化韵味。随着时代变迁，今日的南后街除了灯市的传统得以保留下来之外，多数商铺已改为服装鞋帽店，失去了昔日的文采和特色。从城市商业体系的地位来看，它在城市商业体系中的传统地位已不复存在。而且作为"三坊七巷"的中心，其商业布局、规模也不能满足街区购物、文化、娱乐等需要，难以形成社区中心所应有的凝聚力。从建筑形式来说，构成南后街主体的是俗称为"柴栏厝"的两层简易木楼，采用质轻纹直的人工种植的杉木搭建而成，形成于民国南后街拓宽以后。由于材质和施工做法简陋，目前大多数建筑的楼身严重倾斜，维护和承重构件朽烂或缺失，存在极大的安全隐患，急需整治。一是提取南后街的传统商业文化精神，体现"正阳门外琉璃厂，衣锦坊前南后街"这一传统商业文化特征，展示其特色商业建筑风貌。对其立面的整治应体现出从明清时期到民国时期的福州传统商业建筑所具有的丰富多样的形态和风貌特色，通过对建筑高度的微观调节，形成沿街天际线的错落有序。二是对现存的南后街"柴栏厝"简易木屋，在传统商业风貌特色延续的基础上，予以更新整治，所更新的商业建筑应保留尽可能多的历史元素与历史信息。更新商业建筑应借鉴和吸取福州市区及福州建筑文化影响区现存的有一定价值的传统商业（街）的建筑形式、风貌和做法，再结合南后街的传统小开间商业店面的原有形体轮廓、比例尺度、材料色彩、构图划分，以及可提取的建筑细部元素等，对沿街商铺的立面进行保护性整治。更新建筑可适度采用现代建筑材料和技术，使沿街立面统一而富有变化。三是结合毗邻南后街的文保单位和保护建筑的保护，以及部分院落功能更新的需求，在局部地段，恢复错落有致、流畅优美的传统封火山墙立面或者修建东西向传统院落，与商业建筑形成鲜明的色彩，在立面构图上形成虚实对比，从而增添沿街立面的丰富性、有机性、和谐性与趣味性，进而丰富南后街街景。四是对于新建的建筑立面，在延续传统建筑风貌的基础上，适度采用现代建筑材料和技术，体现现代生活气息，使沿街立面统一而富有变化。路面采用平整的青石板路面，既与传统风貌相协调，也符合现代功能的需要。更改不恰当的各类招牌和商店广告，广告牌原则上不能高于建筑屋顶，不能危及城市街道公共空间的活动。

南街西侧风貌整治设计要点。结合南街在福州市的宏观价值（城市历史文化风貌轴和生活性交通主轴的一部分）、现实状况（符合城市当代生活的现代商业街），兼顾在衔接"三坊七巷"历史文化街区和当代社会生活区块中的南街西立面的作用，以及南街西侧建筑的现实使用功能，主要对南街的西立面进行整治。一是对南街西立面的整治规划设计主要以功能更新、拆除重建为主要措施。这是因为：目前，南街西侧建筑的使用功能大多为商业性质，建筑风貌也多为现代风格，建筑质量上参差不齐，既不能与南街作为福州市城市历史文化风貌轴的精神内涵相符合，又不能很好地与"三坊七巷"历史街区相协调，但其外貌上却作为整个历史文化街区的外向界面，因此，需要更新、拆除和重建。二是南街西立面的整治风貌宜以现代建筑风格为主、采用新材料新技术的同时，须提取历史文化街区传统建筑元素，通过现代建筑语言的解析重构，适当增加体量，这样，既满足现代商业需求，又基本上承载历史文化街区的文化信息，反映现代生活风貌。这就与南街的定位——福州市现代商业集聚带和城市交通主轴的组成部分，历史街区空间形态从传统向现代的过渡，反映现代城市的精神风貌，避免"假古董"等的要求相符合。三是各个巷道口部分的南街建筑形体要采取化整为零，降低高度的策略，这是充分兼顾南街西立面在"三坊七巷"历史街区和当代社会生活区域相转换衔接中所起到的作用，也是为了更好地在建筑尺度与规模上形成历史街区与现代城市生活主轴的有机对话与和谐过渡，体现福州民居与现代建筑杂糅的建筑空间和形态。

安泰河滨水景观风貌整治设计要点。安泰河位于"三坊七巷"西、南两侧，是福州唐罗城护城河——罗城大濠所在地。过去，安泰河颇具南京秦淮人家风情，入夜水光灯影、乐曲悠扬、通航穿梭，但是现在仅存如沟般的河道，且污染严重。规划通过滨河沿线的建筑和景观整治，形成安泰河景观风貌带。依据环境的现状，可进一步细分为两个风貌带，并采取不同保护与整治的措施：一是南安泰河滨水景观风貌带，即"三坊七巷"历史文化街区南侧沿护城河一带及西侧南段。该地段较狭窄，多为不协调建筑，建议通过建筑的拆除更新整治，增大绿化面积，布置少量休闲性商业设施（以茶楼和传统风味小吃为主）和休憩设施，成为"三坊七巷"以传统饮食为特色的休闲游乐空间；并结合澳门路西侧地块的更新，在局部滨河地段，适当恢复水巷空间，恢复码头、古榕、小桥、流水、人家的传统风貌，凸现古城滨水景观特色。二是西安泰河滨水建筑风貌带，即"三坊七巷"历史文化街区西侧沿护城河一带北段。安泰河的河滨绿化将结合通湖路西边人行道，设置休憩设施，规划成安泰河滨河休闲带；在安泰河河边弯道口处，通过对该地段内现有建筑的整治与更新设计，保持原有空间肌理，结合环境特点，营造宜人的滨水休闲商业建筑风情。

3）建筑高度、屋顶平面和天际轮廓线控制要点

建筑高度控制。为了维护街区的历史风貌，须对街区的建设进行高度控制。一是7米檐口高与9米脊高控制区。保护区和文物保护范围以内的建筑，须执行最上层檐口高度不超过7米，屋脊总高不超过9米的规定，超高建筑应逐步予以整改。另外，建造于20世纪50年代以前，具有保留价值的历史原物的超高建筑，结合南后街的现状和历史文脉，为了避免南后街的天际线过于呆板，经视线分析，规划南后街的商业建筑允许适当超出限高，但是，超高建筑最高不得超过9米，连续率不得超过30%，坊巷口建筑不得超高。二是12米檐口高与15米总高控制区：在7米檐口与9米脊高控制区界线以外，建设控制区以内，新建建筑檐口高度控制在12米以下，总高度不超过15米。现在该区域内已存在的超高建筑，除了视具体情况暂留的建筑之外，须分别采取整修、更新措施降低层高（图5-9）。

屋顶平面和天际轮廓线。鳞次栉比的民居屋顶和延绵起伏的封火山墙是三坊七巷历史街区内民居最重要的特色构成之一，也是福州城市整体印象的重要组成部分。从地理位置上，"三坊七巷"作为乌山与屏山视廊的重要节点，临近乌山，周边一定范围内还有百华大厦等多处制高点，屋顶界面的管理显得非常重要。因此，规划应当严格保护好现存完整的青瓦坡屋面和封火山墙；对于破损、缺失部分，宜采用镶嵌式的方式进行修整；对于较为集中的更新居住的地块，宜采用坡顶青瓦灰脊的传统形式；位于保护区的院落隔墙应当采用传统封火山墙，以便统一街区屋顶和山墙的质感和肌理。要保护好街区平缓且延绵起伏的天际轮廓线。

建筑保护与整治方式。本着保护"三坊七巷"历史文化街区内历史风貌和传统空间格局的要求，充分考虑到现状和可操作性的原则，根据建筑的等级分类及

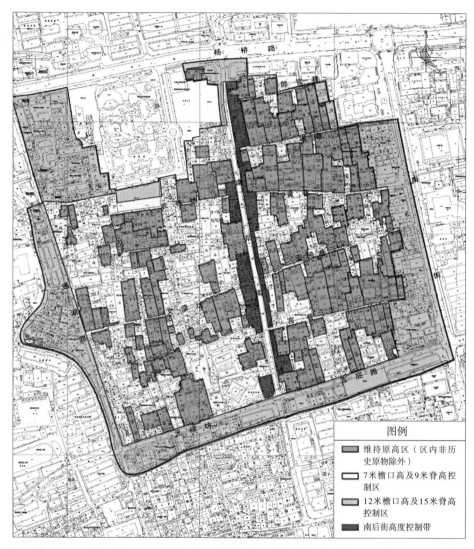

图5-9　建筑高度控制示意图（来源：三坊七巷历史街区保护规划，2007）

其质量、风貌等的综合调查评估。在此提出，对历史文化街区内的建（构）筑物进行分级保护与整治的方式措施：一是修缮。针对文物保护单位和保护建筑，须对其残缺损坏的部分进行修补，对文物整体进行日常的维护和保养。原则上修旧如故、只修不建。具体办法主要有日常保养、防护加固、现状修整等措施。二是维修改善。对历史建筑和历史环境要素，要在不改变其外观特征和内院传统界面形式的前提下进行维护、改建活动。三是局部保留。要对质量差或尚可的、与历史风貌无冲突的非保护的一般建（构）筑物，以及历史建筑中已为危房的建筑物分别对待。要保留其与风貌相协调且质量较好的建（构）筑物，要更新改造那些风貌不协调及质量差的建（构）筑物。四是更新。针对整修和改造都不能处理好与历史风貌相冲突矛盾的一般建筑，以及与历史风貌无冲突但质量很差的建（构）筑物根据规划需要将其拆除，在其旧址上或进行新的建设活动或对古迹文物进行复建，或开辟为绿化及开敞空间。五是近期暂留。针对处于建设控制区的建筑，主要是吉庇路南侧的多层新建筑，与街区风貌冲突较大，但是质量较好，短期内拆除经济代价较大，此类建筑应属于近期暂留建筑（可远、近期结合更新）（表5-4、图5-10）。

建筑保护与更新技术指标　表5-4

分类	面积（公顷）	比例（%）
修缮	7.22	29.91
维修改善	5.16	21.38
局部保留	2.66	11.02
更新	8.36	34.63
近期暂留	0.74	3.07
总计	24.14	100.00

（来源：三坊七巷历史街区保护规划）

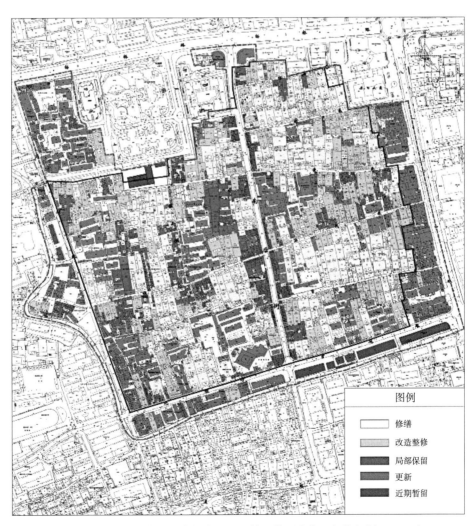

图5-10　建筑高度控制示意图（资料来源：三坊七巷历史街区保护规划，2007）

五、本章小结

1. 借鉴了国内外历史街区的整体性保护经验，提出了历史街区整体性保护的概念和保护的原则。认为：历史街区的整体性保护主要包括物质遗存的保护、历史环境的保护、非物质遗产的保护、原生活形态的保护以及场所精神的保护。保护原则主要包括风貌的完整性、历史的原真性、生活的延续性、文化的多样性、文化背景保护等五个方面。

2. 回顾了三坊七巷历史街区的保护过程，揭示了保护中存在的五个突出问题：规划理念与实施状况的脱节、历史文脉的破坏、场所精神（非物质遗存保护）的缺失、静态控制的困境、消极保护的苦果等。

3. 提出三坊七巷历史街区在五个方面保护的基本思路：风貌的完整性、历史的原真性、生活的延续性、文化的多样性、文化背景保护等。在人工环境保护上要求确立点、线、面的保护框架。在人文环境与非物质文化保护上要做好三个方面：（1）深入挖掘、整理和利用以三坊七巷为代表的生产商贸习俗、传统艺术、民俗风情、民间信仰等民间文化；（2）保护和展示闽学文化传统及由此生发的闽学文化现象为代表的宗教、文学和艺术等精神文化；（3）显现和挖掘与历史环境紧密相关的重要的历史信息，如重要事件、历史名人和故事传说等。

4. 提出了三坊七巷历史街区分区域不同的保护办法，也就是对保护区、建设控制区、风貌协调区、文物建筑保护单位，以及保护建筑、历史建筑和历史环境要素等需采取不同的办法进行保护。同时，提出了不同的整治要求，也就是对保护区空间、建设控制区空间、街景风貌、巷道风貌，特别是南后街、南街以及安泰河滨水景观等重要的地段提出不同的风貌整治要求。

三坊七巷小规模渐进综合
有机更新研究

中心城市历史街区的社会、经济、产权及环境条件极为复杂，为达到整体性保护目标的大规模改造难以实行，在资金上也不易周转。目前北京等一些城市的改造和保护面临的困境恰恰反映了这些问题。同时，历史街区的整治又是一个不断完善、不断细致、不断深入的过程，其中，保护整治是永续的。"最初修理过的建筑由于使用、修理程度及认识程度等方面的原因，随着时间的流逝还需要再修。而整治过的环境，随着社会、经济、文化等的发展，又会出现新的问题、新的矛盾，还要继续去解决"（王骏，1997）。因此，小规模渐进的保护整治的模式应成为历史街区的重要保护更新模式。但是，从国内已经进行的实践来看，更多重物质形态，从而轻非物质形态文化，重现有社会组织结构的保持，从而轻城市历史文化的渐进保护和功能传承发展的渐进适应。鉴于历史街区往往带有城市的传统印迹，往往是有丰富的历史文化遗存，因而只有实行小规模渐进综合有机更新的方式，才能有益于历史文化的传承和文脉的延续。

一、国内外历史街区渐进改造的实践发展

（一）小规模渐进保护整治的基本理念

针对传统旧城区大规模、高速度、一步到位改造方式而言，以小规模、渐进式、弹性动态为特征的改造，最早称为小规模改造，后来随着运用到历史街区的保护改称为小规模保护整治，又称为"微循环式"保护与更新。"微循环式"保护与更新阐述的主要理念是:将保护与更新对象划定"微型化"，让新旧建筑物更替过程"微型化"，这样，才能做到在有序循环的更新过程中，实施对街区整体风貌的持续保护（宋晓龙，2000）。"微型化"一般意味着以院落为基本单位进行小尺度的保护整治，从而保证街区的发展总是新旧建筑并存，保障街区整体风貌的协调和历史的韵味。

（二）欧美渐进式更新改造的发展历程

1. 清理贫民窟运动

20世纪30至70年代，英国、美国及北欧各国都制定了各自的雄心勃勃的清除贫民计划。此阶段改造的目标是铲除低标准住宅，驱散聚集在这里的、往往带来社会问题的低收入居民。因为在许多人的眼里，那些近百年前建成的老建筑和住宅街坊代表着拥挤、贫困的生活条件，铲除它们象征着摆脱那种黑暗的记忆。这些运动后来被称作为"大规模推土机"运动，但是，由于解决简单化，清除运动带来了一系列始料未及的后果：一是在改造过程中人口自然迁移，整个居住区人口结构发生了彻底的变化，同时，原来丰富多彩的社会生活和经济活动也随之消失；二是过高的建筑、偏远的地点、额外的交通费用和低劣的建筑质量不适应低收入阶段的要求，以致后来许多家庭又离开了这里；三是由于外迁地区无助于改善原有贫弱阶层的生活条件，贫民窟实际没有被根除，而只是转移到别的地方生长；四是原有建筑环境被破坏，一些有历史价值的老建筑被拆除，插建的新建筑尺度过大，单调乏味。历史文脉和城市文化传统被破坏。

2. 小规模改造思路的出现

由于上述反思及居民的抗议行动给工程的实施带来的阻力，加上经济的原因，导致各国传统居住街坊的更新方式发生了根本性的变化，小规模改造思路开始出现。主要做法是：更新计划，以保护、改善和插建为主，政府增加对改善旧住宅的经济补贴，以法律确保居民参与到改造过程中。

20世纪70年代，保护有历史文化价值的建筑和建筑环境得到世界各国的广泛重视，希望在靠近上班地点居住的年轻人增加，从而对市中心附近旧住宅的改造有了新要求，也带来了经济支持；有些老住宅区建筑密度较高，在原有基础上改善比重建更经济。诸多方面的原因使得保护、改善和插建成为主要的更新方式。为了鼓励这种更新方式，政府给予了极大支持，加强了技术上的引导。

在挪威，政府将旧住宅改善纳入国家住宅银行低息贷款，用房机构、私房主可以利用贷款整修有一定价值的老住宅，寻找低租金的租户也可以贷款整修无人居住的破旧住宅，整修后可以免费居住数年。另外，各地规划局都从保护城市特色的角度来详细说明不同历史街区的建筑和规划特点，制定出基本保护规范，并通过出版小册子的方式来介绍老建筑各个部分最适当、最便宜的整修方法（图6-1）。

在丹麦，1983年通过了《城市更新法案》。法案要求尽最大可能保护旧的居住街坊，适当地改善居住条件，但并不要求旧住宅达到新住宅的居住标准；保护

图6-1 挪威古城阿克斯胡斯城
（来源：美国《国家地理》）

图6-2 丹麦古城欧登塞
（来源：美国《国家地理》）

和整修一些有特殊历史价值或对城市环境有积极意义的建筑单体，即使其整修的费用可能大大超过新建；将单栋建筑的更新纳入城市更新的财政补贴范围，使小规模的住宅的更新改造得以全面地展开。同时，政府加强社区保护特别是低收入社区的保护，增加对旧住宅改善的经济补贴（谭英，1996）（图6-2）。

3. 小规模开发理论的发展

"小规模"思想方法的探索起源于20世纪60年代初。J·雅克布斯批判现代城市规划设计思想的经典著作《美国大城市的生与死》（1961）就是其中的代表。书中提出了城市小规模开发的许多概念，如"便道的用途"（Uses of Sidewalks）、通过多样化的"小街区"（Small Blocks）形成"混合的土地利用"（Mixed Uses）以及"渐进投资"（Gradual Money）等，引发了社会各界广泛地探讨。

1973年英国著名的经济哲学家E·F·舒马克针对第二次世界大战以来西方现代国家资本主义经济模式造成的社会、经济问题，提出了经济发展应以人为中心、采取适宜技术手段的思想。从规划设计以及实施的角度，他认为，大规模改造的方式难以考虑社区的需要和利益，唯一出路在于改变现有的"大"的思维方式，进而探求"小"的方法。此后的70~80年代，E·F·舒马克"小就是美"的理论在处于经济衰退的西方国家中广为流传，得到了广泛的响应。而C·罗（C.Row，1976）的《拼贴城市》和C·亚历山大（1975）的《俄勒冈实验》等著作，先后对以柯布西耶为代表的现代主义城市和建筑所追求的大规模的城市建设，以及其背后的社会和经济思想，进行了批判和反思（张杰，1999）。

（三）国内小规模渐进式保护整治的实践和经验教训

1. 国内的实践概述

国内20世纪90年代以前的历史街区改造，基本采取了保留文物保护单位和有价值建筑，但其余却拆除新建的模式。实践证明，这些改造虽然为历史街区保护积累了一定的经验，但是其带来的教训也是极其深刻的，由于不符合整体性保护的原则，虽然传统风貌有一定的延续，但因拆毁老屋过多，居民回迁率过低，从而使世代建立的睦邻亲朋关系从此被中断，许多历史街区成为富人的乐园，历史真实资源和生活信息却在这一个时间点中断了。

应当说，国内历史街区渐进更新从20世纪80年代就开始了，从1985年至1992年完成屯溪老街的沿街建筑保护整治，共整修旧店面115家。由于整治工作历经了许多年，并不是像以往的"仿古一条街"那样突击建成，而是在传统基础上逐步增添、精雕细刻而成，因此，建成效果千变万化、丰富多彩，使老街传统风貌更加浓郁。

1999年，随着"微循环式保护与更新模式"的提出，北京近年来开始积极推广"小规模、渐进式、微循环"的实践探索。这种模式的特点是明确提出以"院落"为保护与更新的基本单位和对象；保护和更新必须对逐个院落进行勘察、鉴定，提出相应的分类改造和管理措施；政府应该优先考虑保护区市政基础设施的整体布设；保护和更新要在一个相当长的时间内按照改造时序逐步开展，禁止成片开发；要保护历史信息的延续性、不间断性。目前在烟袋斜街、南北长街部分地段改造等都在进行类似探索，取得了一定的效果。这种方式既使居民生活的现代化得到保证，又使历史的演变得以延续。这种微循环保护更新的做法实际上是专业人员对民间自发改造活动的理性总结（宋晓龙，2005）。由于微循环模式的改造目标难以满足政府快速发展的愿望，在目前的推广中仍然有相当大的阻力。

2. 经验和教训

目前已经完成的历史街区大多都采取大规模全面保护的改造模式。简·雅各布认为，大规模地规划只能使建筑师、政客及地产商热血沸腾，但是，广大群众往往成为牺牲者。单纯依靠政府的财政补贴永远只是杯水车薪，而且会因为居民参与的滞后使得工作陷入被动之中。苏州在1995年10号、16号、37号街坊等第一批试点实施之后，紧接着几个小区尝试与房产开发公司运作，但是由于房产公司根本没有实力来应对全面保护所需的投入资金与投入周期，再加之在实施过程中过于强调工程的紧迫性，这导致保护更新工作急功近利，造成了一些建成小区的设计方法流于简单、整齐划一；而且居民回迁率低，原有的社区结构被破坏，街区风貌与生活的多样性丧失殆尽。

小规模更新形式由于其更新的对象为历史街区的一个片段，更新活动只局限在较小的范围内，同时，由于这些片段是街区空间肌理的有机组成部分，因此小规模更新形式会有助于街区空间环境和肌理的维护，为街区社会网络的延续提供必要的物质基础。另一个方面，小规模更新以居民自己投资为主体，从而避免了大规模更新中开发商为追求商业利润，在历史街区中引入大量回报率高的商业设施或通过更新提高原有建筑的居住成本而使得原有居民大量迁出、中高收入阶层大量涌入而造成的街区人口结构变化。小规模更新使街区建筑在更新过程中更自然地经历变迁，最大限度地减少破坏，保持街区人口构成的稳定与文化的延续，共同构筑其丰富的邻里关系，使传统社会网络得以延续、发展。因此有学者认为，小规模改建的最现实的意义就是，它能够调动使用者的积极性，同时，能够灵活地吸引相当数量的小规模资金投入到旧城环境的整治和保护之中，达到"快、易、好、省"的改造效果，从而为历史街区的更新与发展提供了一条可行的思路。对保护历史文化环境、化解和减少社会矛盾都有积极的意义。但是从目前渐进式保护整治的实践来看，一般侧重于传统民居的物质形态的更新和社会结构的渐变，对街区功能和历史文化保护需要的渐变则往往关注不足。

二、三坊七巷小规模渐进综合有机更新的必要性

（一）三坊七巷小规模改造更新的回顾

1. 历史上小规模改造的分析

三坊七巷街区作为福州中心城区最具吸引力的历史街区之一，从它形成之日起围绕各传统院落的改建工作就一直没有停止过，除了建筑院落的重新组合、建筑到细部风格的变化外，改造类型还包括建筑功能的更新，如由住宅改为会馆、祠堂和宗教建筑等。但是不管怎么改造、整修街区的氛围、格局和肌理都基本上保持一个整体的形象向前发展，历史街区的风貌一直延续下来。这与历史上对建筑规制，特别是建筑宽度的限制和封建礼法制度有关，即使到了清末建筑规制逐步被废弃之后，大量的改建活动一般仍然被限定在每个进落之内，整修的建筑高度变化不大，许多改建的民国建筑还与原有建筑形制形成有机的结合，而且对整个街区而言，改造是逐步完成的，因而街区整体空间格局风貌仍然得以延续。

2. 新中国成立以来小规模改造更新活动

1）政府单位新建

包括政府单位办公用房和宿舍等，如省高法、省国防科工委及文化厅宿舍等，均为六层以上的大体量建筑，突破了原有的院落边界，从高度、体量、色彩和肌理上对街区的破坏都比较大。还有一类是工厂的改建，从高度上看变化不大，有部分院落主体承重结构及围护结构尚存，经适当整治即可恢复原貌（如，角梳厂），多数的工厂因适应工厂大开间生产和采光的要求，建筑内部被拆空、屋顶被改建，风貌已荡然无存。

2）居民全面改建

一般在火灾后重建或作为道路拆迁周转房等原因改建，在原有院落隔墙内重建，多为二至四层的砖混房。如第三针织厂的改建房，除了走道外，基本上都盖上房子，缺少必要的防火和日照间距，建筑质量极差，对风貌的破坏较为严重，而且隐患极大（图6-3）。

3）搭建改建。是居民自发改建行为中最普遍、数量最多的，加建的类型多样，所用的材料和技术也呈现多元化。一般包括：

（1）增加必要的生活服务用房：如厨房、卫生间、淋浴间等，这些设施中厨房为每户必须增加的是最普遍、数量最多的一种了，增建位置一般在披榭或倒座，为节约面积，往往将水池等操作空间一般放在院子天井等公共处。有条件的住户会加盖卫生间或浴房，也有的住户将卫生间改在门头房侧部的。如洪家小院，将门头房北侧各设了一浴房和卫生间，为防止地下污水高，卫生间垫高了30厘米。也有些住户直接在檐下安装篷头，用于淋浴。另外，由于居室面积偏小，一般住户均占用占据公共空间如院子、门厅、走道等来堆放杂物（图6-4）。

图6-3 居民自建状况（来源：福建省博物馆 楼建龙摄）

（2）增加居住空间：一般利用厅堂和披榭等位置搭建或改建。利用厅堂的改建方式最为简易方便，因此在历史街区内最为常见。比如陈承裘故居，将第一进厅堂的插屏门拆除，改为直通第二进的通道，两侧均搭建为卧室。也有一些院落改动更大，比如将厅堂改为二层阁楼。总体而言，这种改建方式一般较少伤害主体结构，如果将搭建部分拆除后，稍加整饬一般可以恢复原貌，可逆性较好。另一种常见的改建，是许多住户将披榭部分改建为2～4层砖房，甚至于将门头房或建筑的主座的部分进行改建，这种处理方法对改善居住条件相对有效，但与原建筑风格冲突；而且从现状看，绝大多数的院落改建失去控制，

图6-4 居民搭建
（来源：福建省博物馆 楼建龙摄）

新建的建筑与原有风貌差距太大，是导致街区整体风貌混乱的原因。

4）内部改造

这类改造指传统院落内非公共空间部分的改建，包括住户对建筑内部空间进行平面重新分隔或者垂直加建夹层、阁楼以扩大使用面积的改造，以及改变建筑构（部）件的内外装修活动等（图6-5）。

图6-5 居民改造（来源：福建省博物馆 楼建龙摄）

三坊七巷与朱紫坊传统民居一般檐口的高度能达到5.5~6米，屋脊的高度就更高一些，因此为解决居住面积的不足，一般较为常见的内部空间改造活动是利用传统民居相对充裕的层高条件，在厢房内增设夹层。一般的做法是将楼板固定在承重的大木上，梯位则设在倒座的披榭和厢房之间，由于改造的位置比较隐蔽，实施后不仅改善了居住条件，而且传统建筑的外观特征没有大的改变，视觉效果较好。还有一些住户认为改造完全是无奈之举，祖上留下的房子将来有条件时希望能够恢复原貌，因此在改造时还重视了对传统建筑的保护。比如董执谊的后代在改造其南后街故居的花厅书房时，在厢房内另增设了承重柱以支撑夹层楼板，增加的构筑物与主体完全脱开，从而保证了改造的可逆性。当然，在居住人口多、密度大的一些院落，也有住户将通往夹层的楼梯直接设在厅堂，对建筑的内院界面造成了破坏。

改变建筑构（部）件的内外装修活动又可以分为两种情况：一种是由于材料残损、构件歪闪、坍塌而不得不进行的修复活动，修复是应急性的，做法极为简劣，如用砖墙代替传统的纸筋白灰墙、用普通的杉木玻璃门窗代替雕刻精美、选料上乘的传统门窗等。由于修复不得法，又会加速传统建筑的损坏，如砖墙直接贴在承重大木旁，由于砖的毛细作用吸收了大量的水分，导致承重大木腐烂等。另一种为改善居住条件而主动进行的装饰活动，这种活动在本街区内较少见到，应与本街区居民的经济条件及居民对保护前景的不乐观有关，已进行的装饰活动一般不做专门设计，由现代建筑的工匠直接施工，由于装修材料的材质、色彩和装饰风格与传统民居的反差极大，对传统建筑的内院界面造成较大的破坏。除以上四种改造和整治方式外，一般住户都会进行一些日常性的维修活动，即对房屋的一些破损部分和生活设施进行更新等，一般地，私房比直管公房会更经常地维修，质量也会略好。

（二）小规模改造更新的现实价值

不可否认，现有自发性小规模改造更新仅是低水平地维持着居民的居住条件，缺乏保护意识和技术，在搭建过程中不可避免地造成对传统建筑和街区整体风貌的破坏，尤其是对文物古迹保护上的火灾隐患尤为突出。但是既然这种改造已成为历史街区最为普遍和必然的社会现象时，我们就不应该简单地去否定它，而应该深入地发掘其存在的价值并加以引导。在调研中我们发现小规模改造更新存在如下的现实价值。

1. 经济适应性

历史街区的低收入者居多，虽然他们改善自身居住条件、接轨现代住宅设施配套水准的要求非常强烈，但是他们没有能力去购买成套的住房。小规模改造更新为他们提供了一个花费最低成本，在最短时间内做简易的改动即可满足最迫切需要的机会，其投入产出的效用是最高的。通过不同收入水平的居民和不同居住密度、建筑类型的院落自助改造的分析，可以得到很多有用信息，例如：居民生活中最迫切的需要是什么？居民的经济能力能承担哪种程度的建造？怎样的密度才是合适的居住密度？家庭结构的变化会带来什么样的问题等。

2. 提供了许多好的经验

在居民自发的小规模改造更新活动中，厨房、储藏、厕所、浴室等从属功能的完善以及建筑夹层的增加均为最主要的内容，也是未来小规模渐进保护的主题。由于这些活动基于居住者的经济能力，源于居住者最迫切的功能需要，而且是经同一院落内居民协调后的结果，因此任何一种改建形式的出现和选择都有其必然性和合理性，体现了针对各种矛盾的适应性，可能成为降低居住密度之后改建模式的重要参考。对于其中合理的一些整治模式进行整合疏理，有秩序地组织安排在院落中，就能既保证人们日常生活的需求又保持房屋和院落的传统风貌。

3. 有利于街区整体风貌保护

从破坏原因看，由于机关、企事业单位掌握着资金的优势，由他们主导的改造往往是多年长期积累的建设需求的集中释放，因此，建设的建筑体量普遍庞大，因而在实施效果上成为街区风貌和天际轮廓被破坏的主要因素。居民的自发改造基本上都是在院落边界内逐步进行，居民限于资金和施工条件，只好采用传统的建筑材料和小型的传统施工方式，并且受到周围环境和相互邻居的强有力制约，对整体风貌的影响并不是很大。而且在更新过程中，由于实施的小规模，许多历史环境要素可以得到保留，对一些传统工艺的保留也有一定的帮助。这也是历史上历史街区的整体空间格局风貌能够长期延续的重要原因之一。

（三）小规模渐进综合更新的必要性

1. 社会层面

1）社会公平及关注弱势群体的需要。近年来，随着社会进步，保护历史街区已成为社会共识。但是，一些城市在历史街区的保护推进过程中，出现了急功近利的趋势。比如分期实施保护工程的历史街区，政府在实施一期工程后，随着历史街区环境的改善，最困扰居民的生活配套设施问题得以解决，由于城市中心区生活的便利性，许多居民不愿意外迁；同时，由于环境改善，地价上升，也会造成前后期拆迁补偿费用的不同，使政府必须追加投资预算。因此，为尽快凸显保护成果，一些城市在保护历史街区时，采取人口全部腾退、一次外迁的简单化处理方案，完全忽视了原住民的感受和利益。

我们认为，对于历史街区保护整治而言，最关键不是效率，而是公平。一般地，历史街区的居住者往往是社会最弱势的群体，居住于城市中心的便利几乎是他们唯一的财富和生计来源。国内许多历史街区的实践表明，采用一次性、运动式保护更新模式，常常形成"对城市中下层经济活动的冲击"（张杰，1999），不利于维护社会公平。三坊七巷居住着大量的下岗工人和低收入阶层，实际调查发现，他们虽然收入低、居住条件差，却难以达到福州廉租房的标准。如果采用货币分房，由于现有的居住面积小，特别是由于历史的原因，现三坊七巷内许多房产的产权已进行分割多年，成为家族的集体财产，为居住在这里或不住在这里的家庭成员所共有，家族几代人都享有货币补偿的权利。单户居民获得的赔偿很难买得起成套的商品房，回迁更是奢望。由于地处中心区，政府很难在相近地块提供安置房房源，而他们对远迁郊外的未来生活是不堪设想的。

鉴于目前在许多大城市，低收入阶层的生活空间越来越被挤压和边缘化已经成为社会问题，我们认为政府必须意识到维护社会公平和为弱势群体代言的使命。政府不能紧盯着物质形态遗存改善而带来的获利机会，而应该通过渐进更新的模式，以公平的原则，尊重居民应有的权利，通过物质环境的逐步改善，激活街区活力，逐步增加街区就业机会，实现居民生活和街区保护的互动及街区的和谐发展。当然，维护社会公平并不排斥必要的保护效率，为此，本课题将在后面的章节进一步讨论如何通过回馈机制、赋予依法回购权等手段来调节政府公共资金投入的效率。

2）增强社区归属感，建设和谐社区的需要

在长久的发展过程中，历史街区的社区居民之间建立了丰富的邻里、亲戚、同学、同事等关系，形成了相对稳定的社会网络。在此基础上，逐渐发展出了共同的社区文化，他们有着强烈的社区归属感。而这一归属感，正是街区安定和谐以及街区凝聚力的重要源泉。在我们对三坊七巷历史街区的调查中，强烈感受到浓浓的亲情和友情构成社区的亲切氛围，历史街区宜人的院落和街巷空间为邻里交往提供了极大的可能性，院落内的天井、门厅和过道甚至于坊巷通道，都为居民的交往提供了极大可能性，儿童的嬉戏、成年人的棋牌乐、老人的闽剧票友活动构成街区其乐融融的生活画卷。除了日常邻里休闲交往，在街头巷尾如安民巷和闽山巷的神龛，三官堂和老佛殿的祭祀活动，社区老住民忆起祖上事迹和三坊七巷历史时的自豪，均体现了社区居民对街区强烈的认同感和亲情感。

事实上，根据整体性的保护目标，历史街区中居民共同交往中形成的人与人之间的有机联系和人情味的交往空间已成为现代城市人重要的历史记忆，也正是历史街区社区价值的体现。历史街区建设和谐社区并不排斥街区传统功能的适当更新。但是前文所述的大规模运动式保护更新的做法，由于其过于逐利性的保护思路必然导致历史街区中出现的原有社区结果完全或严重破坏的"富人化""商务化"和"私人会所化"现象。在这个过程中，不但街区原住民居住在城市中心区的权利被损害，而且使居民的社区归属感完全丧失，并加大了社会各阶层之间的心理距离，有可能引发新的社会矛盾。另一方面，由于新迁入的居民对于历史街区而言是"他者"，失去了原有社区结构的潜移默化，对社区强烈的认同感和自豪感必然大不如前。同时，过量的私人会所、商务场所由于自组织结构的相对独立性，较少地参与社区交流，失去了传统的生活气氛，也不利于形成人人参与、频繁交往、互助共济的和谐有机的社区环境。由于传统生活气氛的失去，保留的建筑形式也就只能成为舞台的布景与摆设。

2. 技术层面

许多历史街区的实践经验表明，采用运动式保护更新模式容易对历史街区统一而富韵律变化的街区肌理和建筑韵味造成破坏，存在失去街区风貌的多样性和有机整体性的危险。以河坊街为例，河坊街由于其保护整修时间相对较短，并且进行了市场化操作，因此，尽管在建筑整修过程中实行了分级处理，并对不同建筑采用了不同的整修方式、选择了不同的施工队伍，但是，建筑形式还是出现了诸如过于单一，大小一样，高低差不多，"修旧如旧"的理念在实践中没得到始终如一的充分贯彻等问题（杨戌标，2004）。

相对于江浙一带，以福州为代表的多数城市缺少专业的古建设计和施工队伍是不争的事实。以福州市为例，福州城市总体规划在中心城区确定了16个历史文化保护区。但到目前为止尚未有一个街区实施了启动工程，古建的施工一般仅限于文物保护单位，工程数量较少。随着时间的推移，掌握古建施工方法与技术的老工匠已经越来越少，古建施工、修缮的技术力量已明显不足。由于技术力量的不足，还会导致部分文物的修复性损坏。本街区已修复的严复故居就是典型的例子，修复时对文物应恢复到什么年代，门窗样式、工艺、细部衔接应如何处理，庭院小而富有趣味的意境如何把握等都处理不当，最终导致不可逆的破坏。

同时，由于传统建筑的地方差异明显，当地技术力量的不足难以借助其他地区的古建施工力量来弥补。因此，如果仅仅为了工作推进的效率，进而对保护整治的工期进行严格的控制，而忽视对地域建筑文化和建筑风格的深入发掘和整理，窘于地方古建修缮队伍人员总量和技术力量不足的现状，以及一次性政府投入的有限性，难免造成整治形式的简单化，如施工图套图或图样的模仿等，甚至出现修复性破坏。具体到历史街区的各类建筑，从各自的技术要求出发，对渐进性保护又有不同的要求。

1）文物建筑。文物建筑是街区建筑中价值最高、保存也是相对完整的古建筑，这些文物古建筑散布、深藏于街巷的各个角落，构成了历史街区主要历史价值的瑰宝，是保护中最需要加以重点保护的传统古建筑。按照《中华人民共和国文物保护法》第21条的规定，对文物保护单位进行修缮，应当根据文物保护单位的级别，上报给相应的文物行政部门批准；文物保护单位的修缮、迁移、重建，应由取得文物保护工程资质证书的单位承担；对不可移动文物进行修缮、保养、迁移，必须严格遵守不改变文物原状的原则。《中国文物古迹保护准则》认为，文物古迹的原状主要包括以下几种状态，即：（1）实施保护工程以前的状态。（2）历史上经过修缮、改建、重建后留存的有价值的状态，以及能够体现重要历史因素的残毁状态。（3）局部坍塌、掩埋、变形、错置、支撑，但仍保留原构件和原有结构形制，经过修整后恢复的状态。（4）文物古迹价值中所包含的原有环境状态。也就是说不改变文物原状的原则可包括保存现状和恢复原状这两方面内容。保存现状可主要使用日常保养和环境治理等手段，局部可使用防护加固和原状整修手段；恢复原状可以使用重点修复的手段。为了合理利用而增改的设施，应限制在最小的范围内。因此，对文物古建筑进行修缮的重要前提，就是先要对文物古建筑进行科学、详细的现状记录，并做出客观、准确的勘察研究，以区分出各阶段的历史信息，作为进行防护或修复的依据。同时，由于在文物修复过程需要达到与古迹原有造型、结构、工艺、材料的一致性，需要研究原文物古建筑的技术、工艺、材料等，并提前备料，培养施工队伍。因此，对文物的保护绝对不能采取一蹴而就的方式，而需要长期的积累，在理论和技术准备都不足的情况下进行抢救性保护，很容易造成文物的修复性破坏。

2）传统建筑。目前，业界对历史建筑的保护整治原则依然存在一定争议。根据现行的《历史文化名城保护规划规范》，对历史建筑应采取维修改善的方式，也就是，应保持历史建筑的外观特征不变，内部则可以根据功能需要予以适当的调整完善。一般认为改造更新内容可包括增加现代生活必需的厨房、卫生间，建夹层以增加居住面积等。

《中国文物古迹保护准则》对历史建筑与文物保护单位的保护整治方法并未

作出明确的区分，其对历史建筑的保护整治，侧重点仍然在"保"，在于其原有的状态，应尽量减少新建筑构件的增加。而《历史文化名城保护规划规范》则倾向于"用"，倾向于保存外貌，改造内部。即，历史建筑的"修旧如旧"只需限于建筑物外表，室内则可以更新，适应现代生活的需要。结合三坊七巷居住现实，根据保持必要的居民保有率和居住使用强度、现代生活内容的需要，严格地保持历史建筑原状难以实现。如何把握好"保"和"用"的度，必须通过渐进的保护整治来总结经验。整治过程中增改的建筑部件，应设在建筑的次要部位，不损伤原有结构和艺术构件。在整治或再生之中，应尽可能地保留旧的构件，保留原有建筑的结构框架，尽可能做到技术措施的可逆性，当改造进一步扩展和深入，资金或其他条件成熟时，能结合需要恢复至原来的状态时，为后代人进一步的改造街区，完善其历史面貌留有余地，而不至于因彻底地改造导致根本性的消失。虽然历史街区大量非文保单位的历史建筑，并不要求原物保护，"修旧如旧"，但其维修改善工作以街区整体风貌保护为前提。在满足未来使用的条件下，借鉴文物建筑保护修缮的技术和方法，对每一栋建筑单体的修缮，做到科学修复，这对历史街区的保护和历史氛围的体验无疑是有益处的。

3）更新建筑的适应性和避免单调的效果。自1986年国务院确定了历史文化保护区的保护地位以来，国内许多地方陆续划定了一些历史文化保护区。但是总体而言，目前多数历史街区的保护尚停留在规划层面，理论探讨较多，实践较少，特别在历史街区的更新建筑的形式研究方面，还鲜有成功的经验。更新建筑如何做到既能适应现代生活需要，又能保持街区特色，与原有的院落融为一体还需要长期的探索。以苏州为例，为了让新民居能够体现苏州老宅子的空间韵味，让传统在现代中传扬，从1988年十梓街50号宅院的试点性改造，到1992年桐芳巷全面更新的试验，到10号、37号街坊及狮林苑的3层进落式住宅、独院式住宅以及庭院式公寓的出现，苏州进行了十几年的探索。而现在，这种努力和实践还在不断地进行着（阮仪三、刘浩，2005）。

各地的历史街区和建筑由于其所处地域的地理、社会、经济和文化的影响，都会有独特的地域性风格和特征。因此，更新建筑的设计并没有一定之规，必须立足地域建筑文化进行长期的探索。以三坊七巷为例，至少会有以下特点和难点：（1）为了室内减少日晒，保持阴凉，传统的居民庭院都很"狭小"，也由于此使得三坊七巷的建筑密度高达70%。因此，如何在保持传统肌理的前提下降低建筑密度，保持必要的消防间距、改善环境质量，可能是更新建筑面临的首要难题。（2）三坊七巷在城镇人口密集的市中心建造，为节约用地，一般采用面宽小，进深大的纵向组合的多进式布局，除三坊七巷的主街巷骨架外，极少支巷，空间的整体性特征非常突出。显然，这种对外封闭对内开敞的内向式布局适用于当时的府第豪宅居住构成需要。而这种组合形式，运用于现代的居住，则交通流线过长，对生活私密性的干扰较大。如果采用小院落的空间组织方式，又极易对历史街区的空间肌理造成破坏。（3）福州夏季潮湿炎热，要求居住空间要具有良好的遮阳通风的功能，传统民居普遍高度较高。因此，历史街区的更新建筑可盖到二、三层，仍然可以做到与历史街区风貌相协调。因此，采取院落式布局，很容易造成单户面积过大，由历史街区的区位地租的特点，其适应面是很狭窄的，也极易引发街区"富人化"现象的出现，破坏原有的社会结构。因此历史街区的建筑更新必须本着精心设计、反复论证、逐步推进的原则慎重建设，如果采用运动式更新方式，过于强调保护改造的工程紧迫性，很容易由于工期紧，经验不足，以及对街区文化内涵认识不足等原因导致工业化大生产产品的出现，或者造成某些新建筑的体量、高度彩绘装饰与街区环境失调，街区特色难以体现等问题。

3. 资金层面

小规模渐进更新在资金的利用效率、筹措等方面具有一定的优势，主要表现为：首先，资金节约，避免了不必要的费用。"小规模的保护更新模式有利于充分利用民间闲散资金，同时有利于最大限度地将资金运用到改善建筑环境中去（方可，2006）。"清华大学20世纪90年代的一项课题调查表明，一般情况下小规模的更新资金直接投入到建筑环境的比例会达到总费用的90%以上，远远大于一般大规模改造的20%的比例（大规模改造的大部分都转为土地费、利税和各种摊派）。另外，小规模保护更新工作在经济上更加灵活，可以随时根据经济发展变化进行相应调整。其次，资金节约还对一些不当得利现象进行规避：如果采用大规模整体搬迁方式，由于历史遗留的问题，历史街区产权关系复杂，直管公房、私产、单位产权以及街区内大量出现的各种原因的挂户现象，甚至包括和户主没有任何亲缘的空挂户和没有房产、空立户头的挂户现象在短时间内难以完全甄别，根据现行的拆迁政策，容易引发的不当得利和国家财产的流失。最后，历史街区保护需要集中投入大量的资金，而其经济收入的回报则是逐步体现的。以三坊七巷为例，初步预计的资金投入已达到30亿元。这么大量的资金，不仅在短时间内难以筹集，而且即使可以筹集的话，由于市场风险和经济回报的渐进性，采用一次性的资金投入方式，也容易造成资金沉淀和利息负担。因此，即使在国外经济发达的国家，保护资金筹集和使用也是逐步渐进的。比如日本的妻笼街区一年只能修缮1~5家，通过13年的时间才逐渐恢复了昔日街区的景观。

4. 文化及使用功能层面

1）街区功能更新的渐进。中国在较长时间内处于一个快速的经济增长期，历史街区作为一个"活"的街区，作为城市中心地段，其功能必然需要适应城市发展功能方面所出现的变化。以北京国子监街的上一轮五年整治为例，经过整治，历史街区的风貌得到初步的恢复，既改善了居住生活环境，也改善了投资旅游环境，经济效益明显，但是也随之凸现了一系列新问题，其中以街区未来的功能走向问题最为突出。三坊七巷也存在着同样的问题，三坊七巷应如何进行保护整治已成为福州各界的讨论热点之一。虽然对三坊七巷保护已经成为社会共识，但在街区发展的功能定位上仍然存在巨大的争议，作为历史上就是一个以居民功能为主体，集会馆、祠堂、宗教、商业等建设为一体的历史街区，其许多功能随着城市历史上的发展而呈现出极大的适应性。由于三坊七巷历史街区丰富的历史文化信息和位于城市中心地区的区位特点，蕴藏其间的巨大的文化资产价值未来随着街区基于保护基础的利用发展，会激发出许多新的城市功能。因此，只有通过小规模的整治，使街区对应经济发展阶段及需求的渐进发展变化，才能保持街区处于中心城市地位的多样化需求和活力。

2）传统民居使用功能和使用内容更新的渐进。一般认为，传统民居根本不能适应现代人的生活要求，居住在传统民居内会失去许多现代城市生活的便利。因此有些人认为，既然现行的保护规范不反对对历史建筑内部的修改，那么，在保护传统院落外观的前提下，不妨对院落内部进行大幅度的修建，以满足现代生活的需要。其实，当人们解决了居住问题后，必然将审视的眼光转到其艺术性、认知性上来。当居住的文化取向成为生活品位的重要衡量标准之后，市民必然要求多样的生活方式，而历史街区中，其返璞归真的生活方式也将再度得到社会的欣赏（张曦、葛昕，2005）。目前北京等地许多传统院落经过简单修整，增加了一些绿化景观元素后，就使得居住环境平添了许多意境，变得优雅而舒适，而成为房产市场的新宠，就代表了这一趋向。近年随着创意产业的兴起，传统的街区空间体系和院落格局所烘托的意境，往往成为这些从业者的创意源泉。相应地，传统院落往往也成为创意产业从艺者比如艺术家等作为工作室、艺术沙龙等工作交往场所。因此，伴随经济发展而发生的市场需求的不可预见的变化，历史街区在保持生活原真的基础上，传统民居功能和使用需求也会发生多样化的变化，从而决定了传统民居应采用稳定、渐进的动态更新模式，杜绝大规模的改造。

3）文化延续的渐进。虽然三坊七巷有最典型的一些文化特色和习俗，比如排塔、诗钟随着岁月流逝已经消失，但是这些主要的历史记忆和福州民间的生活习俗仍然依托历史街区这一文化空间载体得到可持续生存的机会。而这一点对于保护和发扬传统文化，无疑将起到极为关键的作用。在调查过程中，我们也发现敬神祭祖的风俗，在民间仍然扎根很深，敬神、求签、祭祖的家祠遍布三坊七巷，以祭祀为主要功能的主厅堂，在许多民居中得以保留、功能得以延续。许多老人向我们口述了街巷的历史典故和名人事件。这些都是文化传承的重要条件。显然，如果采用运动式保护更新模式，随着大批原住民的被迫外迁，则文化生态的丧失、社会生态发生变化的结果不言而喻。以杭州的河坊街为例，在其改造之后，大部分原住居民为了改善居住条件而外迁，历史街区原有的社会传统结构、认同感和归属感遭到丧失，人们在杭州最具特色的历史街区里再也看不到本地老居民和地道的杭州风俗。有专家认为，随着外地业主、客商和打工者的涌入，这一地区很可能演变成了"温州村""义乌村"（杨戍标，2004）。即使政府意识到这一点，通过政策的引导，可以使多数的原住民得以回迁，但由于搬迁周转中必然出现的实际困难，在二次搬迁过程中，许多构成非物质文化载体的物什会被遗弃、丢失或出售；文化活动（节庆、礼仪等）活动也会因载体的失去或社会氛围延续性的断裂而丧失或变味。相反，采用渐进式的保护模式，则一方面维持人员社会结构的延续性，社区公共环境的稳定性，文化的传承不会被一下子切断，另一方面构成非物质文化载体的家庭用具、物什也可以在小范围之内进行滚动而得以保存。

三、小规模渐进综合有机更新方法研究

（一）小规模渐进综合更新模式的含义

1. 实施过程的持续性和阶段性

首先，保护资金的有限性。必须注意对资金的有效利用，通过有限的资金带动整个街区的保护与整治，产生最佳的效用与效应。如前文所述，即使在经济发达的日本等国，保护资金也是逐步投入的。其次，技术和管理力量的有限性。与城市建设相比，历史街区所需的工程量相对较少；同时历史街区的保护却又是一项综合性、专业性和地域性非常强、要求非常高的工作，必须有一支队伍长期稳定地坚持做下去。采用短期运动式的保护整治方式，容易造成运动性的破坏。最后，认识的有限性和发展性。国内历史街区的保护刚刚起步，鉴于中国经济快速发展的背景，随着生活水平的提高，社会对文化和价值的理解也在不断的提升并迅速地发生变化，对历史街区和传统建筑保护和利用的理解也在不断地深入，特别是现在社会各界对历史街区的认识还不尽一致，需要通过长期的街区保护过程

来统一认识和发展认识。

2. 实施规模的小尺度

实施过程的渐进性决定了实施规模的小尺度。如前文所述，实施规模的小尺度还在于吸引资金的灵活性，调动居民参与的积极性，以及全社会保护街区生活的延续性和历史文脉等方面。实施的尺度一般应以院落为单位，以保持实施的相对完整性。鉴于院落住户的复杂性，正在进行的修缮保护不能对其他单元产生太大的影响。同时应注意通过街道和居委会的协调，引导小规模整治由单个用户的单独改建，逐步转向以社区为主体的多户居民的合作改建。

3. 内容的整体性和综合有机性

更新的内容应是综合有机的。除了空间格局、建筑风貌、质量、人均建筑面积等物质指标外，还应包括社会学和文化学的内容。比如社区活力和多样性，居民期望及文化延续性，生活习俗的延续性，还应特别注意街区和城市生活的互动发展，街区生活和环境品质的提升，用地功能的混合型和就业机会的增加等。还应特别注意的是，由居民为主体的渐进更新并不等于盲目无组织的、完全由居民自行进行的更新活动。为避免个体更新活动的随意性和低技术性，政府应通过资金和技术投入来调控整治过程，将小规模的渐进更新纳入街区整体保护框架来考虑，使得更新插入的构筑物与街区环境形成可持续的历史序列，在变迁中保持秩序。在实施过程中还应阶段性地对原设定目标进行评判，总结引导社会认识，特别是在项目的初启阶段，政府应适当加大投入，改善公共的配套资金，并在整体规划的引导下，选择一些见效快的院落进行整治，焕发全社会和街区居民参与历史街区保护的信心和热情。

（二）工作方法与思路

1. 摸底调查

鉴于历史街区的复杂性及渐进性，保护推进需要较长的工作周期，使渐进性保护工作的推进时序显得非常重要。必须在前期深入细致调查工作的基础上，根据保护工作的轻重缓急需要，进行渐进保护的工作推进安排。因此，充分的调查是保护工作开展的首要前提。

由于前期调研工作的复杂性，前期工作应让社区居民来参与，重点调查的内容主要包括：（1）调查该街区的环境和发展历史；（2）人口及经济资料：社区的社会组成、邻里结构、社区服务与院落产权、人口结构、家庭收入、劳动就业情况等；（3）物质环境：建立适用历史街区的"房屋结构完损评价标准"和保护规划的风貌、质量分类标准，对建筑的风貌和质量现状进行谨慎的评估与认定；（4）进行全面的勘查，查清研究范围内现存的重要建筑物、古迹和历史街区，特别是能体现该地区历史的实物；（5）对重要的文化遗产及其有关记载和记录进行评估。

根据空间句法分析的结果，严格保护区、弹性调整区和更新改造区，要分别对其给予不同的更新保护对策，严格保护区、弹性调整区则是小规模渐进更新的重点地区，而更新改造区可以适度加快更新改造的进度。目前空间句法得出的推论和图面表达仅是示意性质的，还需要再进一步结合实际调查来确定三个分区的具体边界，针对不同分区予以不同的施策。

2. 控制导则

现行的城市详细规划可分为控制性详细规划和修建性详细规划两个阶段。由于修规偏重于物质形态和静态的规划，对保护的要求刚性较大，不能适应历史街区渐进保护的要求；而传统的控规一般范围较大，会涉及几个街坊，在研究深度上很难顾及历史街区空间肌理和微小尺度变化的保护要求。从调查内容上，一般街区基于未来发展的需要，现状地面物基本上都要拆除，因此不必做太深入细致的调查；从规划控制内容上，侧重于街坊的用地性质、允许容积率、建筑退让、覆盖率、建筑高度控制和沿街建筑风格基调等物质形态的指标，对非物质形态文化和社会学的内容则较少涉及。这些都难以适应历史街区进行小规模渐进保护模式的需求。因此，从历史街区渐进保护、永续科学管理的要求出发，必须建立渐进综合管理的规划控制导则。该导则要立足于前期深入细致的调查，强调城市改造的过程性和阶段性，使规划管理更实际、更完善，并可根据街区及外部环境变化按法定程序进行适时调整。规划控规导则宜分为街区整体通则和开发单元细则两个层次：

1）街区整体通则。相当于现行历史文化街区保护规划。目前的一些城市在历史街区保护规划的实践中做出了非常有益的探索：比如进一步强调人口与产权，对单体建筑及院落作了细致的分析，强调了实施的可操作性等。但是由于历史街区的复杂性，限于时间精力，在一个层次的规划内，要完成所有的内容，往往难以深入，甚至于顾此失彼，不利于规划重点的把握。街区整体通则应着重于宏观层面的规划控制，以解决街区整体保护框架、保护区划、建筑整治要求、道路市政设施改善及人口疏解目标、街区利用发展等要求。街区整体通则还应适时对已更新建筑的实施效果进行总结和评价，总结经验，为其他更新建筑的设计与管理提供优化建议。

2）发展单元细则。由于街区的保护建设不是一次完成的，在渐进保护发展的过程中，居民对生活改善的要求是随机在小范围内发生的，不能完全由政府做预先的安排。因此，规划应明确发展单元的概念，将街区的发展建设细化到以建筑院落为单位的若干单元，一方面在这个单元内的建设具有独立性的特征，不会影响到其他单元；另一方面可以预先针对各居住单位的实际情况作出保护、修复与更新发展的规定或建议，适时指导居民的小规模改善建设。在历史街区的各类建筑院落中，文物单位和保护建筑的修缮是专业性非常强的工作，要由文物部门按行业规范来制定修缮和发展规划。更新的建筑院落除规模较小者外，应在街区整体通则的指导下分阶段进行建筑的报审工作。因此，发展单元细则主要针对的是历史建筑，并作为街区居民自治的法定依据。细则的内容主要应包括：

（1）结合住户意向、院落的文化内涵和信息，进行产权置换的建议，确定人口密度低限指标和适宜指标。

（2）院落功能调整的指导：结合院落在街区的区位及其与周边建筑的关系、方位，提出应禁止的功能和推荐功能。

（3）结合院落建筑传统组合形式的研究，明确必须保护的传统建筑的外观和内院界面形式，明确允许增建的辅助用房，如厨房和卫生间的位置等。

（4）必须保护或修缮的历史建筑的局部及构件、园林水井等环境景观要素等。

（5）必须局部更新或增建的建构物和绿化细则，包括建构物的形式和材料选择、色彩、高度要求，墙面、门窗等细部要求，梁柱的规定，风貌协调的其他要求等。

3. 要做好小规模渐进保护更新的试点

各地因基础不同，对历史街区保护更新、文物建筑和历史建筑的保护等，其采取的技术对策也有着许多不相同。特别是三坊七巷历史街区，其肌理和俯视效果的保护以及坊巷格局的整体性保护（包括外墙色彩、屋檐色彩），木构建筑的"修旧如旧"等，难度很大，难以把握。建议最好对渐进式更新开展试点工作，可以考虑选择一个坊巷和一栋有代表性的文物建筑开展修复试点，待取得成功后再全面铺开。

4. 传统建筑保护发展的模式

随着现代社会家庭的日益小型化，适应古代家族式独户独用的院落式住宅已不适应现代人的居住需求，尤其是生活私密性方面的需求已是不争的事实。但是另一方面,庭院式的共享空间和场所精神却又被住进楼房的现代人所回忆与向往。因此,如何能做到较好地处理这些矛盾,让传统的院落式建筑形式在改善后为现代生活所用,是历史街区发展的一大难题。为此,本课题结合三坊七巷与朱紫坊街区的实际,进行了初步的探索,其中主要包括建筑功能的置换和历史建筑形式的改善两个方面。

1)建筑功能的置换。在保持一定的人口和街区功能保有率的前提下,根据传统院落的建筑价值等级、历史信息、产权和区位情况,可适当地进行建筑功能的置换,以丰富街区功能。

(1)文物保护单位的综合利用。根据《中华人民共和国文物保护法》,国有文物保护单位一般只能辟为博物馆、保管所或者参观游览场所用途。历史街区文物数量众多,占地面积广大,列为文物保护单位的概率较高;但每幢建筑产权关系复杂,完全归国家所有的比例较少。如三坊七巷为南方少有的大型府第建筑群,区内有文物保护单位和保护建筑多达62处,总面积超出保留下来的传统建筑的50%,但其中完全归国家所有的只有5幢。如果这些建筑将居民全部腾退,收归国有,依法辟为博物馆、保管所或参观游览场所,则有可能在一定程度内造成历史街区的"空城",不利于历史街区历史文脉和传统社会结构的保护。因此,我们建议对拟收归国有的文物保护单位,应按其所具有的价值和性质区别对待,需要辟为博物馆、保管所或者参观游览场所的,由政府负责居民腾退和建筑维修,其余的以不改变原建筑的用途为原则。

(2)传统建筑的综合利用。在三坊七巷与朱紫坊的调查中发现,虽然整体街区的人口密度较大,但是一些院落比如一些侨属的民居长期空置,还有一些院落被改为家具仓库等不恰当的用途。这些历史建筑可成为综合利用的主体,可以发展的功能包括家庭旅馆、传统与创意文化产业场所、老年公寓等。在保护性利用真实物质遗存的前提下,渐推渐进,寻找传统建筑多功能综合合理使用的途径,走出现在多数传统建筑只保不用的困局,体现其应有的社会经济效益。

2)传统建筑的形式改善。三坊七巷与朱紫坊历史街区最为常见的院落布局形式为纵向组合的多进式布局。这种院落布局形式面宽小、进深大,宅内前后部的联系不便。一些住宅为解决这个问题,比如宫巷的沈葆桢宅,在主座西侧设置了跨院,用紧贴主座院墙的南北通道串联、增强前后区的联系;也有一些住宅在风火墙内侧与木构排架之间留出约一米宽的前后通道,俗称"火墙弄"或"壁弄",供佣人行走,以缓解纵向布局之不足。

为了适应现代社会家庭小型化的趋势,传统院落的空间联系手法值得借鉴。比如采用拆分型的院落整治形式,就可以将纵向多进的大院落拆分成各有独立入口的小院落，利用纵向的廊道组织交通，联系各单元院落，并保证居住单元的相对独立与不受干扰。具体方式包括：利用院落侧向已有的小巷弄增设小院落的入口、结合周边建筑空间整治新增的支弄街巷，增设小院落的入口、弱化单侧厢房的居住功能、在风火墙内侧留出前后联系的通道、剩余部分辟为辅助功能单元或小卧室等。

历史建筑的形式改善也可以采用混居改进的模式。大型组合院落的适当混居，可以选择一院落，将其厅堂和天井作为主要的公共交通空间，其余的纵向院落仍然拆分为若干小院落，通过横向辅助通道与公共院落联系。该交通型院落建议以天井前的回廊作为院落与居室间的空间过渡，以减少干扰，维护住户的私密性。

（三）后期运行保障机制

1. 建立社区专业建筑师制度，加强街区保护的专业技术力量

国内许多历史街区都开始了社区居民参与保护整治的探索，但是居民如何来参与，如何在参与的过程中做到有效地保护传统建筑，需要制定一套完整的社区专业建筑师制度。社区专业建筑师负责历史街区内日常的建筑修缮、新建、改建与扩建的指导与顾问工作，及时了解居民的需要，提出相关保护建议，贯彻保护方案。历史街区保护是一项综合性极强的工作，除建筑规划、文化社会学外，社区专业建筑师还应具备材料、考古、测量等方面的知识。目前，我国在这方面的人才极其匮乏，从业人员的专业素质有待加强，也尚未建立相应的完善的责权制度。在这方面，法国的国家建筑与规划师制度经验值得我国借鉴。法国以其国家建筑与规划师制度作为整个建筑遗产保护体系的核心，国家建筑与规划师必须先是职业建筑师，经过严格的考试筛选，并通过专门学校Ecole de Chaillot为期两年的专业培训，然后供职于建筑与遗产省级服务中心SDAP。其国家建筑与规划师主要需承担以下职责：保护、控制和建议各级历史建筑的维修工作，审查被保护地区的建设活动，为建筑设计和城市规划提出恰当的建议。在被保护的地区的项目审批中，国家建筑与规划师被法律赋予很大的否决权。他们代表着国家利益，从专家的角度，调控被保护地区内的拆除和建设活动（周俭、张恺，2003）。

2. 建立匠师制度，进行保护技术的探索和技术力量的培养

历史街区的保护对传统施工技术的传承提出了极高的要求。如前文所述，对于多数的中心城市而言，历史街区的保护刚刚起步，古建施工、修缮的技术力量

严重不足，并且由于其强烈的地域性特点，还难以临时性地借助外地的古建施工力量。施工技术工艺是关系历史街区保护成败的最直接的因素，因此，历史街区保护必须建立长期的匠师培养和认定制度。方法如下：

首先，各中心城市必须建立当地专业技术人员和传统工匠的名单库，寻找具有传统工艺技能的工匠，加强传承，避免传统工艺的消失。

其次，必须通过渐进改善的方式，逐年保持一定的工程量，培养技术力量，探索施工技术，建立长期稳定的施工队伍。只有工作稳定，才有可能保持工匠队伍的稳定，才有可能培养出新的技术工人并不至流失。

然后，还应改变师傅带徒弟的旧有的单一传承方式，探索新技术的运用。政府应对专业技术人员的培养给予实质性的政策扶持，利用高职、技校开设专业院系和专门课程，培养保护工程的施工技术和管理人员。通过培训来提高施工人员的技能，通过考核选拔历史建筑维修的专业匠师来确定其级别，规定不同级别的历史建筑物必须具有相应级别的匠师负责施工的匠师负责制。同时，对于培养出来的少数高级别匠师，政府应该给以补助。

3. 材料储备制度

文物古建筑修复所必须遵从的"不改变文物原状"原则，也不同程度地适用于历史街区各类建筑的修复过程。因此，各类建筑的维修过程中，需要相应地达到对古建筑维修"原造型、原结构、原工艺、原材料"的要求。

古建筑维修工程，由于要更换、补配构件的规格比较复杂，符合要求的材料数量不多。在古建维修中，尤其需要较多的木材，这些木材除了要有相应的木材干燥工厂之外，还有相当一部分的特殊用材，如修配斗栱的硬杂木、补配雕花的樟木或楠木、弯梁等大构件，有的需从附近购买尚未砍伐的树木，有的需通过"访察"看好后立即伐倒运回使用。另一方面，历史街区的维护与修复持续的时间较长，工程量较大，对原材料有着相当大的需求量，因此有必要建立相应的材料储备制度，以应对工程方面对材料方面的不时之需（祁英涛，1992）。

古建筑的维修，要求能够尽最大限度地利用旧材料，减少新材料的运用。一方面是为了保持传统建筑的历史原真性，另一方面也是发展资源节约型社会的迫切需求。从国内中心城市旧城更新的实际来看，一般中心城市及其周边地区的都会存在一些没有整体保留价值的旧街区或旧建筑，今后可能会被陆续更新改造。这些地区可能没有完整的历史建筑，但是往往有一些值得回收的构件。因此，有必要结合历史街区的渐进更新，建立传统材料的回收储备制度。这样除了有助于节约新材料外，还有助于保留许多传统构件的式样、做法和工艺。

4. 建立地方维修规范标准

2000年颁布的《中国文物古迹保护准则》为文物保护提供了行业准则，对国内的文物保护具有重要的指导意义，但由于中国幅员辽阔，各地传统建筑的地域性极强，因此准则只能提出原则的保护修缮意见。针对历史街区必须长期进行修整和养护，为减少古建修缮过程中的随意性，在各历史街区的保护修缮过程中，应以准则为指导，结合地方建筑的传统工艺特点，对地方建筑的原工艺、原材料、原形制和原做法进行细化总结，制定出地方或历史街区相应的古建筑修缮细则或施工技术准则。

历史街区由历史上长期演变后的建筑及风俗构成。如北京的胡同、上海的里弄、福州的街巷，它们的地区性的差别是显而易见地存在的。就街区古建筑而言，在南北方之间、汉族地区与少数民族地区之间，无论就平面构成、建筑的外观、内部结构及材料运用上，也都存在着较大的差异，甚至于在有的地区，差异性占据着主导的地位。福州地区由于自身气候、地理及历史传承等因素影响，形成的高墙窄巷、深宅大院的城市街巷格局，也是独一无二的。因此，有必要建立针对各地历史街区建筑维修的、符合地方建筑特点的维修建筑规范标准。在福州地区，有许多的地方建筑手法，也是必须尽快加以规范的，如：三合土墙的建筑标准、墙头泥塑的规范、木雕的技艺等。

规范的出台当然不是一件简单的事情，它需要政府相关部门，尤其是文物主管部门、文物研究机构及有关测试部门、标准计量单位等的通力协作，同时还要经过不断的实践与修正，才能达到完善。在规范出台之前，则可以建立相应的示范工程及测试手段，以指导、检验街区各类建筑的维修，使历史街区真正达到"修旧如旧"、整体和谐的外貌特征的要求。

此外，我国目前已经建立了完整的现代建筑的施工与监理制度，但是古建施工的监理制度尚不完备，这都为居民依法进行街区及传统建筑的保护更新造成困扰。因此，古建施工监理的技术规范也亟须建立出台。

（四）小规模渐进综合有机更新调控措施有关问题的探讨

基于居民参与的渐进式综合更新在保护方式上具有很强的自下而上的特征。这种更新方式在具备了前文所述的种种优点外，也不可避免地带有个体保护更新的自利性和片面性。因此，在进行社区教育和技术规范的同时，还必须进行自上而下的调控，使得渐进更新能够纳入负责任地保护发展的轨道。同时，这种调控对政府的相关部门而言，也是极其必要的。在此，结合三坊七巷、朱紫坊综合更新政策的相关实践，对几项主要的调控措施进行探讨。

1. 依法回购权

由于传统建筑对现代生活的种种不适应、修缮费用的相对高昂、产权不明晰、居住密度较高，以及相应配套技术管理的法规不完善等原因，即使政府给予住户必要的补贴，仍然会有些住户不依法修缮或无力修缮，并由此引发长期的纠纷。历史街区在街区环境逐步改善之后，许多住户不愿意外迁或提高外迁条件，这样，对于人口密度和使用强度过高的院落，如果仅通过协商方式进行谈判，可能会由于长期的使用不当和修缮不当给传统建筑造成破坏和安全隐患，造成事实上的政府不作为，使得街区环境的进一步改善难以为继。因此，有必要导入依法回购权的做法，以保障对传统建筑遗产的及时保护和必要的效率。

在这方面，国外有许多成功的做法值得借鉴。以澳大利亚为例，一般规定传统建筑由住户自行维修，政府给予适当的补助；如果住户不愿修缮或无力修缮，则由政府给予强制转让。为保护建筑遗产的历史权属，规定房产转让首先在住户的族亲内进行，政府予以免税；如果族亲内无人认购，则把房产推进社会市场，受让者给予减税的优惠；如果再次无人认购，则由专项的国家基金机构依法收购并修缮。法国1962年马赖历史街区保护法也明确规定，"如果业主拒绝开展必要的修复工作，他的资产就可以被征用"（[英]史蒂文·蒂耶斯德尔、帝姆·布恩，[土]塔内尔·厄奇，2005）。

但是，目前国内尚无依法回购的适用法律法规，《中华人民共和国文物保护法》仅规定了强制修缮的要求，如第二十一条"非国有不可移动文物有损毁危险，所有人不具备修缮能力的，当地人民政府应当给予帮助；所有人具备修缮能力而拒不依法履行修缮义务的，县级以上人民政府可以给予抢救修缮，所需费用由所有人负担。"第七十五条"国有不可移动文物的使用人拒不依法履行修缮义务的，由县级以上人民政府文物主管部门责令改正。"第六十六条"擅自修缮不可移动文物，明显改变文物原状的，尚不构成犯罪的，由县级以上人民政府文物主管部门责令改正，造成严重后果的，处五万元以上五十万元以下的罚款。"上述条款均仅规定了官方和私人不履行保护将如何处罚，但并没有建立预警机制。由于传统建筑的唯一性和修缮的不可逆性，文物被破坏后即使对肇事单位或个人给予处罚，损失已然无法挽回。因此，需要赋予政府以强制购买权并颁布相关的实施细则，建立从政府主管部门到社区的分级监督管理机制，一旦发现传统建筑有损毁危险而用户拒不修缮或不按照有关程序进行修缮，或用户在使用中其行为严重违反原有建筑的保护要求而拒不改正的，政府可予以制止并有强制回购的权力,以避免传统建筑只有遭受破坏后才能采取亡羊补牢措施的遗憾。对强制回购的古建筑,可以尝试进行产权转让,并研究相关受让群体的优先次序、公开拍卖或转让等有关产权变更的政策和操作程序,以规范产权流转,盘活传统古建筑,鼓励社会和个人修缮、利用传统建筑。

2. 投资受益回馈机制的建立

历史街区的保护资金来源具有公共性和公益性的特点。除用户自己投入外,一般资金渠道主要有国家财政投入、公益基金和社会捐款等,间接的渠道还包括税收减免、无息贷款等。通过渐进保护综合更新模式,建立投资信用,不仅让这些资金能真正投入到街区保护中,而且还要让这些投资的受益持续有效地返还到历史街区保护中,培养街区保护的"自我造血机制"和经济的可持续性,让街区内居民真正受益和公平获益,是渐进式综合更新的关键。

从国内外实践看,对公共投入不加以管理,难免会使这部分投资不同程度地偏离保护目标或流失,从而引发新的社会问题。问题主要表现为两个方面:

其一,是公共投资及其收益的流失。在公共投资用于历史街区的保护过程中,由于投资的外部性,必然会造成历史街区物业等的升值。这时会有一些住户私下进行房产交易,获取利益。比如,在一些历史街区保护改造过程中,许多回迁户将安置的院落进行出售;一些房地产商利用现有政策的空白,直接介入了院落的开发,将传统民居改造为高档院落以牟取暴利等。显然,公共或公益的资金投入被转为私人的盈利或暴利,公共资产则流失了。同时,改造后院落过快的出售还容易造成社区社会结构的破坏,背离延续街区生活的规划目标。

其二,是受益对象的不合理。以历史街区保护利用的最主要手段——旅游为例,由于作为旅游目的地的文物保护单位等历史遗存的利用受到种种限制,只能依靠旅游门票等获取直接收入,受益有限;相反,在历史街区的一些附属或配套区域,如购物街等,由于服务的多样性和较高的附加值,反而可以获得较高的收益。有时,还会因为政策设计得不合理,一些街的原住民不得不外迁,历史街区成为开发商获取暴利的利器,比如一些地方出现的"浙江村"现象等。由于街区保护缺乏政策措施的引导,不能让原住民和弱势群体受益,最终将使渐进式综合更新难以为继。

针对上述问题,应通过政策和税收等方面的引导,建立投资收益的回馈制度,保障渐进保护的可持续性。该制度至少应包括以下内容:

(1)设立专项的基金或社区管理机构,负责保护资金的筹措、管理和运作,制定传统院落的使用守则。

(2)设定的政策应控制过快的出售,并避免公共投资和收益的流失。建议公共基金投入修缮时应对建筑当时的房产价值进行评估，同时管理机构应制定一定的时限（以8～10年为宜，此时可进入新一轮的修缮期），在该时限内住户将修缮后的建筑进行出售的，则管理机构可综合建筑的评估价和投入修缮的费用进行股分配比，按公共投入的比例计取收益。该时限后出售的，管理机构收回本金即可。

（3）统筹历史街区及周边配套服务区的经营，区内物业租售的收入应返还为街区保护基金，并对提供展示服务的建筑院落和社区居民进行适当的转移支付，让社区居民能分享街区保护的成果。

（4）街区物业出售的增值税和物业经营的营业税费应返还到街区保护中去，以保障街区保护的可持续性。

3. 财力与政策支持

传统建筑的保护需要大量的资金投入，但对于街区的现有多数低收入者来说，完全只能依托自身力量，既要实现现代生活需求乃至小康生活需求，又要完成古建筑的保护任务。目前尚不现实，特别是完成古建筑的许多精细的构件和园林的保护，对于这些业主而言，更是额外的负担。政府必须借鉴欧洲及日本等国保护历史文化遗产的经验，在财政预算中予以专项支持。对历史街区交通及内部配套基础设施的改善，以及对传统建筑符合要求的修整给予必要资助。同时在保护修缮的税收、融资贷款利息和促进文化遗产的国有化和公有的转让所得税化方面，给予优惠政策，切实推进小规模渐进保护。同时，对于现有街区内产权关系复杂、许多产权不明晰的现状，政府应通过法定程序，明确传统建筑的法律地位、界址及保护内容，对居民自助改善居住条件在政策上给予保障，在制定流动人口政策中，对不同类别的产权人口要有意识地予以引导，并可进一步通过房改等政策来置换公房产权，调动居民积极性。

四、本章小结

1. 在借鉴国内外历史街区渐进改造实践的基础上，本章回顾了三坊七巷小规模改造更新情况，提出小规模改造更新具有经济适用性、可以积累经验、有利于街区整体风貌保护等三个方面的现实价值，从社会、技术、资金和文化及使用功能等方面提出了三坊七巷进行小规模渐进综合更新的必要性。

2. 针对三坊七巷提出小规模渐进综合更新的三个方面的含义，即实施过程的持续性和阶段性；实施规模的小尺度；实施内容的整体性和综合有机性。同时在摸底调查、控制导则的制定和传统建筑的渐进更新发展模式上提出了做法要求。进而对后期的运行保障提出要建立四个方面的制度，即建立社区建筑师制度、匠师制度、材料准备制度和建立地方维修规范标准。并对于小规模渐进综合更新相关的依法回购权、投资收益回馈机制的建立、财力和政策支持等提出思路。

第七章

三坊七巷复兴策略研究

一、城市和历史街区复兴理论与实践

（一）城市复兴理论与实践

1. 从城市改造到城市复兴

城市复兴理论是在欧洲城市面临城市经济结构重组与逆中心化（Decentralisation）或郊区化（Suburbanisation）的双重背景下产生的。大规模的造城运动导致了欧洲许多城市中心区的快速衰退，但是，在传统的工业城镇、城市，尤其是以化工、纺织、钢铁制造、造船、港口、铁路运输和采矿业等重工业为支柱的地区尤为明显，典型代表有德国鲁尔地区、法国Nord地区、比利时的Sambre和Meuse地区等。这些欧洲城市，在面临着衰退的同时，还承受着来自经济、社会、物质环境、生态环境和财政问题的种种复杂的压力，在处理这些遗留下来的夕阳产业时，不得不为投资和经济的增长进行着新一轮的竞争（吴晨，2002）。在此背景下，许多城市的发展遵循了"消除贫民窟—邻里重建—社区更新"的脉络。与此相对应，由最初的形体规划出发的城市改造思想，逐渐演变为对大规模城市改造的反思，其中的可持续发展理念的延伸最终产生了城市复兴思想。作为欧洲20世纪后期城市政策的核心内容，城市复兴反映了在深刻的经济社会结构变迁背景下，城市规划调控新的视野和维度。

"再生"或"复生"，从生物学角度来看，指的是失落或损伤组织的重新生长，或是系统恢复原状。城市复兴也是如此，它涉及再生或复兴已失去的经济活力，恢复已部分失效的社会功能，恢复已经失去的环境质量或改善生态平衡，以及处理未被关注的社会问题等。城市复兴概念的形成和过去半个世纪以来城市的发展变化及政策的调整密切相关。对从20世纪50年代以来欧洲城市建设的相关思潮及其发展进行比较研究，从中可以看出"城市复兴"理论的发展轨迹（吴晨，2002）（表7-1）。

表 7-1

20 世纪 50 年代以来西方城市复兴轨迹与理论政策

理论与政策	20 世纪 50 年代的城市重建（Reconstruction）	20 世纪 60 年代的城市复苏（Revitalisation）	20 世纪 70 年代的城市更新（Renewal）	20 世纪 80 年代的城市再建（Redevelopment）	20 世纪 90 年代的城市复兴（Regeneration）
主要方向与策略	城市向郊区蔓延后，根据规划重建和扩展城市旧区	延续 20 世纪 50 年代理论发展主线，适应郊区及外围地区发展的需要，对早期的规划进行调整及再安置	注重社区邻里与更新的计划	诸多大型项目、再建项目，旗舰项目（工程）等，包括外城项目等	从政策到实施层面，向更全面（全方位）的方向发展，更注重用综合手段解决处理社会问题
主要促进机构及利益团体	国家和地方政府、私人机构、发展商，以及承建商	在国家及私人投资机构间，寻求一种更大范围的平衡	地方政府的核心作用在减弱，私人发展商的作用增加	主要为私人机构及其发展商，特别是策划或投资顾问及代理、合作伙伴的模式开始增加	合作伙伴（Partnership）的模式占有主导地位
行为的空间层次、手段	主要集中于本地或城市周边	结合地区层次的行为手段	始于地区与本地层次，后期更注重本地层次	早期注重建设地段层面，后期注重与当地情况的结合	重新引入战略发展的观点，对社区域层面愈加关注
经济焦点	政府投资，一部分私人机构参与其中	私人投资比例及趋向日趋增加	私人机构商业投资占主导地位，政府基金会有选择参与	政府投资及私人投资显著增加	政府、私人商业投资及社会公益基金的平衡
社会范畴	提升居住及生活质量	社会环境提升与改善及福利水平的改造	以社区为基础的作用显著增强	社区自助同国家有选择地自主	以社区为主体
体型环境重点	城市的改造与置换，城市外围的发展	重建继续与 20 世纪 50 年代后在建成区的重建安置平行进行	在旧城区更大范围的更新	重大项目的建设以替代原有功能，旗舰发展项目	设计更适度、优雅、注重历史文脉与文化的保存
环境导向	园林及部分绿化	有选择加以改善	结合一些新技术对环境加以改善	对更广泛的社会环境问题产生关注	广泛的可持续发展的环境理念介入

（来源：吴晨，2002）

2. 城市复兴定义、原则和过程

城市复兴是随着既有建成地区的城市问题的产生而产生的，其意旨在于：活化地方经济、复原社会功能、解决社会排斥的问题和提升环境质量（Couch & Fraser，2003：2）。它实际上为一种多维度、综合性的解决城市问题的方法。这迥异于过去那种以空间为关注核心、以项目导向为基础，短期的、琐碎的、缺乏全局的城市再开发。1992年，伦敦规划顾问委员会的利谢菲尔德（D.Lichfield）女士的《为了90年代的城市复兴》（*Urban Regeneration for 1990s*）一文中，定义"城市复兴"为：以全面和融汇的观点与行动为导向来解决城市问题，从而寻求一个地区在经济、物质环境、社会及自然环境条件上的持续改善。该定义虽非法定和唯一定义，但基本涵盖了城市复兴的含义。一般的说，根据这个定义，城市复兴的过程主要有以下的原则：

详细分析城市及地区存在的各种问题或情况；力求同时改变或改善城市的体型空间、社会结构、经济基础与环境条件；尝试使用全面和综合的策略，平衡、有序、积极地解决问题；深化策略与复兴的进度，使之符合可持续发展的思想；设立明确的、可操作的、量化的目标体系；尽可能地优化自然、经济、人以及其他资源，包括土地及现存的建筑环境的利用；寻求和形成行动的共识，通过合作伙伴关系或其他途径，让所有相关者尽可能多地参与和合作，达成他们合法利益的满足；在策略进展中，特定评估师的作用极为重要的，要发挥其对各种内部及外部影响的监控和监管作用；实际操作中，可以根据情况变化，允许对初步计划进行修改，允许复兴策略的不同要素与部分之间进展速度不同，允许增加或减少某些资源以达到复兴计划进展的大致平衡（Roberts. P & Sykes. H，1999）。

城市复兴是一种对城市建成地区的变化实施干预的行为。从部门组织的角度来说，这种干预行为为了应对经济、社会、环境和政治条件的变化，已跨越了公共部门、私有部门和社区组织，当然，这需要制度结构的调整来支撑这一行动；从参与力量的角度来说，城市复兴是一种通过动员集体的力量，共同参与和协商，从而达成问题的解决的方法。总而言之，从政策角度看，城市复兴旨在通过一套制度结构的支撑和特定策略的制定，实现改善地区发展的目标。

（二）历史街区复兴理论与实践

城市复兴的外延和内涵是深刻的，其中历史街区成为国内外城市复兴策略的主要对象和重要元素。位于城市中心区的历史街区，往往是城市经济社会发展的、长期的历史性积淀。它聚集了城市不同时期的历史建筑，是城市文化的物质表征，因此，成为城市复兴策略的重要组成部分。而以文化为导向的复新策略应用于历史街区和历史建筑的更新，是当前最为显著的特点，其中尤以英国的城市复兴运动最具代表性。

英国的城市复兴开始于20世纪50年代，而作为一项正式的城市规划议题，历史老城的复兴则源自20世纪70年代。这一时期，随着传统工业不断转移到人力、自然资源成本更低的发展中国家，英国的许多工业城市如伯明翰、利物浦、纽卡斯尔等呈现出了严重的衰败情形，主要表现为工厂、码头被关闭，失业率高等。为了摆脱这一局面，以城市文化为导向的城市复兴策略（Culture-led Regeneration Strategy）开始得到了规划领域的注意，并开始应用在废弃工业区的更新上。同时由于住房紧缺，实施了一系列城市更新于改善住房的策略，这些策略奠定了20世纪80年代"以地产开发为导向的城市复兴策略"基础。20世纪90年代，"以文化为导向的城市复兴策略"受到重视，尤其表现在市中心地区大型文化设施的兴建，以此提升老城中心的活力与吸引力。此段时期，位于城市中心区域的历史建筑遗产的作用日益受到了重视。英国遗产委员会成为推动老城复兴、解决老城区存在的问题的重要角色。为了扭转历史遗产保护在老城复兴中的负面形象，在实施老城保护项目时，许多地方政府及其他参与机构都将其进行宣传包装。如，伯明翰市议会将其老城保护项目称为"通过保护进行的复兴"（Regeneration through Conservation）。总之，从20世纪90年代中后期开始，历史老城的保护并非单纯意义上的保护了。"复兴"这个元素被首次引进到了历史老城的保护中。以格尔吉尔为例，其老城开发项目获得重要的成功，主要在于外部因素的支持，包括强有力的法律、资金支持；技术手段上，采取了"立面主义"的方法解决了保护和开发之间的矛盾，同时，认识到了开发性的保护不仅是为了对历史建筑、街道的原封不动的保留，正是现实的经济因素促使地方政府及规划界寻求城市复兴的最根本原因。

此外，文化建筑作为城市复兴的旗舰项目已成为欧洲的普遍现象，许多城市正是利用文化和文化产业、文化空间、历史街区成功地扩展了经济基础、提升了城市形象、改善了基础设施与环境质量，促进了社区凝聚力的形成（王丽君，2007）。在欧洲，文化竞争成为城市复兴的核心，许多城市通过对历史街区、工业码头、历史建筑进行改造而重新塑造带来了活力和生机。其他地区，比如美国的华盛顿州塔科马，通过建设和扩展文化教育机构的方法来改造利用历史性房屋和街区，并建造了新的运输设施；通过大学社区的方式来推动历史街区的再利用，为城市复兴注入催化剂（William Richardson，2001）。日本的城市复兴是伴随着旧城改造和新城开发同时进行的。旧城改造中摆脱了以往新型商圈所刻意打造的时尚精品概念，而是以艺术为核心，以美食为主题，塑造出既时髦又亲和有情味的独特的生活享乐氛围。

"城市复兴"在我国被看作是城市活力的重新塑造，当中最重要的一点就是传统建筑学的复兴，并随着传统建筑的理念复兴而使所承载的文化信息也步入城市文艺的复兴之路（和红星，2005）。历史街区作为传统建筑最为直接的反映和最为丰富的空间，也就成为我们诸多城市实行"城市复兴"之路的重要手段。

国内通过历史街区的改造与更新实现城市复兴比较有代表性的是西安的"皇城复兴"计划。世界四大历史文化古都之一的西安正是通过启动"皇城复兴"计划，加大了对文物古迹、历史街区及传统民居的保护力度，从而展示"人文之都"的魅力，通过将历史街区打造成城市名片和最具魅力的区域，从而实现城市的复兴。西安唐皇城复兴计划的最长时间达50年。规划时，根据老城的历史文化内涵，以及当前的经济、社会形态，结合商业、科技和旅游，保护和恢复其传统街区，进行了城市改造，还原西安古都风貌。根据规划，对老城区人口实行控制缩减，城市交通系统则以步行为主，辅之以轻便、简捷、有传统文化特色的电瓶车和马车等交通工具。城市建筑风格以唐风为主，同时保留了大量明清、民国时期的优秀建筑（西安市规划委，2005）。同时西安的城建文化体系将城市空间改造与建设与文化表征相联系，通过对历史建筑和传统建筑的内涵挖掘，塑造具有历史文化特色的文化之都和高质量的市民艺术氛围。

此外，重庆市庙嘴历史街区的复兴也很有借鉴意义。它通过对现存的川东吊脚楼民居和开埠时期的折中主义建筑两种特色迥异的建筑风貌的保护，塑造了"双面城"的历史空间和场所感；通过改善街区的环境和基础设施，提升了街区的品质；通过开展旅游业，挖掘了历史街区的宗教文化、码头文化和建筑艺术等丰富的历史文化价值（袁玉康，2008）。而上海则将城市历史街区、近代建筑风貌区与创意产业进行结合，塑造了具有特色的创意空间，以此为城市复兴提供策略（石崧，2007）。另外，青岛在城市复兴中，中山路历史街区的更新也是一个较为成功的案例。通过采取旅游开发为主的策略、开展丰富多彩的文化活动，注重对"老字号"的保护和继承，注重对街区空间尺度及环境的营造，改善基础设施，营造便捷的道路交通体系和良好的生态环境，注重对社区关系的维护，取得了较好的成效（段义猛，2006）。长沙、北京等城市也把对历史街区的复兴作为提升自身城市品质和魅力的重要策略。

（三）史蒂文·蒂耶斯德尔（Steven Tiesdell）的历史街区复兴理论

1. 关于城市历史街区的界定

史蒂文认为，对历史街区的物质要素进行考虑时，尺度是一个很重要的内容。要保护好历史街区的完整性和内聚性，而不是更大空间范围所保留下来的文化碎片，也就是要保护城市中心具有价值的街区。如何来限定或确认街区的边界范围，现认为划定边界要考虑"三要素"：划定物质边界（Physical Boundaries），保护独特的街区个性和特色，立足于街区的功能和经济方面的关联性。

1）边界。可以通过模糊或明显边界来限定。边界包括地形地貌、障碍物或地界（如，河流或马路来限定，或为了管理的方便而决定）。有具体而清晰边界的街区可以强化认同感，也助于街区内部功能、经济与社会等因素的互动，从而促进街区共同发展。但他又引用简·雅各布斯（Jane Jacobs，1961）观点，认为有时边界是无用的，因为不管如何划定，街区都无始无终地自成一体。

2）特征与个性。史蒂文引用林奇（Lynch，1960）在城市意象组成元素分类中的有关街区的定义，认为，城市街区组成具有二维平面范围，观察者通过一些共同的、有个性的特点而进行识别，从而使心理上的"平面"与物质平面二者重叠，而其中可识别的特点同时具有物质和功能的尺度。对历史街区而言，其特征和个性可能存在于场所中的砖块或灰浆中，也可能由街区各种传统活动形成的。

3）功能与经济方面的关系。街区的一个特征就是经济上相互依赖、紧密联系的聚集性活动。聚集特殊功能以形成地区特征，并从经济整合中获得利益，它们有必要与通过一系列不同功能振兴之间取得一种平衡。

2. 关于历史街区的过时性

史蒂文认为，过时是存在于物质和经济方面的变化与建筑和场所位置相对固定之间的一种函数。过时既是城市变化的一种结果，也是建筑结构及建筑区位相对固化的结果。其中，有一些与建筑及其功能有关，而另一些则与整个地区有关。史蒂文提出了衡量过时的标准，就不同的标准而言，任何一座建筑或一个区域过时的程度将是不同的。

1）物质／结构性过时。过时可能因为建筑的物质或结构性退化而产生。影响建筑结构的因素主要为：时间、天气、地基变动、交通振动或是较差维护等。建筑不同于常规物品的是，它的持续性保养需要投入比后者更多的力量予以修复与维护。否则，建筑的物质条件将会影响其使用功能。这种自然的过时一般是逐渐发生的。

2）功能性过时。一是功能的过时可能是因建筑或街区的功能不适应后来变化引起的。这主要表现在：或者建筑的布局不再适用于过去所设计的功能，或者建筑不能适应当前及未来使用者的标准和要求。例如，建筑没有中央供暖、空调或电梯，或不能提供现代化的通信设施。二是功能的过时也可能由于建筑所在区域的原因而引起，可能因建筑所依托的外部环境变化而产生不足，如，或因用地周围的街道没有足够的停车场地，或因街道狭窄、交通拥塞等原因而难以接近历史建筑。所以，一个地区历史街道的模式会限制其满足现代交通与可达性需求的能力。

3）形象过时。这是对历史建筑或街区形象进行感知后的结果。随着时间的流逝，人类社会、经济及自然环境的急剧变化，在现代人的眼中，固化的历史空间结构已经不再适合于它所服务的各种功能。形象过时可能是泛泛的，或者针对某种特殊的功能而产生的过时。例如，与内城形象相关联的空气污染、噪声、杂乱无章等特征，在早些时期就很难吸引居住类建筑的开发建设。以现代的标准与期望值来衡量，这样的地区显然是落后了。

4）"法律上的"或"官方的"过时。"法律上"的过时，多出现在政府部门规定了最低的功能标准之时。此时，新的健康与安全、防火及建筑控制等标准的引入都可能使得历史建筑变得过时。另外，一座历史建筑可能因为地区的分区条例允许在其用地上兴建更大的建筑而在法律上过时。物质上、功能上以及有时是形象上的过时，都可能会导致一种"官方的"过时。例如，官方可以宣布一个街区因修建、拓宽道路，或因地方规划部门指定的综合开发而被完全拆除。于是，这个方案从宣布到实际完成的期间内，这个地区十有八九就会急剧衰退。这种官方的过时也可能因有关机构习惯性地、不情愿为指定地区内的资产的振兴——或维护——提供保险或基金而加剧。然而，应该意识到，这种指定很有可能是不公平、不适当的或者是一种毫无根据的。

5）区位的过时。区位的过时起因于地区内城市功能发生变化。建筑建造之初，其区位条件是根据与周围其他城市功能相关联的便利程度、市场、供给、交通基础设施等因素而决定的。但随着时间的推移发展，它所处的区位对于这座专门为某些活动而建造的建筑而言，可能显得过时。出现区位过时的主要原因是由于固定的地理位置无法适应可达性及劳动力成本等大的城市格局的时序变化。当然，还存在着不同层面的区位过时，如，国家间的国际性过时，城市间的地区中心与边缘性的过时。

6）财政上的过时。老建筑的保护不仅不会从财务或税收程序上得到什么帮助，相反，后者还会形成一种"人为的"或者财政上的过时。在会计学中，折旧的概念常用来考虑预期的过时或价值的降低。折旧就是固定资产（例如土地、建筑、植物、机器、汽车和家具等）的价值随着时间变化而有规律地降低。因此，折旧用来保证将这些资产的成本纳入公司商品的计算价格之中，以及用于交易额和收益估价中。这种资产消耗成为获取商业收入的成本之一。哪怕可以接受对折旧过程基本原理的阐述，它也有一些不理想的负面影响。从税收的角度看，建筑物是具有规定折旧期的重要资产——在其使用期内建筑具有经济价值并且可以因此获得减税。当这个期限满了之后，随着折旧年限已到，建筑物就不能再出现在公司的财政平衡表上了。即使建筑物仍然有其固有的内在价值，但对于税收目的而言，它已不再具有任何价值了。正如里普凯马所言，这种状况"开始改变人们的思维方式，要使资产变成可以灵活使用的产品。折旧将房地产定义为一种'消耗性的'资产自有其正当的理由，所以在物质生命完结之前，建筑就变成了一种被消耗掉的资产，成为废弃物。将建筑拆毁不是因为它们的物质生命已结束，而是因为它们剩余的经济价值被认为是有限的"（RyPkema，1992：210）。因此，有一种观点认为，应该全部取消建筑的折旧，这样，房地产就可以变成一种可更新的资产，而不是一种"消耗性的"资产。

7）相对的或经济上的过时。过时在大多数情况下，不是一个绝对的概念，它总是相对于其他建筑和地区比较而言。历史街区的投资成本因为高于那些更有吸引力的其他地区，这就引入了相对的或经济上过时的概念：即相对于可替代机会的成本而显得过时。这种可替代的机会既包括来自其他建筑和地区的竞争，还包括与一个特定用地上的可替代开发方案的成本和另在一个可替代用地上的开发成本之间的比较。

3. 关于历史保护

史蒂文认为，保护历史遗产的正当理由多样，源于历史保护价值的多层次性。然而，最基础的理由是"经济价值"。保护的要求最终是源于一种合理的经济及商业目标的选择。如若历史街区和历史建筑只是出于法律和土地利用规划的控制才去保护，则其中的各种问题将接踵而至。在缺乏商业理由的情况之下，那么只能靠严格法规和土地利用规划的保护，这些地方的绝大部分的物质形态的变化或拆除都被加以控制。而这种保护是为了公众利益而进行的公共干预。如果缺乏这些控制，则市场往往不能有效地保护那些公众认为有值得保留的建筑或街区。因此，探讨规划体系中到底体现了什么人的利益很重要。

鉴于以上的认识，史蒂文对历史街区各种价值的保护提出一些可资借鉴的意见，现整理如下：

1）美学价值。史蒂文认为，历史街区具有自身内在的美学价值。历史街区或建筑因其古老而具有珍稀性价值，可令人回想起一个拥有真实技艺和个性魅力的时代，人们的潜能意识里对那些注定要磨损风化的自然材料具有一种本能认同感。但史蒂文也警告，需避免盲目崇拜历史精神，若走入另一个极端，将整个建成的环境都保护起来，则会使城市的进化和发展完全停止，从而使肌理和结构陷入僵化之中。在一个快速变化的世界中，历史街区的各种历史建筑是特定地区时代变迁的见证，其中的场所感和连续性体现出特殊的价值，可以以保护政策来减弱物质环境变化产生的突变，在保护过去历史安全的前提下创造辉煌的未来。

2）建筑多样性。史蒂文认为，一个历史场所的美感必然是由众多建筑组合产生的。不同时期的不同形式或风格的建筑并置一处才体现出价值，这种多样性显得很重要。

3）环境多样性。史蒂文认为，历史街区环境多样性价值，体现在：个性化尺度的历史街区环境与环境尺度的城市景观之间所产生的强烈反差。

4）功能多样性。史蒂文认为，历史街区多功能使用与城市其他街区之间所形成的互补，具有其独特的价值。

5）资源价值。史蒂文认为，历史建筑能够使用好于被替换掉，因为，历史建筑的价值从中可作为投资——或消费——资源而体现出来。建筑整治比重建代价大，再利用可促进相对紧缺的资源保护，减少能耗，这也符合资源节约型社会构建的要求。

6）文化记忆/遗产连续性价值。保护文化记忆的连续性已变得愈加重要，进一步拓展了历史产品的美学范畴。可见的历史证据具有教育意义在于它可以使人们建立文化认同感，延续与某个特定场所或个人有关的记忆。另外，场所感、文化记忆的遗产也具有发展变化的连续性。因此，史蒂文反对将其僵化的理解，反对把遗产作为某种程度扮演抵制变化的安全区和庇护所的角色。

7）经济与商业价值。史蒂文认为，至今为止探讨保护的理由还仅停留在社会、美学和文化价值上，而较少涉及实际的经济与商业价值。史蒂文从吸引私人投资、商品、使用成本等三个角度对历史街区及历史建筑作了经济和商业价值的评判，得出三个方面结论：一是从吸引投资来看，历史建筑和历史街区除了公共部门投资外，还要有私人投资，但吸引私人投资必须有明确的经济上的理由，也即投资的经济性；二是从历史街区建筑物是不动产来看，它是商品，具有商品的属性，对于吸引投资的商品必须有经济价值的四种属性，即稀缺性、购买力、需求和实用性。他认为，历史建筑具有稀缺性和商业价值，而历史街区和历史建筑的购买力、市场需求和实用性必须落实到房地产市场中的某个具体使用的群体上，这就要求产生满足商业需求的功能性和财政上的实用性；三是从使用成本来看，历史街区和建筑的使用成本必须低于其他方式的成本才具有商业价值。

4. 关于如何实现复兴

在考察了欧洲及美国的历史街区复兴的经验后，史蒂文认为，历史街区复兴过程始于对每个街区所遭受的特定过时的性质的认识和理解，对街区资源和资产的认识也需要与其发展机遇相关联，必须以谨慎而恰当的方法，对复兴工作加以控制从而确保它的持续发展。

1）关于如何促进过时功能的复兴。史蒂文认为过时是物质和经济方面的变化与建筑和场所位置相对固定之间的一种函数。他认为，物质的、功能的、人为的、法律的、形象上的过时，都可以直接解决，但最棘手的过时是区位过时。克服一个地区的区位过时并恢复它的经济时运用的方法有三种：第一是功能的再生。它指的是为需要采取一些行动改变那些发生在地区内和建筑中的活动，强化使用功能，并使其运作得更有效或更有利。第二是功能重建。这种方法是用新的功能及活动取代了现有功能或利用了以前闲置的空间。第三是功能的多样化。这是一种较为克制的重建，是引入的新功能用以协调并支持街区现有的经济基础。在功能的多样化和重建这两种方式中，地区的历史特征可以作为资产予以开发。

2）关于如何利用资源。史蒂文认为，要实现振兴就必须认识和开发所在地的资源。这些资源包括存在于城市历史街区中的功能特征和物质环境，这是需要对它们进行保护和管理并开发其主要的特质。史蒂文认为，绅士化是破败而又过时的城市历史街区振兴过程中的一种必然结果，但重要的是对于绅士化程度的控制和把握。史蒂文认为，要严格地保护物质环境特征，但对待其功能特征需要采取较为灵活的态度，因为，只注重保持街区原有的功能特征可能会阻挠吸引街区物质环境保护与振兴所需投资的努力，从而导致历史建筑的退化和消失。过度热衷于历史街区的物质环境与功能的保护将会导致其进一步走向衰败。

3）关于如何认清机遇。史蒂文认为，成功振兴的关键在于需要充分认识街区的资产和资源、确定街区的适当角色和功能。这就需要一种洞察力来确定潜在的需求，确定特定城市中的特定街区所发展的何种功能。这就要求：一方面，振兴城市历史城区需要创立一种多样化的经济基础，需要在不同的需求中取得平衡。单一功能的街区很难持续发展，需要通过引入或重新引入多种功能来提高其竞争力。另一方面，城市历史街区因为很少是独立的功能区，故而不能把它们限定于一种纯粹的空间形态。作为城市中心区功能与形态复合体中不可缺少的一部分，它们与城市其他部分，特别是与中心区之间存在着一种共生的关系。因此，对历史街区不能孤立地进行考虑，而应该置于城市和区域整体的文脉中去考虑。

4）关于如何改进管理方式。史蒂文认为，振兴城市过时地区的使命是由政府机构、大土地主、居民、商家和各种地方团体共同承担的，他们相互之间存在着利害关系。这些参与者中的任何一员都能担任领导责任。在实施重建或功能多元化的地方通常会有一些启动性的重点项目，这是为吸引更多投资而显示出有一个有效的市场和对新兴活动及功能的需求。成功振兴的城市街区常常可以从政府机构与私人部门的合作中获益。美国的罗维尔、西雅图和丹佛成功的实践是，振兴进程一开始，这些城市都有市民领袖、政治家们保障持续的管理工作，设立专门机构使街区健康发展。对历史街区实施积极的管理，需要相关的管理者通过实施渐进的变化、有选择性的策略干预和环境改善而寻求有效的管理模式，以保证在历史街区中的每个行动都比以前的状况有所进步。

5. 关于成功的复兴

史蒂文认为，成功的振兴应体现在物质环境、经济和社会诸方面。

1）物质环境复兴。史蒂文认为成功的物质环境复兴，包括协调历史街区和历史建筑的过时性的功能与当代需求之间的矛盾，可以通过功能重组、功能更新来实现；经过修复和整治，老建筑面貌得以改善，街道得以改观。街区呈现出一种良好的总体形象，成为对投资者、旅行者和居民都有吸引力的地方。同时，通过物质环境的复兴，可使街区成为一个有吸引力的、秩序良好的公共领域，使街区的正面积极的形象得以树立，从而凝聚公众信心。

2）经济复兴。史蒂文认为成功的经济复兴，包括历史建筑和历史街区空间的积极利用来增加历史街区经济效益的功能，可以为历史建筑和历史街区的维修和维护提供持续的经济支持，同时，为城市空间提供相应的服务。当然，进一步刺激历史建筑和历史街区的资产成长及对其的充分利用也是经济复兴的应有之意。长期而言，还需要促进私人领域的生产性设施投资，以支付维护公众领域所需的费用。里普凯马认为，在历史街区中，一座虽经整治但却无人问津的空建筑无助于经济振兴，相反，一座住满房客的建筑却是十分有用的。他强调，最终增加了街区的经济价值的是人和经济活动，而不是壁画和室内管道装置。

3）社会复兴。史蒂文认为成功的社会复兴应当包括社会文明的进步和社会公共领域的振兴以及社会各种富有意义活动的活跃：一是在社会层面，成功振兴的城市历史街区到处生机勃勃而异常活跃。这种历史街区往往环境引人入胜，可谓宜居、宜业、宜游。当代的城市设计主要体现在场所感的创造和场所的营造。二是公共领域不仅是一种物质结构，也是一种社会结构。城市公共领域既需要空间上明确的界定，还需要通过人的活动使其活跃起来。因为只有通过人对它的利用，空间才能成为场所。对于城市空间来说，重要的是要有人使它生气蓬勃。三是要确保以最具交互式的功能布置于适当的街道界面。坦普尔街区的《1992年开发计划》提出过一个详细的混合功能规划，包括土地利用的垂直区划。这一政策集中于城市公共领域。它鼓励积极而充分地利用好建筑底层，如零售、酒吧、俱乐部、画廊以及其他文化设施。这样，有助于活跃街道、提供繁荣的夜间经济，从而使街区更安全。对建筑上层的控制就更为灵活，它允许进驻多种较为"消极"的功能，如居住、办公等。丹佛的洛多街区也有相同的政策，鼓励创造更多步行生活机会，使历史街区具有生机勃勃的功能，并使之成为一个安全的地区。四是要营造对人友善的街区，增加街道的渗透性，让步行者悠闲地在街区周围安全行走；增加街道的可识别性，从而引导步行者在街区中漫游。五是开展有计划的文化活动以激发公共领域中的活力，包括编排节目和各类展示，鼓励人们在城市场所中参观、购物和闲逛。蒙哥马利曾进一步描述，街区需要创造一种文化活力，如，在一系列人群聚集地，诸如各种公共场所、广场和公园等地域，精心设计好项目和节日庆典等，为人们提供多种口味的项目和活动，如午间音乐会、美术展览、街道剧场等。这样，人们在开始参观街区时就想知道下面还有什么在等着他们。于是，人们在街道上、在咖啡馆里和在不同的公共空间内流动，从而使城市活力被激发出来。

（四）史蒂文·蒂耶斯德尔（Steven Tiesdell）的历史街区复兴理论的几点启示

史蒂文历史街区复兴理论，在详细探讨历史街区过时的种种特征、潜在价值的各种表现、实现振兴的各种方法以及实现复兴的目标要求的基础上，对历史街区的稀缺性特征、特殊商品的经济社会价值进行了探讨，就寻求发展经济所导致的各种变革和保护需求对物质环境所作出的限制之间的平衡提出对策措施的建议，进而对历史街区在社会经济和市场中的经济价值进行了论述，强调历史街区保护在促进城市经济发展与复兴方面的重要性。具体有以下几方面的启示。

1. 关于复兴的目的

历史街区保护和振兴的根本目的就是通过历史街区的整体复兴，来重建历史街区赖以生存的经济基础，为街区的保护、维护、更新和利用提供经济支持，促进历史街区的可持续发展和永续利用，进而促进城市经济社会持续健康协调发展。

2. 关于复兴的关键

历史街区的复兴是在十分敏感的文脉和环境中展开。这既是一种限制条件，也是一种激励因素。要针对历史街区的实际情况，在寻求经济发展所导致的各种变革与保护需求对物质环境所作出的限制之间的平衡中，促进历史街区的全面复兴。

3. 关于复兴的重点

各种历史建筑街区的过时性产生于它们的功能与当代需求之间的不协调。复兴的重点是通过街区功能重组、功能更新，促进街区功能多样化，缓解历史街区功能与现代需求之间的不协调。

4. 关于功能的复兴

历史街区复兴理论认为，要以谨慎而恰当的复兴方法来控制和确保历史街区的持续发展。在功能复兴上，要采取一些行动改变在历史街区和历史建筑内的活动，强化其使用功能，促进功能再生。同时，要用新的功能或活动取代现有功能或空间利用，开展功能重建。根据街区特质，在整体保护前提下谨慎引入一些具有创意的产业，促进街区使用功能的多样化。历史街区单一化的功能很难维持其可持续发展，应引入多种功能，促进街区各类活动的强化和整体竞争力的提升。历史街区功能不可限制于一个纯粹的空间中，要与城市其他功能，特别是城市中心区之间形成一种共生关系，从而使历史街区融入城市和区域的整体文脉之中。

5. 关于历史街区特质环境的商品性

历史街区和历史建筑是一种稀缺性资源，具有商品价值，必须遵循商品价值的经济规律，创造特殊商品的各种价值，促进商品价值的利润最大化。同时，要在严格保护物质环境特征而较灵活地对待其功能特征中获得平衡，要认识到过于强调注重保持街区功能特征可能会阻挠吸引街区的整体复兴的因素，从而导致进一步衰败。

6. 关于管理模式

历史街区复兴是一种持续渐进的过程，要由政府机构、各种社会团体、组织和私营机构及居民共同参考，同时还要注重一些启动性的重点项目。成功的振兴往往在政府机构和私人、部门的合作中获得利益。要通过多层次、多部门合作，通过实施渐进的变化、有选择性的策略干预和环境改善而寻求有效的管理模式。

7. 关于复兴的目标

历史街区复兴的目标是实现历史街区的物质环境复兴、经济复兴和社会复兴。

二、历史街区复兴概念、原则和复兴框架

（一）历史街区复兴概念

历史街区复兴是针对历史街区问题而产生的，目的在于改善街区物质空间结构、活化街区经济、复兴街区社会功能，进而解决社会排斥问题和提升街区环境质量。历史街区复兴实际上是一种多维度、综合性的历史街区问题解决的方法。

（二）历史街区复兴原则

历史街区复兴应当依据如下原则：

（1）必须建立在对历史街区的详细分析的基础上；

（2）要改善历史街区物质条件、优化社会结构、改善经济活力和环境条件；

（3）要实施综合整体战略，以均衡、有序、积极的方式，解决历史街区问题；

（4）要确保各种历史街区的策略和措施符合可持续发展原则；

（5）要制定明确的、具有可操作性的具体目标体系，尽可能予以量化；

（6）要最大限度地利用好各种资源，包括土地和现有历史街区的建成环境基础以及其他资源等；

（7）要寻求并确保行动的共识，努力实现各种相关参与者的全面参与，建立多方合作的伙伴关系模式，以满足他们合法的利益；

（8）因策略进展的特定评估极其重要，所以要对各种内部及外部影响进行监控；

（9）要随时根据发生的变化对最初计划的实施进行调整；

（10）需要对各种要素的投入进行相应调整，从而确保各种发展目标的综合平衡和多目标的实现。

历史街区复兴是一种对历史街区的变化进行积极干预的行为。从部门组织来说，这种干预行为跨越了公共部门、私有部门和社区组织，同时，需要制度结构的调整作支撑，以应对经济、社会、环境和政治条件的变化；从参与力量来说，历史街区复兴是一种通过共同参与和协商、动员集体的力量、达成解决问题的方法。总而言之，从政策角度看，历史街区复兴正是通过一套制度结构的支撑和特定策略的制定，从而实现历史街区的良性发展。

（三）复兴的概念性框架

历史街区复兴包括物质环境复兴、经济复兴和社会复兴（图7-1）。

图7-1 复兴的概念性框架（来源：自绘）

三、三坊七巷复兴策略研究

（一）物质环境复兴策略

1. 明确物质复兴的整体目标

在保护历史街区的整体空间的格局、肌理和历史风貌的基础上，保护街区内真实而丰富的历史文化遗存，保持历史街区的原真性，提升三坊七巷整体格局，创造三坊七巷这一独特的品牌效应。通过整治街区环境，完善基础设施配套，优化人居环境，活化院落空间构形，催生街坊院落功能，促进空间自组织性的良性循环，使其成为具有浓郁传统文化特色的有意味的社区空间，为各种功能的实现提供各种公共在场，培育功能多样具有创意的社区。

2. 创建功能多样的创意社区

根据空间句法的分析结果，空间使用上分为三类地区，建议功能主要包括有如下组成部分，居住、文化教育、展示、旅游功能主要可以考虑在严格保护区和弹性调整区范围，而创意产业和商业、旅游服务主要考虑在更新改造区范围。

1）居住功能。主旨是"保护与更新并举，整治与美化同行"，通过对传统民居的保护与环境整治，对新型居住模式的合理导入，不仅保留优秀遗产、改善居住环境、提高生活品质，而且为原有生活方式注入活力，为营造诗意栖居环境提供保障，为新旧交融与平衡提供了可能。

2）文化与教育功能。"三坊七巷"历史文化街区蕴含着丰富的历史信息与文化内涵，其中的家族文化、闽学文化、近代化文化（船政文化、海军文化等）、会馆试馆文化、革命传统等都对人们有着不同侧重的文化和教育意义。对传播地方文明，弘扬传统文化，宣扬爱国主义教育，加强社会主义精神文明建设，提高国民素质都有着重要的历史意义和现实意义。

3）休闲功能。主要是通过环境整治、功能更新、休闲业的科学导入，为街区居民提供宜人的休憩空间，为福州居民提供理想的交流休息与释放心灵的平台，为外来者提供宁静温馨、高尚典雅的感受氛围。

4）商业功能。通过对传统商业街的改造利用和部分建筑的功能更新，凸现福州市特有的地方场所精神，保护好传统手工工艺产业，促进福州市民间艺术的可持续发展，提高经济效益，为更好地保护"三坊七巷"历史文化街区提供保障。

5）展示与旅游功能。通过对"三坊七巷"历史文化街区总体格局肌理和风貌、建筑特色、园林景观、名人故居等物质遗产的展示，对"三坊七巷"历史文化街区名贤文化、家族文化、宗教文化、闽学文化、近代化文化（船政文化、海军文化等）、会馆试馆文化、新四军革命传统，尤其是多姿多彩的民俗文化的展示，不但为来访者提供了多元化的学习内容，丰富而有价值的研究资源，广阔的探讨方向与课题，而且为游览者提供了亲身感受和体验当地生活方式的机会与环境，营造出深刻认识和感知民俗文化的氛围与空间，提升"三坊七巷"历史文化街区的吸引力与感染力，增强福州市历史文化名城的整体历史氛围、文化品位与城市魅力。

功能结构的基本设想：

本研究对"三坊七巷"历史文化街区的功能结构的基本设想是，"一带、两街、三坊七巷"的功能结构体系与框架。

"一带"：安泰河滨水休闲风情带。保护沿河古桥的构筑及古树名木等景观要素，整治好沿河建筑风貌、河流水系，逐步恢复好码头、古榕、小桥等历史风貌要素，恢复原有水巷空间，结合现状增设绿地，形成体现休闲为主的功能，成为具有古城滨水风貌的城市滨水风情带。

"两街"：一是南后街传统特色商业带。以吸引国内外游客为主，重点展示福州传统工艺品、地方土特产、传统名点菜肴以及地方民俗风情。其中尤其是要对南后街花灯这一千年灯市予以扶持。二是南街商业更新发展带。结合历史文脉和城市发展现状，整治环境、整合资源，完善与更新传统业态，创新导入新型商业业态，形成丰富的商业业态，提升其商业品质，增添文化品位，重点发展文化、休闲、餐饮和购物等功能。

"三坊七巷"：指保护区内现存格局基本完好的文儒坊、衣锦坊两坊和宫巷、安民巷、塔巷、黄巷和郎官巷五巷等区域，这是历史文化街区的主体部分；要以居住功能为主体，还包括名人故居展示、历史博物馆、展览馆等文化旅游展示的综合功能片区。其内部又可以以居住功能为主，结合以下三片区分别适度综合利用：北入口含郎官巷、塔巷及水榭戏台部分的旅游集中展示区；宫巷—安民巷的大量文物保护单位和历史保护建筑保存区，即博物馆建筑集中区；文儒坊南北两段两侧，以创意和休闲为主要功能的会馆会所片区（图7-2）。

3. 促进各类土地的合理利用

1）主要目标

根据空间句法中对用地功能的分析结果，对于办公和工业用地等不合理用地要予以调整，规划用地要以居住为主，同时兼容其他功能，疏散居住人口，改善保护区的居住条件。

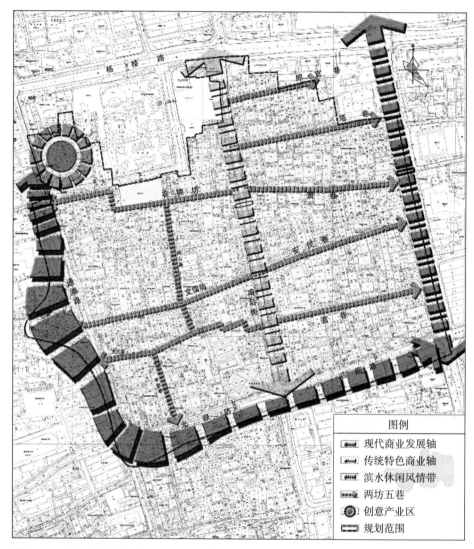

图7-2 三坊七巷功能结构图（来源：三坊七巷历史街区保护规划，2007）

2）主要措施

（1）土地使用功能应保护街区作为"居住性街区"的性质不变。影响居民生活的工业等项目须予以搬迁，恢复和延续南后街和南街的商业功能。

（2）对于文物保护单位利用应遵循《文物法》的相关规定合理利用。调整不合理占用文物建筑保护单位的单位用地，拆除不协调建筑。

（3）增设一些面积不等的小块公用的绿化用地，形成街坊内的公共开放空间，配合庭院内的绿化，以及南后街，通湖路、光禄坊两侧的绿化，形成点、线、面结合的绿化网络。

（4）由于保护规划要求更新的建筑必须自带卫生间，因此，公共厕所数量将减少，但单座公厕面积加大，分布更均匀。

（5）街区内停车问题应尽量在地下解决，原则上不设大型停车场，若有需求且条件许可，可在建筑中自设车库，解决停车问题。

3）用地功能调整

（1）原有与风貌不相协调的建筑如国防科委宿舍楼等更新为与风貌相协调的居住用地，适当降低建筑容量，满足现代生活的要求。

（2）沿南后街两侧、南街西侧及吉庇路延续其原有的商业功能，在与风貌相协调的基础上对现有建筑进行更新改造。

（3）街区内的公共设施用地中，将现有的与街区功能及性质相关的单位如南街派出所等搬迁至街区边缘的通湖路可达性较好的区域。与街区功能无关的如公安局治安拘留所等单位予以外迁。

（4）将街区内原有的工厂及仓储用地全部予以搬迁，搬迁后的用地将作为居住以及旅游等配套服务用地，局部可适当布置庭院式绿地。对街区内的学校用地，要结合使用要求进行必要的调整。

（5）考虑交通可达性好，及其相对较好的景观界面，通湖路部分沿线作为发展创意产业用地，同时也有部分用地作为文化娱乐业用地。

（6）沿安泰河一线，在光禄坊段，将作为古城墙公园，结合街区主入口一起形成成片的休闲区域。

4）用地指标调整（图7-3、表7-2）

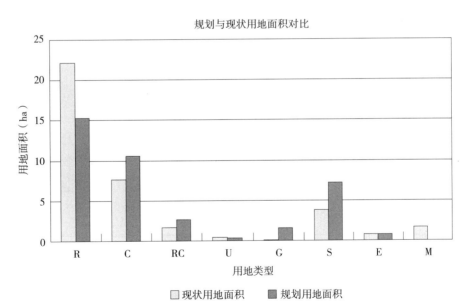

图7-3　规划与现状用地面积对比（来源：三坊七巷历史街区保护规划，2007）

用地平衡表 表 7-2

用地分类	用地性质	占地面积（公顷）	比例（%）
R	住宅用地	16.28	40.89
RC6	公共服务设施用地	0.84	2.11
C21	商业用地	2.81	7.06
C22	金融用地	0.58	1.45
C32	创意产业	2.73	6.86
C36	文化娱乐用地	1.24	3.11
C5	医疗卫生用地	0.21	0.53
C8	其他公共设施	0.32	0.80
C9	宗教用地	0.17	0.42
CX	文物古迹用地	5.00	12.56
U	基础设施	0.34	0.86
G	公共绿地	2.24	5.63
S	道路广场用地	6.27	15.75
E	河道用地	0.78	1.96
	合计	39.81	100

（来源：三坊七巷历史街区保护规划，2007）

5）各类用地发展建议与控制要点

（1）文物古迹类用地。此类用地包括了街区内已公布的文物保护单位（28处）及保护建筑（34处）用地。拟将现状各种使用性质的文物古迹和保护建筑用地统一划入文物古迹类用地，目的在于强化文物古迹用地的重要性。此类用地使用功能等应严格按照《文物保护法》的相关规定进行调整和规划控制。具体是：对于严格保护的28处各级文保建筑，要结合保护需要和旅游展示要求，分别以建筑艺术、园林艺术、闽学（理学）文化、地方特色工艺（茶文化、脱胎漆器等三宝、寿山石）、名人事迹、近代史迹（洋务运动、船政文化）、宗教文化、革命史迹、地方曲艺、特色饮食、艺术、近代工商业等内容进行分工展示。其余34处历史保护建筑参照以上功能，结合人口的更新分类展示。

（2）历史建筑用地。97处的历史建筑，应优先恢复其原有的使用功能，如作坊、会馆、园林等，对于原有居住功能的历史建筑，只要符合其历史文化内涵，不破坏原有建筑特色和环境，同时也符合相应的规划功能结构要求的使用功能都要相应鼓励，如作为文化展示、旅游休闲、社区服务、创意产业等。

（3）更新发展用地。此类用地为拆除与街区风貌不协调的建筑后更新的用地，目的在于为街区提供后备拓展和必须严格控制的空间。同时此类用地的具体使用功能不做严格规定，只是规定了其主要用地的性质和兼容的用地性质，并对其用地建议和控制的要点提出了相关的要求，为未来留有余地。但更新发展用地必须遵循以下的原则，即政府统筹安排，严格控制其开发容量和环境风貌，优先满足街区保护的各项用地要求（如，文物古迹用地调整、配套服务设施用地等）（表7-3）。

更新发展用地建议与控制要点　　　　　　　　表 7-3

所在区域	现状概况	用地建议	控制要点
沿南后街两侧控制区	现为传统特色商业和服饰、家具店为主的商业街，区域内房屋大部分建筑质量较差	宜为传统特色商业街，并与旅游展示规划统筹考虑	严格控制更新后建筑的高度，建筑及周边要素应严格遵守本规划第七章相关内容
南街西侧控制区	现为东街口中心商业区的重要组成部分，以服装业为主的商业街。建筑质量普遍较差，与街区的风貌不协调	宜在适当延续目前商业业态，同时提高商业的品质，鼓励部分旅游型商业进入	严格控制更新建筑的体量和高度，特别是巷口的建筑的形制与尺度应与街区相协调，形成有机、和谐的过渡
吉庇路—光禄坊、通湖路两侧及安泰河滨河区域	现主要为商业，且商业形态混杂	该区域应结合安泰河统一考虑，适当布置绿地，同时应布局休闲场所，以会所、咖啡屋等高档安静休闲场所为主。沿街适当布局高档商业和高档办公场所	应注重和安泰河的关系，保持原有的沿河肌理，控制建筑体量，完善配套设施，设置地下停车场
"两坊""五巷"区域	现状主要以居住为主，沿坊巷有少量的商业存在	宜延续原有的居住功能，可适当兼容高档会所、家庭旅馆等服务业职能	保护原有街巷格局与风貌，严格按照规划导则要求修建更新建筑

（来源：三坊七巷历史街区保护规划，2007）

4. 改善居住环境

1）改善传统建筑内部空间。在保留住宅天井等传统半私密交流空间的同时，通过院落内交通辅助通道的设置，使得传统建筑能基本适应小型化、私密化的现代生活要求。通过夹层等空间的设置，在不过多增加支出的前提下，改善住宅困难户的居住条件。

2）整修和更新建筑。如果院墙完整，传统建筑的遗迹尚存，更新和整修必须保留其基底位置，保留天井条石、保护古树及准保护古树等历史环境要素，以保护本街区传统民居组织形式，即保存传统的合院空间肌理以及好的建筑形式，使该地区有价值的历史风貌得以延续。在其内部做现代居住建筑设计。更新的建筑应具备现代住宅的使用功能及给排水、电力电信等配套设施，可在更新建筑的地下设停车库，满足居民的现代生活需求，同时可避免现代交通设施要求与传统街区保护的矛盾。通过历史建筑的整治改善和更新建筑的设计，应提供高、中、低档等多样化的户型，以适应不同需求。

3）适当拆除不协调的建筑。拆除安泰河沿线不协调建筑，整治安泰河水质，提供滨河公共绿化休闲带。在不破坏传统肌理的前提下，利用拆除不协调建筑腾出的空间，适当设置小面积的半公共庭院式绿化空间。为街区居民提供优化的空间环境和绿地。

5. 加强园林绿地建设

为保持"三坊七巷"历史文化街区的历史风貌和空间肌理，在"三坊七巷"的坊巷空间内不设置大面积的绿地及开放空间，将主要的公共休闲空间置于"三坊七巷"外围。同时，为改善"三坊七巷"历史文化街区的生活环境，结合建筑拆迁出的空间及原有的庭园院落空间，在不破坏空间肌理的基础上，要适当分布小型绿地空间。从外到内，形成了5个形式的绿地空间。

1）公共休闲空间。由于本街区的棋盘式格局，建筑布局紧凑，坊巷内没有足够的空间作为公共休闲空间。除了将南后街规划为商业步行街外，要利用"三坊七巷"历史文化街区西面与南面的河滨空间，开发成具有古典韵味的滨河公共休闲空间，形成"三坊七巷"外围街市生活形象，及都市中心特有的历史文化休闲空间。滨河公共休闲空间是采用传统商业休闲设施建筑与园林绿地相结合的形式。

2）加强道路绿化。八一七路原有行道树将结合机动车道与非机动车道间的安全隔离带绿化给予保留，在人行道与非机动车道间2～3米宽的绿化带中设置有座凳、电话亭等，为八一七路商业地段的购物游人提供休憩设施。通湖路西临通津河，通湖路绿化与通津河河滨绿化结合形成通津河滨河休闲带。吉庇路南临安泰河，吉庇路绿化与安泰河河滨绿化结合形成安泰河滨河休闲带。

3）坊巷组团式庭园绿地。坊巷组团式庭园绿地是指"三坊七巷"几户民宅共同围合形成的庭园绿地，这类形式的庭园绿地相对于民宅内的私家庭园面积大，有利于改善小环境，形成生态效益，并且几户民宅可以共同享用，从而增加了邻里间的亲密交往。

4）私家庭园园林绿地。私家庭园园林绿地主要是保留或复原的私家庭园。因为这类庭园是"三坊七巷"传统园林艺术的典范，并且都由历史名人所建，具有一定历史文化意义，通过保留或复原，以供参观与研究。

5）一般庭院绿化。庭院绿化是指"三坊七巷"民居内一般宅院空间的绿化，根据各种类型庭院的需求种植花草树木。

6. 改善基础设施

1）优化周边交通环境。适当拓宽通湖路，加强区内与白马路、五一路的交通联系，疏解外围交通。南后街可设为步行街，在高峰时段内，可允许通行小型机动车。采用分时段管制。减少外来交通干扰，改善区内交通设施。

2）配套市政基础设施。管线下地，解决最为困扰居民的给排水设施条件，改善卫生条件。针对街坊狭窄的这一特殊性，居民炊事应使用瓶装液化气，减少管线综合的压力。传统街区实质上也是和谐生态型社区，应充分利用水井、庭院绿地和院落天井接纳雨水，下渗成地下水，辅助区内排涝。

3）提高防火能力。可利用高新技术传统建筑的，不论历史建筑还是更新建筑均应充分利用传统的封火墙进行防火分隔。消防车不能进入的小街巷，采用轻便泵消或摩托消防车，全面配设消火栓来满足扑灭火灾的需要。同时应注意到安泰河就是极为重要和方便的消防水源，可在安泰河沿线开辟消防取水点作为备用水源。

4）整治和保护内河水系。"三坊七巷"历史文化街区所在地的西、南两面环绕以安泰河，作为历史街区传统风貌与历史信息的重要载体，以及生态环境的主要构成要素，对安泰河采取疏浚、清淤、净化措施，打通白马河西湖水系，活水引入；对于周边地块排放的污水，沿河沿通湖路截污，塑造清澈、古朴、亲和的滨水环境。

5）整治植被和土壤。福州气候温和湿润，适宜植被生长，但随着城市经济的发展，大量的硬质铺地代替了自然地面，加之工业的发展使得当地小气候受到一定程度影响。加强对植被、土壤的保护，并采取整治措施，加大街坊绿化面积，保护好"三坊七巷"历史文化街区的生态环境。

6）整治环境卫生。目前，"三坊七巷"历史文化街区的环境卫生状况差别较大，有的地方环境卫生良好，有的地方环境卫生较差。对街区内居民生活垃圾实行袋装化分类收集方式，集中收集处理，规划设置四处垃圾集中收集点，垃圾清运过程不得影响整体景观环境；通湖路的垃圾转运站应予以搬迁，新转运站设在澳门路街区。

（二）经济复兴策略

1. 经济复兴目标

经济复兴的总体目标是以修缮保护历史街区和历史建筑、改善基础设施和提升居民生活环境质量为契机，合理利用街区历史文化资源和空间资源，以保持街区传统商业进一步发展为基础，积极发展有文化内涵、高品质的第三产业和创意产业，培养历史街区经济活力、提高街区未来保护整治的资金支付能力，使其成为具有独特文化景观的城市活力地带。培养历史街区的经济活力，应以政府政策引导为主导，以明确的产权关系为基础，鼓励居民开展各种不违背街区保护原则的经济活动，如恢复特色店铺，进行民俗民风的展示以及特色手工艺品的制作，利用富余空间开设家庭旅馆等，利用街区的有意味空间促进创意产业发展等。通过这些途径，丰富街区文化气息，提高街区居民的收入水平，活跃街区的经济，从而提高街区自身的保护修缮能力，促进福州城市的经济社会发展。

2. 以展示促进传统商业业态的发展

1）展示内容。"三坊七巷"的总体环境与空间景观展示；"鱼骨状"整体坊巷格局展示；"三坊七巷"单体建筑精品的布局、结构、装饰、装修、私家园林等建筑与小园林艺术特色展示，可作为福州传统民居建筑与园林的典型代表以及集中展示点；丰富多样的文化特征与内涵展示，包括闽学文化、船政文化、近代工商业文化、宗教文化、名贤文化等；居民特定生活方式与民风民俗，包括民俗文化、饮食文化、茶文化等。

2）展示方式。主要以现场展示为主，游客以步行参观为主要参观游览方式。公众可以通过南面主入口接待中心的陈列与展示内容，对"三坊七巷"有一个总体的概括性认识，并通过鸟瞰整个"三坊七巷"，感受其周边丰美秀丽的环境景观及其自身完整有机、秩序井然的格局魅力。然后融入"三坊七巷"的大街小巷，通过步行及特定位置的逗留，亲身感受其曲径通幽的坊巷格局，感受各历史遗存的丰富文化内涵、格局、建筑、园林、装饰装修等的艺术特征，感受当地居民特定的生活方式和民俗风情，从而真实体验该历史街区所特有的历史、文化、艺术、科学价值，品味其所散发出来的独特魅力。

3）展示构想。基于"三坊七巷"历史文化街区丰富的传统建筑、园林、景观、人文资源及其所蕴含的多种文化内涵，确定了"一个中心，五条流线，多个展示点，三个展示区"的总体展示体系。"一个中心"是指位于"三坊七巷"历史文化街区南入口广场的接待展示中心。"五条流线"包括一条主要游线和四条专项游线。一条主要游线将"三坊七巷"各个精华点展示给游览者，展示内容丰富多样，为游客提供全方位的认知与体验经历。四条专项游线则是根据"三坊七巷"历史文化街区的主要特征与内涵，集中展示某一或某几个相关联的主题。为游览者提供各种不同的观赏、考察、体验经历。"多个展示点"主要是结合大量的文保建筑与保护建筑，通过各种保护与整治措施，考虑建筑本身的文化内涵，赋予其合理的展示功能。总之，通过这样的展示体系，希望能给公众提供一个能够明确认识"三坊七巷"历史文化街区的传统历史风貌，亲身感受"三坊七巷"历史文化街区的人文精神、民风民俗的场所与体验系统，更为充分、更为客观地展示这一古城瑰宝。"三个展示区"主要是结合各个展示点的展示内容以及其集聚度，形成三个特色展示区。即"七巷"中，自郎官巷至黄巷之间的展示区，侧重园林艺术、民俗文化和闽台亲缘关系的展示；自黄巷至吉庇路之间的展示区，侧重府第建筑艺术、宗族世家文化和船政文化、海军事迹的展示；"三坊"中，各展示点有机结合形成展示区，侧重商贾墨客相关文化的展示。

4）传统商业业态的高端化。要结合各种的旅游线路和展示，有机地布局各种具有地方特色的传统商业业态，促进传统商业资源的整合，推动传统商业向高端化的形态发展。

3. 促进传统文化产业发展

1）民间手工艺和曲艺的保护与传承。开辟手工业作坊展示点、民俗文化展示和民间演出点，对脱胎漆器、纸伞、裱褙、纸花等极具代表意义的民间工艺艺术及对评话、伬唱等民间曲艺非物质文化遗产进行保护、传承与展示。

2）民俗节庆的保护与传承。结合重大节日（如，春节、元宵节、中秋节等），在街区中开展特色民俗活动，重点保护南后街现有的灯市；延续与传承光禄坊的立春剪纸；全国独有的中秋"排塔"等民俗节庆活动，逐步将本街区变成福州民俗文化展示的中心。

3）民间商贸习俗的保护与传承。对"三坊七巷"原有商业老字号进行保护与传承。结合规划，将南后街逐步恢复为传统商业文化街区，为传统商业老字号的传承提供平台。对南街的回春药店加以保护与发展，将其扩为回春国医堂，传承和发展南街传统药文化，并作为旅游配套服务点。

4）传统宗教文化的保护与传承。保留并保护天后宫、安民巷观音龛、闽山巷财神龛等现存宗教文化及其物质传承载体；改造现花巷小学为道教（紫极宫）和天主教（三山堂）的展示馆；对法祥院、闽山庙、萃贤堂、道南祠等宗教设施原址设指示牌展示记录历史记忆。

5）典型闽学现象的保护与传承。原有内涵在现今社会生活中大多已消失，但就其历史价值以及现实教育意义，可选择听雨斋或小黄楼等作为物质载体，对该非物质文化进行适当的记录、展示与传承。

4. 培育发展创意产业

最近几年，文化产业已经成为一个人们的话题。在英国，大伦敦会议最早把文化产业定义为"在我们社会中，那些借助文化生产和服务的商业形式；以及生产和传播各种信息符号的各种专业产业组织机构"（Garnham，1983）。它包含了各种形式的艺术文化，例如视觉艺术、手工艺、电影、电视、广播、博物馆与历史遗迹、各种设计以及新的媒体行业（DCMS，1998）。以文化为先导的创意产业具有创新性和创造性，是后工业、信息和新经济时代的前沿。英国政府认为城市衰败问题的部分原因在于私营投资部门对城市缺乏信心所致（Colenutt & Tansley，1990），20世纪70年代末美国开展城市复兴，复兴方式呈多样化，有以房地产为主导的物质形态的复兴，但以文化为导向的城市复兴备受关注。"三坊七巷"要把文化作为"复兴的催化剂和引擎"，把文化创意产业融入环境、经济、社会的各个层面中去，将文化创意视为一种新的机制，试图在街区的复兴中实现广泛的经济社会目标。要通过鼓励文化创意产业发展来取代一些衰败的居住和小商业，特别是通过街区中衰败建筑的再利用和新增文化设施，促进街区整体活力的提升，进而促进旅游产业和创意产业的发展，来带动街区的复兴。要把"三坊七巷"街区整体的品牌作为文化地标，来提升福州的城市形象和提升市民信心。要通过各种具有创意的文化事件，比如举办各种文化节、创意产业节等来促进街区营销，树立街区形象。要发展大量小规模、多样化的文化商业业态，促进土地功能的多样化和混合使用，建设新形式的零售业、发展夜间经济，以吸引人们回归。要积极鼓励企业网络的创建，促进部门间协调，提供对私营机构的服务，并加强政府和私营机构之间的合作。要采取选择性的保护策略，对城市文化中的传统要素，尤其是对传统建筑要有选择地加以保护，形成不同级别的保护，以促进创意产业空间的落实。

（三）社会复兴策略

1. 明确社会复兴目标

通过保护和修复，"三坊七巷"将发展成为以居住功能为主，集文化、休闲、商业、旅游为一体的，具有浓厚福州传统建筑、文化特色的典型里坊式历史文化街区和集文化与商贸于一体繁荣、和谐的社区，把街区发展成为福州城市精神集结地、历史风貌彰显地和传统文化的纪念地、商业文化传承地和民俗文化展示地。具体包括三个方面的内容：一是历史内涵传承，即历史上"三坊七巷"居住区的功能必须予以传承；传统商业的业态也应予以保护。二是"三坊七巷"的保护和利用必须考虑未来的社会发展需求，在保护的基础上进行合理利用，即在更新的居住和商业功能基础上，赋予福州地方文化、休闲、创意研发、旅游展示等综合内涵，突出历史延续性、宜居性、文化性、功能综合性的特点和要求。三是应当成为推广福州文化及闽文化的窗口，通过文化的聚集效应推出"三坊七巷"品牌，使其成为名副其实的福州城市的名片。

2. 创造街区活力和多样化

1）培育民俗活动场所（天后宫、紫极宫旧址、南华剧场旧址等），加强街区居民和谐交流，增加凝聚力。

2）培养非物质文化活动的文化空间或载体，培养街区居民，特别是街区新居民对传统文化习俗的热爱。利用福州角梳厂、米家船等历史建筑推动民间传统工艺如漆器馆、角梳馆、寿山石馆、软木画馆、纸伞制作馆、明清家具博物馆等的研习，形成产业链，带动街区居民收入水平的提高，也有助于培育传统街区的文化气氛。

3）利用有一定历史底蕴和独特历史信息的场所（连城试馆、张氏会馆、听雨斋等），适当发展私人会所和家庭旅馆，既有利于历史对接，也有利于培育多样化的街区氛围。

4）适当发展旅游，推动文化产业建设，为街区居民增加就业机会和收入来源。应优先利用安泰河沿线的建设控制地带来发展旅游休闲的配套服务设施，避免对核心保护区的过度利用而失去历史的环境氛围。依据传统民居院落具有聚焦和便于交流的特点，结合部分废弃的工厂、古民居和新建的合院建筑，以"三坊七巷"和朱紫坊的文化底蕴为背景，推动文化创意产业的建设。

5）南后街和南街是"三坊七巷"乃至福州市最具商业价值和文化传统的古街，南后街应重点销售福州传统工艺品、地方土特产、传统名点菜肴等传统特色商业，对后街花灯这一千年灯市予以重点扶持，积极振兴老字号，以吸引国内外游客为主。南街应结合历史文脉特点和城市发展，整合资源，创新传统品牌，丰富商业业态，提升商业品质和文化品位。增强吸引力，体现地段应有的文化和商业价值。

3. 街区管理和永续保障

1）始终保持政府主导的作用。强调政府在规划实施过程中作为公共利益的代表者所起的宏观控制与引导作用，具体表现在几个层面：

（1）制定实施保护策略。必须由政府来委托制定保护规划并组织实施，保护规划包括前文所述的整体性保护与传承的内容。保护规划通过之后，任何违反规划的建设活动都应该被禁止。由于保护规划实施是个长效的过程，国内外关于传统街区保护的认识也在不断地发展，政府应制定一定的程序定期对规划进行检讨，检查原定的规划是否能切合保护的目标。

（2）拟定实施计划。应始终坚持小规模综合有机更新的保护模式。在完成两阶段的前期调查和评价之后，应根据保护对象的质量、实施保护的紧迫程度、保护的重要意义等制定街区和传统建筑的修缮计划。同时结合居民、社会、市场的现实需求和发展预测，配套条件比如交通等条件是否完备等制定历史遗产传承利用的计划。每一项分解的项目区分轻重缓急，可用"紧急""需要"和"理想"三种列表表示。

（3）创造一个负责管理和未来干预该地的组织构架。政府是"规则"的制定者，传统街区仍然要按市场机制进行运作。应当注意到市场运作的目标是为了提供街区保护的造血功能，而不是将传统文化作为获利的工具。因此必须由政府出面组织成立非营利的规划实施主体，以避免在运作过程中，实施主体违背规划的初衷，对公共利益造成损害。规划实施主体的工作内容下文将进行进一步的描述。

（4）配套政策法规的制定。传统街区保护重在实施，特别是街区社会结构和非物质文化保护的内容，在保护规划中只能进行原则性的规定。为了保证规划目标的实现，政府还必须通过配套的政策法规进行引导。

2）非盈利实体和专门管理机构的成立。福州市成立了"三坊七巷"保护修复管委会，已吸纳了文物、规划和住宅开发的专业人员。已经着手进行实施阶段的文物调查、非物质文化遗产调查、文物建筑的修缮标准、项目和文化推广等工作。该机构采取事业单位、企业管理运作模式，既代表政府履行对历史街区、文物的保护职能，又引进企业运行机制，在资金筹措、街区发展等方面进行市场运作，从而推动了历史文化街区保护工作滚动健康发展。但是在福州市，传统街区的保护尚是一个全新的课题，由于认识的不足，对管理机构的职能和运作方向仍有颇多不明之处，需要进一步的探讨。

首先，应认识到该机构必须是一个长期的运作实体。应避免将传统街区的保护视为一个短期的硬质景观修复工程，从而造成获利目标和修复的短期性，保护做法的简单性。其次，传统街区的保护管理是个复杂的系统工程，由于历史遗产保护的特殊性，只能遵循历史文脉进行建设，不能简单化地运用现代建设的管理规定，需要的是全社会的通力合作。从内部管理上应吸纳多层面、多专业的保护队伍，形成一个多方位的综合管理机构和职能。

（1）前期调查和档案记录。传统街区遗产价值的认识是决定保护工作成败的基础。需要有专门的部门进行管理和验收。在管委会成立之前，在政府主导的"三坊七巷"保护利用领导小组的领导下，本街区已进行了大量卓有成效的前期工作，包括福州市城乡规划局和福州市文物管理局组织队伍进行的概略研究阶段调研成果。由福州市规划设计研究院组织开展《"三坊七巷"历史文化街区保护规划》编制工作，现已完成报批成果。鼓楼区完成的搬迁摸底工作。但是由于档案多方管理，增加了保护工作协同的工作量。随着规划工作的深入，从前期调研、规划、建设方案到施工有大量资料档案记录整理工作，而且前一阶段的成果往往是后续工作评价和验收的基础。因此从源头开始就做好档案的专项管理是做好保护工作的重要手段。

（2）基本建设与咨询。基本建设的管理直接决定了风貌原真性的延续，传统街区基本建设管理的主要内容包括：建设工程管理；规划方案、修缮或更新建设方案的拟定与跟踪管理；古建筑专业设计与施工机构的组织、传统材料供应机构和拥有特殊工艺技术的公司或个人名录的确定（在特殊情况下，对传统建筑的保护给予帮助）。此外，传统街区的保护鼓励公众参与，因此，对传统建筑业主的咨询与帮助也是传统街区建设管理的重要职责。

（3）宣传行销。一方面要向社会和政府有关部门宣传传统街区的所有价值，保护的正确方法；提高认识，将保护工作纳入社会化、规范化和法制化的轨道。这对传统街区的保护十分重要。另一方面应通过街区文化内涵的深入发掘，通过准确的行销策划，提升三坊七巷与朱紫坊的知名度，激活本街区潜在的市场价值，提升福州城市吸引力和竞争软实力。

（4）资金筹措与市场运营。首先，管委会的首要任务是资金的筹措与管理：负责申请保护资金，筹措来自政府、社会和个人等各方资金，在保护整治工程中实行专款专用；工程结束后，负责还贷还息，接受由于街区整治带来的土地和营业效益的增值，从而有效地用于街区日后的维护与整治。其次，是以政府相关政策为依据，对根据保护需要进行疏解和志愿搬迁的人口进行搬迁补偿工作，对由于搬迁而形成的空房进行收购；负责公有产权房屋的保护与整治工作，并可按照规划的要求进行出售或出租。最后，管委会能够持续运转的关键是市场运营，非营利机构的设立并不排斥市场运作与获益，相反的是，通过市场的运作使得传统街区潜在的经济价值得以正常的体现正是街区保护的重要目标之一。非营利机构设立的关键在于有效地将历史遗产的收益回馈到遗产的保护中去，避免对历史遗产"竭泽而渔"的利用。因此应该积极认识到传统街区所包含的巨大商机，在"永续利用、合理发展"的前提下，尝试通过土地与房屋产权的置换、拍卖和租赁的方式，导入新的使用功能，重建新的生活形态，使商业服务、历史文化和街区生活有机统一，使街区成为以居住功能为主，集文化、休闲、商业、旅游为一体的传统街区。

（5）安全管理和监察管理。传统街区许多古建筑的部件本身就是文物，为防止被倒卖，必须进行专项的安防管理。此外，随着街区的发展，旅游等人口的集聚，外来人口的管理，社区治安的稳定和消防安全都会对街区的良性发展造成影响。因此必须建立专门的机构，进行日常的巡逻与教育，将治安和消防隐患从源头予以消灭。此外，还必须成立监察管理机构，加强传统建筑日常保养和维护的督察工作，避免使用性或建设性的破坏。

4．充分发挥民间团体和社区参与的作用

推进小规模有机综合渐进更新的关键在于引导社区和公众的参与，引导的途径包括：

1）民间团体的社会参与。传统街区保护不仅仅是政府官员或规划师等所谓精英阶层的工作，而是社会文明的一部分，需要民间社会公益团体共同来参与。这些组织可以包括政府序列委托的团体，比如由人大、政协派出的监察员教育，地方的文物管理委员会，也可以是纯民间的历史遗产基金组织，市民信托组织、专业咨询团体（如，非物质文化活动团体或研习机构、民间收藏组织、园艺组织等）。

2）资金引导。在国内外许多传统街区，通过政府补贴和税费减免是传统街区保护的重要内容，但是应当注意到所有的补贴和优惠措施都要求居民要有一定的投入，这不仅是为了减少政府财政负担，更是为了通过一定的补贴引导街区居民更主动地到街区保护中去，激发居民保护传统街区和历史文化遗产的积极性。同时，更多的居民参与也是形成街区活力和建筑多样性的重要手段。

3）社区政治引导。传统街区的保护不应该只是政府自上而下的运动，不仅仅需要社会各界的关心与关注，取得社区居民的支持尤为重要。从现状的调查可见，居民改善生活居住条件的需求十分迫切，对街区保护并不理解。但是在现实中，他们缺乏表达民声的途径，或者其诉求在传递过程中被曲解。因此，首先应通过资金政策的引导，让百姓切实感受到街区保护的益处，同时社区自治组织，来表达业主的需求，重视居民的意见，培养和维护居民参与街区保护的积极性，更为重要的是，应通过社区教育的途径，让他们认识到传统街区和文化遗产保护的重要性，并通过一些喜闻乐见的非物质文化的活动形式，提高居民的参与感和社区凝聚力。

4）人口疏解思路和目标。除了从总量上降低人口密度外，还应针对具体院落的人口密度情况、院落的价值和保护的迫切程度以及居民的意愿制定具体的人口措施。原则上保持原居住人口密度低于4人/100平方米以下的院落的居住密度；

控制原居住人口密度4～8人/100平方米的现状院落居住人口的发展；降低现状居住人口大于8人/100平方米的院落到8人/100平方米以下；对于具有重要历史、文化和艺术价值的居住院落，现状保护情况堪忧，必须进行抢救性保护的，政府应通过相应的程序予以回购或部分回购，降低使用强度，原住户予以妥善安置，并停止建设3层及以上的居住建筑。鉴于新中国成立后不同历史年代由于政策等原因强加给本街区的负担，使得本街区居民密度过高，外来人口侵入过多。因此，本街区的人口不宜参照国内传统街区保护中一般要求的50%人口保有率的目标，而应从居住的适宜度和传统建筑合理使用强度的要求出发，通过一段时间的努力，力争达到居住用地内居住人口的密度在4人/100平方米左右。人口总量目标约1万人。为保证历史生活的延续，人口疏解应以渐进的方式进行。

5. 完整而延续的法律保障

除国家和地方对文物及传统街区保护管理的相应法律法规外，针对三坊七巷至少制定以下两个层次的管理规定。

1）街区的保护管理办法。明确街区的保护管理机构及职责；明确街区和建筑地保护范围和保护等级及必须要保护的历史环境要素；各级建筑的保护要求，业主权责；业主进行规定的修缮，政府将给予的资金补助和税收优惠；业主违反保护规定时可能遭受的罚则，什么情况下政府可以对历史遗产进行依法回购，回购应进行什么样的程序；什么情况下，政府必须进行人口疏解，人口疏解过程中搬迁补偿的政策等。

2）用户手册和保护指南。每一幢建筑的多种可能利用方式，各种利用方式可以得到的政策优惠以及申请优惠的程序；政府对建筑向公众开发的要求和鼓励措施，受益分成办法；建筑内允许或禁止建造改善的部分；不同建造改善等级（如，日常保养、维修、加固或落架等）应进行的申请程序和必须接受的指导。

四、本章小结

1. 本章对城市改造、城市复兴、历史街区复兴的理论和实践进行了回顾，重点对史蒂文历史街区复兴理论关于历史街区界定、过时性、如何加强历史街区保护、如何实现复兴和复兴的目标等进行了深度剖析，得出几点启示。一是历史街区保护和复兴的根本目的就是通过历史街区的整体复兴，来重建历史街区赖以生存的经济基础，为街区的保护和维护、更新和利用提供经济支持；二是历史街区复兴的关键是要寻求经济发展所导致的各种变革与保护需求对物质环境所作出的限制之间的平衡；三是历史街区复兴的重点是要解决各种历史建筑街区的过时性的功能与当代需求之间的不协调；四是在功能复兴上要采取一些行动改变在历史街区和历史建筑内的活动，强化使用功能，促进功能再生，同时以新的功能或活动取代现有功能或空间利用，开展功能重建；五是历史街区和历史建筑是一种稀缺性资源，具有商品价值；六是历史街区复兴是一种持续渐进的过程，要由政府机构、各种社会团体、组织和私营机构及居民共同参考，同时还要注重一些启动性的重点项目；七是历史街区复兴的目标要要达到其物质环境复兴、经济复兴和社会复兴。

2. 在提出历史街区复兴的概念、原则和复兴概念性框架的基础上，对"三坊七巷"历史街区复兴策略提出了框架性构想。关于"三坊七巷"物质环境复兴，提出物质环境复兴的整体目标、创建功能多样的创意社区、促进各类土地的合理利用、改善居住环境、加强园林绿地建设、改善基础设施等；关于"三坊七巷"经济复兴，提出经济复兴目标、以展示促进传统商业业态的发展、促进传统文化产业发展、培育发展创意产业等；关于社会复兴，提出要明确社会复兴目标、创建街区活力和多样性、加强街区管理和永续保障、充分发挥民间团体和社会参与的作用、建立完整而永续的法律保障等。

第八章

结论与讨论

本书以系统梳理国内外历史街区保护理论和成功经验为基础和前提，结合福州"三坊七巷"历史街区的具体实际状况，提出了构建"三坊七巷"历史街区保护、更新和复兴一般性保护的理论框架，就历史街区整体性保护、小规模渐进式综合有机更新和复兴提出了具体的对策措施。

一、主要结论

（一）关于空间句法的结构特征分析的结论

1. 从宏观尺度句法分析来看。一是"三坊七巷"与附近地区业已形成了城市功能集聚中心，成为具有很强开发潜力的地区。二是"三坊七巷"及其附近地区的轴线在历史演变过程中，具有较高的全局集成度与局部集成度及较低的平均深度，该地具备非常好的中心性、人流密度高与便捷性高，是具有发展潜力的功能区和"黄金地段"。三是从20年来变化来看，"三坊七巷"地位有些上升，周边主干道地位更为提升。

2. 从中观尺度句法分析来看。"三坊七巷"历史街区整体性强，可识别性强，中心性强；"三坊七巷"周边地区人流量大，但内部人流量不大；坊巷的通视程度比较好，便利性较高；坊巷内部的用地结构中，传统遗留下来的用地布局基本合理，新侵入的用地功能与街区整体功能的匹配度低，有的功能不适宜。

3. 从微观尺度句法分析来看。通过打通多进式院落的通道，可以提升院落间各类通道的便捷度和增加人流量，同时院落的热点空间产生相对集聚。对于大进深的"三坊七巷"历史街区来说，在保护坊巷格局、肌理与整体风貌格局不变的基础上，是否存在着打通院落寻求院落内部空间的便捷联系，提高大进深空间的联系度，空间句法分析结果为我们提供了一种思考问题的思路，也为"三坊七巷"历史街区的复兴带来了一种可能的思路。

同时针对"三坊七巷"历史街区整体性强、可识别性强的特点，结合现有法律规范对历史街区和文物建筑以及保存较好的历史建筑的保护要求，提出从空间上需要严格加以整体性保护的空间要素是：坊巷格局、街区肌理、文物建筑和具有保存价值的历史建筑。同时提出严格保护区、弹性调整区和更新改造区。严格保护区包含了文物建筑和有价值的历史建筑的所有分布地域以及街坊的整体格局。弹性调整区涵盖了建筑质量较好的有一定价值的历史建筑区域；更新改造区涵盖了建筑质量较差的和被改造破坏过的一般建筑的区域或是空地。

同时提出"三坊七巷"历史街区复兴的基本范式。一是促进"自然运动"，活化院落空间构形。二是催生"运动经济体"，实现街坊院落功能的多样化。三是引导空间自组织性的良性循环，提高"三坊七巷"总体效率。四是培育创意"意念社区"，活跃社会行为和社会活动。

（二）关于整体性保护的结论

提出了历史街区整体性保护的概念和保护原则，认为历史街区整体性保护主要包括物质遗存的保护、历史环境的保护、非物质遗产的保护、原生活形态的保护以及场所精神的保护。提出了历史街区整体性保护原则，即风貌的完整性、历史的原真性、生活的延续性、文化的多样性、文化背景保护等五个方面，并提出了基本思路。人工环境保护要求确立点、线、面的保护框架。人文环境与非物质文化保护要做好三个方面：（1）深入挖掘整理利用以三坊七巷为代表的生产商贸习俗、传统艺术、民俗风情、民间信仰等民间文化；（2）保护和展示闽学文化传统及由此引发的闽学文化现象为代表的宗教、文学和艺术等精神文化；（3）显现和挖掘与历史环境相关联的重要历史信息，如重要事件、历史名人和故事传说等。提出了"三坊七巷"历史街区分区域不同的保护办法，即针对保护区、建设控制区、风貌协调区、文物建筑保护单位以及保护建筑、历史建筑和历史环境要素等的不同，采取不同的办法进行保护。同时提出了不同的整治要求，即对保护区空间、建设控制区空间、街景风貌、巷道风貌，特别是南后街、南街以及安泰河滨水景观等重要的地段提出不同的风貌整治要求。

（三）关于小规模渐进综合有机更新的结论

提出小规模改造更新具有经济适用性、可以积累经验、有利于街区整体风貌保护等三个方面的现实价值，从社会、技术、资金和文化及使用功能等方面提出了"三坊七巷"进行小规模渐进综合更新的必要性。针对"三坊七巷"提出小规模渐进综合更新的三个方面的含义，即实施过程的持续性和阶段性；实施规模的小尺度；实施内容的整体性和综合有机性。同时在摸底调查、控制导则的制定和传统建筑的渐进更新发展模式上提出了做法要求。进而对后期的运行保障提出要建立四个方面的制度，即建立社区建筑师制度、匠师制度、材料准备制度和建立地方维修规范标准。并对于小规模渐进综合更新相关的依法回购权、投资收益回馈机制的建立、财力和政策支持等提出思路。

（四）关于历史街区复兴的结论

提出历史街区复兴的概念：历史街区复兴是针对历史街区问题而产生的，目的在于改善街区物质空间结构、活化街区经济、复兴街区社会功能、解决社会排斥问题和提升街区环境质量。历史街区复兴实际上是一种多维度、综合性的解决历史街区问题的方法。

提出历史街区复兴应当依据如下原则：必须建立在对于历史街区的详细分析的基础上；考虑历史街区物质条件改善、社会结构优化、经济活力和环境条件的改善；通过实施综合整体战略，以均衡、有序、积极的方式解决历史街区问题；确保各种历史街区的策略和措施符合可持续发展原则；制定出明确的、具有可操作性的具体目标体系，尽可能予以量化；最大限度地利用包括土地和现有历史街区的建成环境基础在内的所有资源；寻求并确保行动的共识，努力实现各种相关参与者的全面参与，建立多方合作的伙伴关系模式，以满足他们合法的利益；策略进展的特定评估极其重要，同时要对各种内部及外部影响进行监控；随时根据发生的变化对最初计划的实施进行调整；为实现各种发展目标的综合平衡和多目标的实现，需要对各种要素的投入进行相应调整。

提出了历史街区复兴内容应当包括对历史街区的物质环境的复兴、经济复兴和社会复兴，并对这三个方面的复兴提出措施构想。对于"三坊七巷"物质环境复兴，提出物质环境复兴的整体目标、创建功能多样的创意社区、促进各类土地的合理利用、改善居住环境、加强园林绿地建设、改善基础设施等；对于"三坊七巷"经济复兴，提出经济复兴目标、以展示促进传统商业业态的发展、促进传统文化产业发展、培育发展创意产业等；对于社会复兴，提出要明确社会复兴目标、创建街区活力和多样性、加强街区管理和永续保障、充分发挥民间团体和社会参与的作用、建立完整而永续的法律保障等。

二、主要创新点

本书的主要创新点有三个方面：

（一）初步构建了历史街区保护、更新和复兴方法的整体理论框架

综合应用可持续发展理论、整体性保护理论、城市更新理论、城市复兴理论、空间句法理论，结合城市规划学、城市地理学、城市经济学的基本原理和思想，提出了历史街区保护、更新和复兴的概念、原则和基本对策，初步构建了历史街区保护、更新和复兴方法的整体理论框架。

（二）空间句法分析技术的应用

利用空间句法理论和分析方法，对"三坊七巷"历史街区和院落空间的构形开展定量化的分析和描述，提出空间潜存的基本构形规律和可能的使用方向。

（三）提出了历史街区复兴的基本运作模式

提出了历史街区复兴的基本运作模式，即政府主导、实体运作、专家领衔、公众参与的基本运作模式。同时对疏解人口、功能调整、用地布局调整、院落空间活化、创意产业发展、创意社区构建等事关历史街区发展的关键性问题，提出了具体的对策建议。

三、需要进一步讨论的问题

1. 本书所选取的基础理论、国内外研究案例主要采取"拿来主义"的态度，对相关理论、国内外研究案例与历史街区的关系未能进行详细阐述，显得比较突兀，有待于今后研究的进一步深入。

2. 本书研究试图从经济、社会、环境和文化的角度分析对历史街区保护、更新和复兴的影响。但由于笔者主要从事于城市规划、景观和人文地理方面的研究，受专业训练和精力、能力和时间等多种因素的制约，经济、社会等多专业相关理论的理解和研究可能显得比较肤浅，所以本研究的侧重点主要落在历史街区文物建筑保护和城市规划、景观规划所覆盖的专业范畴之内，对于相关专题有待于更多专业的研究者进行深入探讨。

3. 随着课题研究的深入，我们深深感到，通过多专业的配合，寻找到一种适合某个特点的历史街区保护更新和复兴的方法尚属可能。但是要寻找到一个适合当代中国特点的具有普遍意义的历史街区保护更新和复兴的决策机制和制度化的决策过程，实现历史街区保护更新和复兴的"法制化"和"程序化"，将需要长期不懈的几代人的共同努力，这也是本书研究在目前情况下力所不能及的。

参考文献

[1] Adams D, Hastings E M. Assessing institutional relations in development partnerships: The Land Development Corporation and the Hong Kong government. prior to 1997 [J]. Urban Studies, 2001, 38 (9):1473-1492.

[2] Anthony Walmsley. Greenways and the making of urban form [J]. Landscape and urban planning, 1995 (33): 81-127.

[3] Appleyard, D. (ed.) (1979), The Conservation of European Cities, MITPress, Cambridge, MA.

[4] Ashworth G J, Tunbridge J E. The tourist-historic city [M]. London: Belhaven Press, 1990: 35.

[5] Bailey, A Involving Communities in Urban and Rural Regeneration. London. 1997.

[6] Bandarin. F. (1979), "The Bologna Experience: Planning and historic renovation in a communist", in Appleyard, D. (ed.) (1979), The Conservation of European Cities, MIT Press, Cambridge: 178-202.

[7] Bianchini. F. and Parkinson. M. (1993), Cultural Policy and Urban Regeneration:the Western European Experience, Manchester University Press, Manchester.

[8] Black, A. F. (1976), "Making historic preservation profitable-If you're willing to wait', in Latham, J.E.(ed.), The Economic Benefits of Preserving Old Building, The Preservation Press/National Trust for Historic Preservation, WashingtonDC, pp: 21-27.

[9] Boyle. R. Changing Partners. Urban Stiduies. Vol.30, London. 1993.

[10] Cantacuzino Sherban. Re-architecture: Old Building/New Uses, NewYork: AbbevillePress: 1989.

[11] Cantacuzino S(1975). New Uses for Old Buildings, The Arichitectural Press, London.

[12] Casson, SirHugh, (1984), Foreword to Royal Borough of Kensington Chelsea, Urban Conservation and Historic Buildings: A Guide to the Legislation, Royal Borough of Kensington Chelsea, London.

[13] Chapman, B.K. (1976). "The growing publics take in urban conversation", in Latham,

J.E.(ed.), The Economic Benefits of Preserving Old Buildings, The Preservation Press/ Nationan Trust for Historic Preaervation, Washington. DC, pp: 9-13.

[14] CHARLES L. The creative city: a toolkit for urban innovators[M]. London: Earthscan Publications, 2000.

[15] Donnithorne A. China's cellular economy: some economic trends since the cultural revolution [J]. The China Quarterly, 1972, 52: 605-619.

[16] Falk N. Baltimore and Lowell: Two American approaches [J]. Built Environment, 1986(12): 145-152.

[17] Fitch, J.M. (1990). Histotic Preservation: Curatorial Management of the Built Envionmental, University Press of Virginia, Charlot tesville.

[18] GERT J H. Creative cities in Europe: urban competitiveness inthe knowledge economy. Inter-economic, 2003, 38(5): 260-269.

[19] Griffiths, R.(1993). The politics of cultural policy in urban regeneration strategies, Policy and Politics, Vol.21(1), pp: 39-46.

[20] Hammer, Siler, George Associates(1990). Lower Downtown: Economic Impact of Historic Distict Designation, HSGA/City and Cpuntry of Denver, Denver.

[21] Henry Lefebvre. The Production of Space, Malden: Blackwell Publishing, P: 326.

[22] Ian Strange. Local politics, new agendas and strategies for change in English historic cities [J]. Cities, 1996(13): 431-437.

[23] J.Jacobs. The Death and Life of Great American Cities. P:279. Random House.1961.

[24] John Punter. Design Control in England, Built Environment, Vol.18 No.2.

[25] Jukka Jokilehto. A History of Architectural Conservation (in association with iccrom), 1993.

[26] Minors, C. Listed buildings and Conservation Areas[M]. London: Longman, 1999.

[27] NANCYKN, MIKAELN. The development of creative capabilities in and out of creative organizations: three casestudies[J]. Creativity and Innovation Management, 2006, 13: 268-278.

[28] P.Hall. Cities in Civilization. London: Phoenix, 1998:12-14.

[29] P.Hall. Creative Cities and Economic Development. Urban Studies, 2000: 644-547.

[30] Paul M Fotsch. Tourism' sun even impact history on Cannery Row[J]. Annals of Tourism Research, 2004(31): 779-800.

[31] RICHARD F. Cities and the creative class City&Community. 2003(3): 3-20.

[32] Richards J. Facadism[M]. London: Routledge, 1994: 320-325.

[33] Roberts. P&Sykes. H, Urban Regeneration. 1999.

[34] Sebastianloew, Design Control in France[J]. Built Environment, Vol.18No.2.

[35] Silvio Mendes Zancheti. Conservation and UrbanSustainable development[M]. Ruado Bom Jesus: CCIUT, 1999.

[36] Steven Tiesdell. Tension between revitalization and conservation[J]. Cities, 1995(12): 231-241.

[37] Tim Heath, Steven Tiesdell, Taner Oc. Revitalizing Historic urban quarters [M]. England: Butterworth-heinemann Press, 1996: 264-268.

[38] Weinberg, N. Preservation in American towns and Cities[M]. Colorado: Westview press, 1991.

[39] William Richardson（著），ZhangJin（译）. 大学社区重建与城市复兴[J]. 时代建筑，2001（3）：26-28.

[40] （美）美国不列颠百科全书公司编著. 中国大百科全书出版社《不列颠百科全书》国际中文版编写组编译. 不列颠百科全书国际中文版（修订版全20卷）[M]. 北京：中国大百科全书出版社，2007.

[41] （美）伊迪丝·谢理著，黄慧文译. 建筑策划——从理论到实践的设计指南[M]. 北京：中国建筑工业出版社，2006.

[42] （意）布鲁诺·塞维著，张似赞译. 建筑空间论[M]. 北京：中国建筑工业出版社，1985. 亨利·列菲伏尔：《空间：社会产物与使用价值》，转引自包亚明主编：《现代性与空间的生产》[M]. 上海：上海教育出版社，2003.

[43] （英）比尔·希利尔，克里斯斯塔茨. 空间句法新方法[J]. 世界建筑，2005（11）：54-55.

[44] （英）比尔·希利尔. 场所艺术与空间科学[J]. 世界建筑，2005（11）：24-34.

[45] （加拿大）简·雅各布斯. 金衡山译 [M]. 南京：译林出版社，2005.

[46] （英）. 史蒂文·蒂耶斯德尔，蒂姆·希思，[土]塔内尔·厄奇著. 张玫英，董卫译. 城市历史街区的复兴[M]. 北京：中国建筑工业出版社，2006.

[47] （英）彼得·霍尔，邹德慈，李浩，陈熳莎译. 城市和区域规划[M]. 北京：中国建筑工业出版社，2008.

[48] 边宝莲. 我国历史城市的保护与更新[J]. 城市发展研究，2005，12（4）：63-66.

[49] 边兰春，井忠杰. 历史街区保护规划的探索和思考——以什刹海烟袋斜街地区保护规划为例[J]. 城市规划，2005，29（9）：44-49.

[50] 边兰春，井忠杰. 历史街区保护规划的探索和思考[J]. 城市规划，2005（9）.

[51] 波索欣. 建筑·环境与城市建设[M]. 冯文炯译. 北京：中国建筑工业出版社，1995.

[52] 蔡燕歆. 历史街区开发性保护中的传统文化复兴——以杭州大井巷历史文化街巷保护区规划设计为例[J]. 华中建筑，2007，25（11）：55-57.

[53]　查群. 建筑遗产可利用性评估[J]. 建筑学报，2000（11）.

[54]　陈业伟. 上海旧城区更新改造的对策[J]. 城市规划，1995（5）.

[55]　成砚. 媒介中的城市空间——一种新的城市空间研究方法及其在历史街区改造中的应用[J]. 世界建筑，2002（2）：72-77.

[56]　单霁翔. 从国子监街的整治谈历史地段的保护[J]. 北京规划建设，1998（2）.

[57]　单霁翔. 城市文化发展与文化遗产保护[M]. 天津：天津大学出版社，2006.

[58]　邓国安，陈平，王继彪. 珠海路历史街区的保护和发展[J]. 规划师，2007，23（9）：34-35.

[59]　丁承朴，朱宇恒. 保护历史街区，延续古城文脉——以杭州市吴山地区的保护研究为例[J]. 浙江大学学报（人文社会科学版），1999，29（2）：87-92.

[60]　董贺轩，胡嘉渝. 城市历史街区生存与发展的经济学分析[J]. 规划师，2005，21（8）：63-65.

[61]　董雷，孙宝芸. 城市更新中历史街区的功能置换[J]. 沈阳建筑大学学报（社会科学版），2007，9（2）：138-142.

[62]　董卫. 城市更新中的历史遗产保护——对城市历史地段/街区保护的思考[J]. 建筑师，2000（6）：31-37.

[63]　杜文光. 传统简述的保护以及新旧关系的探讨[J]. 城市发展研究，2002，9（3）：71-74.

[64]　段义猛，王本利，万铭. 城市复兴理论及其在青岛的探讨[J]. 规划师，2006（12）：43-45.

[65]　范文兵. 上海里弄的保护与更新[M]. 上海：上海科学技术出版社，2004.

[66]　方可. 当代北京旧城更新——调查、研究、探索[M]. 北京：中国建筑工业出版社，2001.

[67]　冯雨，李陌. 教场坝历史街区空间形态探析[J]. 山西建筑，2007，33（31）：45-46.

[68]　高耸，姚亦峰. 历史文物古迹保护与城市更新关系的研究——以南京内秦淮地区为例[J]. 安徽农业科学，2007，35（32）：10342-10345.

[69]　耿慧志. 论我国城市中心区更新的动力机制[J]. 城市规划汇刊，1999（3）.

[70]　耿慧志. 历史街区保护的经济理念及策略[J]. 城市规划，1998（3）：40-42.

[71]　顾鉴明. 对我国历史街区保护的认识[J]. 同济大学学报（社会科学版），2003，14（3）：24-27.

[72]　顾晓伟. 历史街区——历史文化名城保护的重点[J]. 城市研究，1998（5）：57-59.

[73]　郭湘闽. 超越困境的探索——市场导向下的历史地段更新与规划管理变革[J]. 城市规划，2005（1）.

[74]　郭湘闽. 以旅游为动力的历史街区复兴[J]. 新建筑，2006（3）：30-34.

[75] 郭湘闽. 走向多元平衡——制度视角下我国旧城更新传统规划机制的变革[M]. 北京：中国建筑工业出版社，2006.

[76] 国芳，李刚. 传统历史街区的保护性开发与利用——以济南商埠区保护为例[J]. 山东建筑工程学院学报，2005，20（2）：44-48.

[77] 何新开. 城市更新中历史街区的保护与发展[J]. 合肥工业大学学报（社会科学版），2006，20（5）：186-188.

[78] 和红星. 城市复兴在西安的探索与实践[J]. 建筑学报，2005（7）：48-50.

[79] 胡明星，董卫. 基于GIS的镇江西津渡历史街区保护管理信息系统[J]. 规划师，2002，18（3）：71-73.

[80] 胡卫星，董卫. GIS技术在历史街区保护规划中的应用研究[J]. 建筑学报，2004（12）：63-65.

[81] 黄国兵，宋钰红. 昆明历史街区保护探讨[J]. 广东园林，2006，28（4）：4-5.

[82] 黄健文，徐莹. 从城市形态的角度探析广州南华西街历史街区的特色要素[J]. 建筑学报，2007（11）：79-83.

[83] 姜华，张京祥. 从回忆到回归——城市更新中的文化解读与传承[J]. 城市规划，2005，29（5）：77-82.

[84] 赖世鹏，徐建刚. GIS在长汀县东大街历史街区控制性详细规划中的应用[J]. 安徽农业科学，2007，35（13）：3933-3935.

[85] 李朝阳，杨涛. 城市历史文脉的延续——关于我国旧城道路规划建设的思考[J]. 人文地理，2006，15（3）：28-31.

[86] 李德华. 城市规划原理（第三版）[M]. 北京：中国建筑工业出版社，2001.

[87] 李和平. 历史街区建筑的保护与整治方法[J]. 城市规划，2003，27（4）：52-56.

[88] 李晖，丁宏伟. 可持续发展的历史街区保护[J]. 规划师，2003，19（4）：75-77.

[89] 李军，潘峰，彭青. 保护历史街区传统风貌的理性探索——以广西忻城县莫土司衙署及周边街区保护规划为例[J]. 武汉大学学报（工学版），2004，37（2）：161-164.

[90] 李其荣. 城市规划与历史文化保护[M]. 南京：东南大学出版社，2003.

[91] 李世庆. 双维度产权视角下我国历史街区的保护策略[J]. 城市规划，2007，31（12）：31-36.

[92] 李向北，王裴. 公众参与城市历史街区更新的途径——以成都宽窄巷子为例[J]. 西华大学学报（哲社版），2007（2）：109-110.

[93] 李新建，李岚. 历史街区保护中的适应性消防对策[J]. 城市规划，2003，27（12）：55-59.

[94] 李颖，刘亚云. 广州市骑楼街的保护与发展[J]. 城市规划汇刊，2002（1）：63-67.

[95] 李志刚. 古城历史街区保护规划研究[J]. 城市规划，2001，25（10）.

[96] 李志刚. 历史街区规划设计方法研究[J]. 新建筑，2003（增）：29-32.

[97] 梁乔，胡绍学. 历史街区建成环境的质量评析[J]. 建筑学报，2007（6）：66-68.

[98] 梁乔. 从交往实践观谈我国历史街区的保护[J]. 规划师，2007（2）：67-70.

[99] 梁乔. 历史街区保护的双系统模式的建构[J]. 建筑学报，2005（12）：36-38.

[100] 林林，阮仪三. 苏州古城平江历史街区保护规划与实践[J]. 城市规划学刊，2006（3）：45-51.

[101] 刘宾，潘丽珍，高军. 冲突与反思——转型期我国历史街区保护的几点思考[J]. 城市规划，2005，29（9）：60-63.

[102] 刘丛红，刘定伟，夏青. 历史街区的有机更新与持续发展——天津市解放北路原法租界大清邮政津局街区概念设计研究[J]. 建筑学报，2006（12）：34-36.

[103] 刘建平，张群. 试论县域历史街区的特色及其开发[J]. 湖南社会科学，2003（6）：99-101.

[104] 刘敏，李先奎. 历史街区探析[J]. 哈尔滨工业大学学报，2003，35（4）：506-509.

[105] 刘强，李文雅. 创意产业的城市基础[J]. 同济大学学报，2008，19（4）：104-107.

[106] 刘云，王德. 基于产业园区的创意城市空间构建——西方国家城市的相关经验与启示[J]. 国际城市规划，2009（1）：72-78.

[107] 马晓龙，吴必虎. 历史街区持续发展的旅游业协同——以北京大栅栏地区为例[J]. 2005，29（9）：49-54.

[108] 梅青，白彩云，孙淑荣，宋永生. 历史街区保护性旅游开发实证研究[J]. 商业研究，2007（1）：267-269.

[109] 彭建东，陈怡. 历史街区的保护与开发模式研究——以景德镇三闾庙历史街区保护开发规划为例[J]. 武汉大学学报（工学版），2003，36（6）：132-136.

[110] 彭震伟，高璟，刘文生. 红色旅游中的历史街区保护规划探析[J]. 城市规划，2007，31（7）：89-92.

[111] 曲蕾. 边缘化—全球化背景下的北京旧城历史街区的处境[J]. 北京规划建设，2004（2）：68-71.

[112] 任平. 关于空间生产理论的反思[J]. 江海学刊，2007（2）：99-102.

[113] 任云兰. 国外历史街区的保护[J]. 城市问题，2007（7）：93-96.

[114] 阮琳娜. 历史街区的道路交通规划研究——以三坊七巷为例[J]. 福建建筑，2006（6）：41-44.

[115] 阮仪三，范利. 南京高淳淳溪镇老街历史街区的保护规划[J]. 现代城市研究，2002（3）：10-17.

[116] 阮仪三，顾晓伟. 对于我国历史街区保护实践模式的剖析[J]. 同济大学学报（社会科学版），2004，15（5）：1-6.

[117] 阮仪三. 历史建筑与城市保护的历程[J]. 时代建筑, 2000（3）.

[118] 阮仪三, 刘浩. 苏州平江历史街区保护规划的战略思想及理论探索[J]. 规划师, 1999, 15（1）: 47-53.

[119] 阮仪三, 孙萌. 我国历史街区保护与规划的若干问题研究[J]. 城市规划, 2001, 25（10）.

[120] 阮仪三, 王景慧, 王林. 历史文化名城保护理论与规划[M]. 上海: 同济大学出版社, 1999.

[121] 阮仪三. 中国历史文化名城保护规划[M]. 上海: 同济大学出版社, 1995.

[122] 阮仪三, 林林. 城市文化遗产保护的原真性[J]. 城乡建设, 2004（4）.

[123] 阮仪三. 历史街区的保护及规划[J]. 城市规划汇刊, 2000（2）: 46-50.

[124] 阮仪三. 历史建筑与城市保护的历程[J]. 时代建筑, 2000（3）.

[125] 阮仪山. 城市遗产保护论[M]. 上海: 上海科学技术出版社, 2005.

[126] 阮宇翔, 彭旭. 传统历史街区的环境更新与可持续发展[J]. 武汉大学学报（工学版）, 2002, 35（5）: 67-69.

[127] 邵龙飞. 历史街区保护与整治规划研究[J]. 规划师, 2003, 19（1）: 48-51.

[128] 绍兴市历史街区保护管理办公室. 绍兴仓桥直街历史街区保护[J]. 城市发展研究, 2001, 8（5）: 61-65.

[129] 石坚韧, 赵秀敏. 城市更新进程中的历史建筑适宜性再生技术——杭州清河坊历史街区保护性开发模式[J]. 特区经济, 2007（5）: 280-282.

[130] 石崧. 上海创意空间的崛起与城市复兴[J]. 上海城市规划, 2007（3）: 1-4.

[131] 宋晓龙, 黄艳. "微循环式"保护与更新——北京南北长安街历史街区保护规划的理论和方法[J]. 城市规划, 2000, 24（11）: 59-64.

[132] 宋晓龙. "微循环式"保护与更新——一种适应北京历史街区保护的新概念[J]. 北京规划建设, 2001（1）: 21-23.

[133] 孙翔, 汪浩. 特征规划指引下的新加坡历史街区保护策略[J]. 国外城市规划, 2004, 19（6）: 47-52.

[134] 汤培源, 顾朝林. 创意城市综述[J]. 城市规划学刊, 2007（3）: 14-19.

[135] 汪德华. 城市规划四十年[M]. 抚顺: 东北城市规划信息中心, 1990.

[136] 汪芳. 用"活态博物馆"解读历史街区——以无锡古运河历史文化街区为例[J]. 建筑学报, 2007（12）: 82-85.

[137] 汪浩. 历史街区保护对象及保护方式的研究——以绍兴市新河弄历史街区保护规划为例[J]. 规划师, 2007, 23（6）: 90-94.

[138] 汪洋, 廖欣星, 党建强, 王晓鸣. 旧城更新中房地产开发模式的比较研究[J]. 建筑经济, 2007（12）: 69-71.

[139] 王建文，董建文，林浩. 福州三坊七巷历史街区植物的保护与延续[J]. 安徽农学通报，2007，13（21）：29-31.

[140] 王景慧. 城市历史文化遗产保护的政策与规划[J]. 城市规划，2004（10）.

[141] 王景慧. 城市历史文化遗产的保护与弘扬[J]. 城乡建设，2002（8）.

[142] 王景慧. 历史地段保护的概念和做法[J]. 城市规划，1998（3）.

[143] 王景慧. 历史街区：文化遗产保护的重点层次[J]. 《瞭望》新闻周刊，1997（51）.

[144] 王景慧. 论历史文化遗产保护的层次[J]. 规划师，2002（6）.

[145] 王景慧，阮仪三，王林. 历史文化名城保护理论与规划[M]. 上海：同济大学出版社，1999.

[146] 王景慧. 保护历史街区的政策和方法[J]. 上海城市管理学院论坛，2001（6）：9-11.

[147] 王俊，汤茂林，黄飞飞. 创意产业的兴起及其理论研究探析[J]. 地理与地理信息科学，2007，23（5）：67-81.

[148] 王骏，王林. 历史街区的持续整治[J]. 城市规划汇刊，1997（3）：43-45.

[149] 王丽君. 文化建筑：城市复兴的引擎[J]. 华中建筑，2007，25（6）：12-14.

[150] 王如忠. 上海创意产业的发展及其对策[J]. 上海投资，2006（1）：55-60.

[151] 王松仪，宣建华. 居住性历史街区再利用初探[J]. 华中建筑，2005，23（4）：121-188.

[152] 王涛. 关于历史街区详细规划的编制与审批[J]. 规划师，2004，20（3）：67-68.

[153] 王伟年，张平宇. 创意产业与城市再生[J]. 城市规划学刊，2006（2）：22-25.

[154] 王晓雄. 保护历史街区传统建筑风貌的理性探索——以泉州市中山路保护整治规划设计和实践为例[J]. 城乡规划，2001（11）：10-11.

[155] 王雪松，温江，孙雁. SOHO对旧工业建筑更新利用的启示[J]. 重庆建筑大学学报，2006，28（3）：4-6.

[156] 王艳. 秩序与意义的重构——对当前历史街区保护的思考[J]. 规划师，2006，22（9）：73-75.

[157] 王耀兴. 市场经济条件下历史街区保护中的资源利用原则探讨[J]. 重庆建筑，2006（8）：27-30.

[158] 王雨村. 从"桐芳巷"到"新天地"——谈苏州历史街区保护对策[J]. 规划师，2003，19（6）：20-23.

[159] 韦汉成，韦炜炜. 历史街区的RBD化探索[J]. 理论广角，2007（4）：100-110.

[160] 魏枢，危良华. 历史文化名城历史地段的文化更新——以淮安市楚州区三湖地区城市设计为例[J]. 城市规划，2006，30（10）：89-92.

[161] 魏晓云. 中山路历史街区高度结构控制研究[J]. 福建建筑，2008（5）：1-5.

[162] 吴晨. "城市复兴"理论辨析[J]. 北京规划建设，2005（1）：140-143.

[163] 吴晨. 城市复兴的理论探索[J]. 世界建筑，2002（12）：72-78.

[164] 吴国强，张乐益. 历史街区调查方法初探[J]. 东南大学学报（哲学社会科学版），2006（8）：171-173.

[165] 吴强. 文化遗产历史空间保护与城市设计——以安徽东至尧渡老街历史街区保护规划与城市设计研究为例[J]. 城市规划，2007，31（5）：93-96.

[166] 吴欣. 浅析杭州元福巷历史街区保护更新设计[J]. 山西建筑，2007，33（2）：12-13.

[167] 吴燕. 建国后西部工业布局对西部现代化的影响[J]. 西南交通大学学报（社会科学版），2001，2（2）：43-48.

[168] 武联，沈丹. 历史街区的有机更新与活力复兴研究——以青海同仁民主上街历史街区保护规划为例[J]. 城市发展研究，2007，14（2）：110-114.

[169] 西安市规划委员. 陕西：西安启动"皇城复兴"计划[J]. 中国建设信息，2005（3）：61.

[170] 西山三卯监修. 历史文化城镇保护[M]. 北京：中国建筑工业出版社，1993.

[171] 夏健，蓝刚. 数字时代历史街区保护的观念更新初探[J]. 规划师，2003，19（6）：29-31.

[172] 项秉仁，吴欣. 历史街区保护更新建筑设计和可持续操作模式[J]. 建筑学报，2006（12）：37-39.

[173] 徐丹. 社会趣味与历史街区的功能重置[J]. 规划师，20（3）：90-91.

[174] 徐琴. 历史文化名城的城市更新及其文化资源经营[J]. 南京社会科学，2002，（10）：49，52.

[175] 徐蓉，张凌. 城市滨水区更新的土地利用策略[J]. 城市发展研究，2006，13（4）：61-63.

[176] 许业和，董卫. 基于GIS的历史街区规划设计方法初探[J]. 华中建筑，2005，23（2）：86-88.

[177] 严铮. 历史街区保护问题的几点思考——多元化的历史街区保护方法初探[J]. 城市，2003（4）：40-42.

[178] 阳建强. 现代城市更新运动趋向[J]. 城市规划，1995（4）：27-29.

[179] 杨红烈，徐铭. 构建历史街区民间文化产业群[J]. 热带地理，2007，27（6）：569-573.

[180] 杨红烈. 广州历史街区的保护性开发探讨[J]. 城市问题，1998（5）：23-25.

[181] 杨希文. 发掘历史街区新价值，构建民间文化产业群——广州恩宁路骑楼街的保护利用[J]. 城市发展研究，2007，14（5）：114-118.

[182] 杨新海. 历史街区的基本特征及其保护原则[J]. 人文地理，2005（5）：48-50.

[183] 杨戌标. 现代城市发展中历史街区的保护与复兴[J]. 城市规划，2004，28（8）：60-64.

[184] 姚迪，戴德胜. 特定条件下的历史街区保护模式创新[J]. 建筑学报，2006（6）：25-27.

[185] 叶如棠. 在历史街区保护（国际）研讨会上的讲话[J]. 建筑学报，1996，（9）.

[186] 叶如棠. 城市的发展与建筑遗产的保护[J]. 求是杂志，2002（7）.

[187] 于立凡，郑晓华. 保存城市的历史记忆——以南京颐和路公馆历史风貌保护规划为例[J]. 城市规划，2004，28（2）：81-84.

[188] 袁奇峰，李萍萍. 广州市沙面历史街区保护的危机与应用[J]. 建筑学报，2001（6）：57-60.

[189] 袁昕. 浅议我国历史街区保护的社会经济基础和操作过程[J]. 城市规划，1999，23（2）：41.

[190] 袁玉康，向明炎，黄耕. 以历史空间再现带动庙嘴历史街区的复兴[J]. 科技创新导报，2008（30）：113.

[191] 臧华，陈香. 文化政策主导下的创意城市建设[J]. 城市问题，2007（12）：22-27.

[192] 曾倩. 历史街区保护的真正含义——从磁器口概念设计引发的思考[J]. 重庆建筑大学学报，2002，24（3）：5-9.

[193] 张凡. 城市发展中的历史文化保护对策[M]. 南京：东南大学出版社，2006.

[194] 张翰卿. 城市中心区游憩功能的开发——以武汉市为例[J]. 武汉大学学报（工学版），2002，35（5）：58-62.

[195] 张红，王新全，余瑞林. 空间句法及其研究进展[J]. 地理空间信息，2006，4（4）：37-39.

[196] 张鸿雁. 城市中心区更新于复兴的社会意义[J]. 城市问题，2001（6）：41-42.

[197] 张建华，刘建军. 城市历史空间延续中的介质协调方法研究[J]. 城市规划，2006，30（7）：52-56.

[198] 张杰. 探求城市历史文化保护区的小规模改造与整治——走"有机更新"之路[J]. 城市规划，1996（4）.

[199] 张杰，王丽方. 通过小规模逐步整治改造实现历史街区的环境与社区文脉的继承和发展[J]. 城市规划，1999，23（2）：29-33.

[200] 张京祥，邓化媛. 解读城市近现代风貌型消费空间的塑造——基于空间生产理论的分析视角[J]. 国际城市规划，2009（1）：43-47.

[201] 张琨. 泉州西街片区的保护与更新[J]. 福建建筑，2008（5）：14-17.

[202] 张乐益，董卫. 历史街区振兴的策略与思考——以余姚市武胜门历史街区保护规划为例[J]. 规划师，2006，22（6）：31-34.

[203] 张敏. 历史地段保护规划的若干理论问题[J]. 华中建筑，2000，18（2）.

[204] 张明欣，王亚梅. 经营城市历史街区——宁波北外滩更新模式的思考[J]. 城市建筑，2005（6）：11-14.

[205] 张乃戈，朱韬，于立. 英国城市复兴策略的演变及"开发性保护"的产生和借鉴意义[J]. 国际城市规划，2007，22（4）：11-15.

[206] 张平宇. 城市再生：21世纪中国城市化趋势[J]. 地理科学进展，2004，23（4）：72-79.

[207] 张其邦，马武定. 空间—时间—度：城市更新的基本问题研究[J]. 城市发展研究，2006，13（4）：46-52.

[208] 张松. 城市文化遗产保护国际宪章与国内法规选编[M]. 上海：同济大学出版社，2007.

[209] 张庭伟. 城市化作为生产手段及引起城市规划功能转变[J]. 城市规划，2002（4）.

[210] 张艳华，卫明. "体验经济"与历史街区（建筑）再利用[J]. 城市规划汇刊，2002（3）：72-74.

[211] 张永龙. 里耶历史街区建筑和环境保护的思考[J]. 中国园林，2003（11）：26-28.

[212] 张宇. 历史街区建筑与环境设计的探索[J]. 中外建筑，2002（4）：26-28.

[213] 张豫. 创意产业集群化导向的城市更新研究[D]. 中南大学，2008（5）.

[214] 张忠国，高军. 青岛的历史文化名城强制性要素分析及保护[J]. 城市问题，2004（3）：19-25.

[215] 赵红梅，呼丽娟. 历史街区内公共广场的城市设计——以长春文化广场周边城市设计为例[J]. 城市规划，2000（2）.

[216] 赵建波，许蓁等. 天津解放北路历史街区的空间分析与虚拟修复[J]. 建筑学报，2005（7）：11-14.

[217] 赵润田. 菏泽老城的保护与更新[J]. 城市问题，2006（7）：36-39.

[218] 赵晓峰，潘莹，李建华. 企业集团在城市开发建设中的历史街区保护策略[J]. 集团经济研究，2001（12）：34.

[219] 赵秀敏，王竹，丁承朴. 城市景观敏感区的历史建筑保护修缮技术与方法探讨——杭州清河坊历史街区保护修缮过程[J]. 建筑学报，2005（7）：15-18.

[220] 赵中枢. 中国历史文化名城的特点及保护的若干问题[J]. 城市规划，2002（7）.

[221] 郑光中，张敏. 北京什刹海历史文化风景区旅游规划——兼论历史地段与旅游开发[J]. 北京规划建设，1999（2）.

[222] 郑景文. 对阳朔西街历史街区保护性整治过程的思考[J]. 山西建筑，2006，32（1）：13-14.

[223] 郑利军，杨昌鸣. 历史街区动态保护中的公众参与[J]. 城市规划，2005，29（7）：63-65.

[224] 郑利军，杨昌鸣. 历史街区动态保护中模糊美的塑造[J]. 哈尔滨工业大学学报（社会科学版），2004，6（5）：47-51.

[225] 中国城市规划学会主编. 名城保护与城市更新[M]. 北京：中国建筑工业出版社，2003.

[226] 周干峙，郑孝燮，罗哲文，刘小石（执笔），杨鸿勋．关于保护和展示历史文化名城风貌的建议[J]．城市规划，2002（7）．

[227] 周干峙．城市化和历史文化名城[J]．城市规划，2002（4）．

[228] 周海虹，韩宏旭，白慧婷，李保军，李小武．论古城西安莲湖历史街区风貌保护更新途径[J]．城市规划，2008，24（12）：53-57．

[229] 周俭，陈亚斌．类型学思路在历史街区保护与更新中的运用[J]．城市规划学刊，2007（1）：61-65．

[230] 周庆，蔡泓．历史街区的整体保护与再开发——海河意式风情区的现状及思考[J]．天津城市建设学院学报，2004，10（1）：14-17．

[231] 周晟．张谷英历史街区保护规划思考[J]．规划师，2003，19（5）：31-34．

[232] 周源，温春阳，袁南华．商业步行街设计与历史街区保护[J]．规划师，2003，19（9）：21-23．

[233] 周跃武．保护传统街区特色，延续古城历史文脉——对喀什历史街区保护的思索和对策[J]．城市发展研究，2003，10（5）：71-74．

[234] 朱谋隆，陆晓焜．激发水乡活力，再现历史形态——绍兴市环山河地区的设计与思考[J]．建筑学报，1997（4）：16-20．

[235] 朱晓明．当代英国建筑遗产保护[M]．上海：同济大学出版社，2007．

[236] 祝莹．历史街区保护中的类型学方法研究[J]．城市规划汇刊，2002（6）：57-60．

[237] 左辅强．论城市中心历史街区的柔性发展与适时更新[J]．城市发展研究，2004，11（5）：13-17．

「后 记」

书稿付梓，忐忑不安。

这本书稿是我2002~2009年在南京大学攻读博士的毕业论文。研究过程整整经历了7年，2009年完成，距今已整整过了10年。10年过后再出版，意义何在？此乃不安的缘由。

研究过程正是三坊七巷历史街区保护、整治和修复如火如荼开展之时。机缘巧合，作为三坊七巷管理的参与者，亲身经历了三坊七巷保护、整治和修复的整个过程。在49公顷破落不堪的宏大历史场境中开展保护修复工作，我们没有经历过，推进过程中遇到诸多难题，有理论的，有实践的；有技术的，有非技术的；有方向性的，有细枝末节的……应该说，三坊七巷保护整治修复的过程，也是一个不断摸索和反复讨论的过程，更是我们学习研究历史街区保护整治和修复的过程。

从国内外历史街区保护整治修复的历史来看，2000~2020年的20年期间，是国内历史街区整治修复的最繁盛时期。从理论界、学术界到各级政府和各类社会组织，推动历史街区保护实践是史无前例的，各种保护理论在这个时期产生了复杂的碰撞，各类保护实践在这个时期进行了大胆的探索，各类保护思路、保护方法、保护机制等在这个时期取得了卓有成效的成果。应该说，历史街区保护工作在这20年过程中得到了举足轻重的进步和发展。从复兴的视角审视和推动历史街区的保护正逐步形成当下的主流，从这种意义上说来，本书相关论述和研究成果仍具有一定适用价值，这正是出版这本书的目的。

出版之际，首先我要感谢南京大学和福建省住房城乡建设厅为我学习研究提供了良好的环境。感谢我在博士学习过程中给予指导的我的导师徐建刚教授和曾尊固教授、林炳耀教授、崔功豪教授、顾朝林教授、宗跃光教授、李满春教授、徐逸伦副教授、姚鑫副教授和福建省文化厅副厅长、文物局局长郑国珍研究馆员。

几年学习和论文写作期间，还要感谢甄峰教授、朱喜钢教授、王富喜博士、王仲智博士、宣国富博士、陈鹏博士、祁毅博士、蒋海兵博士、王宝强硕士、李勇硕士、徐璐硕士等，在各方面给予我的帮助。特别要感谢祁毅博士、蒋海兵博士、王宝强硕士、李勇硕士、徐璐硕士等帮助进行相关数据处理和资料整理工作。在收集资料和论文调查期间，得到了福建省文物局、福建省博物馆、福州市规划局、福州市三坊七巷管理委员会、福州市规划院、福州市林则徐纪念馆等单位的大力支持和帮助。同时还要感谢福建省文物局何经平处长、福建省规划院陈腾高级规划师、福建师范大学甘萌雨博士、福建省博物馆楼建龙研究馆员、福州市林则徐纪念馆林峰馆长、福建省自然资源厅成青副处长和叶健玲女士。

陈仲光

2021年3月18日